U0162976

／国家科学技术学术著作出版基金资助出版／

鄱阳湖流域
生态水文与水动力水质模拟

张 奇 李相虎 姚 静 谭志强 李云良 等著

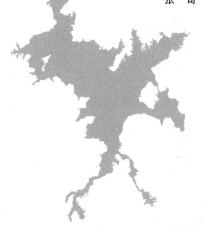

南京大学出版社

图书在版编目(CIP)数据

鄱阳湖流域生态水文与水动力水质模拟 / 张奇等著
. —南京：南京大学出版社，2022.12
ISBN 978 - 7 - 305 - 26121 - 3

Ⅰ.①鄱… Ⅱ.①张… Ⅲ.①鄱阳湖－流域－区域水
文学－研究②鄱阳湖－流域－水动力学－数值模拟－研究
Ⅳ.①P344.256

中国版本图书馆 CIP 数据核字(2022)第 164614 号

出版发行　南京大学出版社
社　　　址　南京市汉口路 22 号　　　　　邮　　编　210093
出 版 人　金鑫荣

书　　　名　**鄱阳湖流域生态水文与水动力水质模拟**
著　　者　张　奇　李相虎　姚　静　谭志强　李云良　等
责任编辑　田　甜　　　　　　　　编辑热线　025 - 83593947

照　　排　南京开卷文化传媒有限公司
印　　刷　苏州工业园区美柯乐制版印务有限责任公司
开　　本　718 mm×1000 mm　1/16　印张 18.5　字数 300 千
版　　次　2022 年 12 月第 1 版　2022 年 12 月第 1 次印刷
ISBN　978 - 7 - 305 - 26121 - 3
定　　价　198.00 元

网　　址:http://www.njupco.com
官方微博:http://weibo.com/njupco
微信服务号:njuyuexue
销售咨询热线:(025)83594756

前　言

　　鄱阳湖流域位于长江中游,面积达 16.2 万 km²,由赣江、抚河、信江、饶河和修水五个子流域组成。流域呈亚热带气候,降雨量丰沛,多年平均降雨量 1 654 mm,其中 50% 以上发生在主汛期 3 月至 6 月。流域海拔高程由山区的 2 200 m 变化至近湖区的 30 m,垂向梯度变化明显。流域城镇化程度低,森林和灌木占流域约 70%,农田占 25%,其余为城市和水体等。

　　鄱阳湖接纳来自流域的径流,经湖盆调蓄后由湖泊北部水道排泄入长江。鄱阳湖在长江洪水调蓄、水资源供给和区域气候调节等方面具有重要的功能。受自身湖盆形态的影响,湖泊汛期和枯水期面积差异显著,大湖面面积可达 4 000 km²,枯水期湖面可缩小为 1 000 km² 以下。汛枯期的转变形成近 3 000 km² 的洪泛区域,孕育了丰富的湿地生物资源,是我国重要的湿地自然保护区,也是国际重要湿地名录之一,一直以来受到我国政府、湿地组织、民众和学术界的高度关注。

　　长江中游社会经济的快速发展对水资源的开发强度日益增强,河流水能的大规模开发、湖泊资源的高强度利用、流域快速城镇化等对湖泊水量和水质带来巨大影响,突出表现为湖泊水量持续减少、极端低枯水情和洪水灾害加剧、水生态环境恶化加速等问题。2004 年鄱阳湖星子枯水期最低水位 7.12 m,随后的 2014、

2015、2017 和 2018 年连续出现低枯水位。伴随着湖泊水量的减少,湖泊水环境质量也持续下降,鄱阳湖全湖总磷、总氮和叶绿素 a 浓度整体上呈上升趋势,2018 年夏季叶绿素 a 浓度达 14 μg/L,为前六年的最大值;同时,鄱阳湖流域洪水灾害严重,2020 年 7 月,鄱阳湖星子水位高达 22.60 m,超警戒水位 3.6 m,整个湖区发生了继 1998 年之后的又一次特大洪水。作为长江中游重要的大型通江湖泊,鄱阳湖水量和水质的变化意味着人类活动正从根本上改变通江湖泊的水系结构和水文规律,产生或将无法逆转的一系列生态和环境变化。

在中国科学院战略性先导科技专项 A"美丽中国生态文明建设科技工程"(XDA23040202)、国家重点研发计划项目"长江水资源开发保护策略与关键技术研究"(2019YFC0409002)、国家自然科学基金(41877166)、中国科学院南京地理与湖泊所学科领域前沿项目(NIGLAS2018GH06)等资助下,开展了以鄱阳湖流域为典型研究区的湖泊流域气候水文过程、湖泊湿地生态水文过程和湖泊水动力水质过程的演变与模拟研究,研发了流域水文、湿地生态与湖泊水动力水质系列模型,在解释湖泊流域水文演变和预估未来变化趋势等方面发挥了巨大的作用。系列模型的研发丰富了大型通江湖泊流域的模拟方法,是湖泊流域综合模拟的重要补充和完善。本书重点总结鄱阳湖流域数据观测与模拟的新近成果,主要包括鄱阳湖流域气象水文、生态、水质的观测与数据平台建设,鄱阳湖流域水文过程,流域污染物输移过程,湖泊水动力水环境过程,湿地生态水文过程的模型研发及其应用。

本书分前言和八个章节。前言由张奇撰写;第一章由张奇撰写;第二章由张丹、李相虎、谭志强、姜三元撰写;第三章由谭志强、李相虎、李云良、姜三元、张奇撰写;第四章由张奇、姜三元、姚静、谭志强撰写;第五章由李相虎、张奇、张丹、姚静、宋炎炎、王容撰写;第六章由李云良、谭志强、刘星根、鲁建荣撰写;第七章由姚静、姜三元、李云良、陆锦撰写;第八章由张奇撰写。张奇负责全书的最终审阅。

希望本书对关注鄱阳湖流域研究的同行有所借鉴。书中的疏漏和不足之处,恳请批评指正。

目 录

第一章 绪 论

1.1 湖泊流域生态水文与水环境研究现状

1.1.1 湖泊流域定义与特征

湖泊流域通常指湖泊水体及其陆域集水域所构成的区域。湖泊流域有明确的分水岭边界,边界内所有降水以地表径流的方式汇集至湖泊,成为湖泊水量的主要来源。湖泊还接纳地下水的补给,地下水的分水岭不一定与流域分水岭重合,因此,湖泊还可能通过地下含水层与外流域发生水量交换。从地理单元上来说,湖泊流域是一个相对独立的自然体,具有明确的水量与物质平衡边界。因此,湖泊流域常作为水文与物质循环及平衡关系研究的理想区域(Hassan et al., 2014;Dobrovol'skii, 2017;Zhang et al., 2018;Li et al., 2014)。

湖泊流域的特征与湖泊的成因有一定的关系。通常认为,湖泊主要的成因类型有地质构造运动产生的构造湖、由火山喷发形成的火山口湖或火山熔岩堰塞湖、海岸带泥沙运动和海岸带演变形成的潟湖、江河水系相互作用叠加地质构造而形成的平原湖泊等(王苏民 等,1998)。湖泊不同的成因决定了湖盆与周围水系的水力联系属性以及湖泊集水域特征。一般来说,江河平原区水系发达,地形高程落差小,湖泊集水域水系密度较大,比如长江中下游淡水湖泊;而断裂构造湖泊不仅湖盆较深,且其排布方向也与断裂带方向较为一致,比如云贵高原湖泊和青藏高原湖泊。

湖泊水域面积与流域面积的相对大小一般可以用湖泊补给系数 α 来表示,即湖泊流域面积与湖泊水域面积之比。不同类型湖泊的补给系数如表 1.1 所示。总体上,高原断裂湖泊具有较小的 α，而平原区湖泊具有较大的 α。不同类型湖泊的 α 数值变幅较大，相差可达 21 倍(表 1.1)。不同数值的 α 反映了湖泊水域面积在整个流域中的占比，可间接反映湖泊集水域汇流路径的相对大小以及湖泊可能对集水域气候水文的反馈机制。

表 1.1 不同类型湖泊流域特征比较

湖泊名/类型	水域面积 ($\times 10^3$ km²)	平均深度 (m)	流域面积 ($\times 10^3$ km²)	补给系数 α (一)	所在区域
苏必利尔湖(Lake Superior)/冰川挖蚀湖	81.8	147	209	2.6	北美洲
纳木错/地质拗陷湖	1.962	32.4	8.649	4.4	中国青藏高原
抚仙湖/地质断陷湖	0.211	89.6	1.084	5.1	中国云贵高原
坦噶尼喀湖(Lake Tanganyika)/地质断层湖	32.8	577	252.8	7.7	非洲
兴凯湖/地质断陷湖	4.38	6.28	56	12.8	中国东北平原
太湖/构造断陷与海陆作用形成的平原湖泊	2.425	2.12	36.5	15.1	中国东部平原
呼伦湖/地质断陷湖	2.339	5.92	37.214	15.9	中国蒙新高原
贝加尔湖(Lake Baikal)/地质断陷湖	32	739	602	18.8	亚洲
鄱阳湖/江河作用与地质构造变化形成的平原湖泊	2.933	5.1	162	55.2	中国东部平原

注：数据来自 Dobrovol'skii (2017)；Holman et al.(2012)；Hassan et al.(2014)；王苏民 等(1998)。

以湖泊流域为单元的水环境治理和生态修复有很多实例。比如，针对太湖流域的水环境问题，国家高度重视，编制了《太湖流域水环境综合治理总体方案》(国函[2008]45号，以下简称《方案》)，《方案》分两期实施，近期为 2007—2012 年，远期为 2013—2020 年。《方案》要求太湖湖体水质由 2005 年的劣 V 类提高到 2012 年的 V 类，而主要饮用水水源地及其输水骨干河道水质基本达到Ⅲ类；2020 年要基本实现太湖湖体水质从 2012 年的 V 类提高到Ⅳ类的目标，其中部分水域达到Ⅲ类。为此，国家启动了一系列重大研究计划和湖泊及流域的综合治理措施，投入了大量的资金，研究了太湖流域污染物来源与污染负荷的时空变化过程(吴月芽 等，2014)，实施了

"引江济太"等重大水利工程(胥瑞晨 等,2020),评价了工程的水环境治理效果(冯顺新 等,2015)。尽管目前太湖流域的水环境问题仍非常严峻,流域产业结构偏重、污水处理设备运管保障缺失、污染负荷远超水环境容量等问题依旧突出(胡惠良,2019),但以太湖流域为研究单元,以重要河湖断面水质达标为目标,考虑水系的上下游连通关系,核算流域排污总量,分区管控的流域治理思路是正确的,给城市型湖泊流域水环境治理提供了经验和方法的借鉴。

另一个全流域性生态修复案例是"山江湖工程"。"山江湖"指鄱阳湖和流入该湖的赣江、抚河、信江、饶河、修河五条江河及其流域。"山江湖工程"是江西山江湖开发治理工程的简称,即针对江西鄱阳湖流域植被破坏严重、水土流失加剧、江湖库淤塞恶化、水旱灾害频发、水产资源锐减等问题提出的一项大湖流域生态修复和管理工程。该工程始于20世纪80年代初(徐新玲,2020)。山江湖工程的实施将鄱阳湖流域分为山区、丘陵区、河谷平原区和鄱阳湖平原区,既考虑了不同区域的资源环境特点,又体现了整个流域从上游到下游的生态梯度变化,流域性修复和管理的思路非常突出(戴星照 等,2016)。工程实施以来,取得了显著的成绩,水土流失面积大幅减少,流域植树造林230万公顷,森林覆盖率稳定在60%以上(徐新玲,2020)。建成了覆盖鄱阳湖全流域的生态环境监测与评估系统,打造了一批中小流域生态文明建设示范工程,湖泊整体上水环境水生态稳定,鄱阳湖湿地生态系统退化趋势得到有效的遏制。"山江湖工程"将生态的自然修复与富民工程进行了有机的结合,打造了"富山、富水、富民、强生态"的江西样板工程(戴星照 等,2016),为大湖流域的生态安全保障和经济可持续发展提供了宝贵的实践经验。

1.1.2 流域生态水文过程模拟

流域水分循环的主导驱动要素有降水、气温、辐射、风速等,其中降水是大气补给的主要来源,而蒸发是流域水分耗散的主要形式。两者之差为流域蓄水量的变化,此即流域的水量平衡。跨流域调水工程将直接造成流域水量平衡的人为改变,调水量也即成为水量平衡中的一个组分。流域水量平衡研究是流域水文学研究的核心内容,在评估流域水文演变,阐释流域洪旱灾害成因,应对流域水量危机中起着至关重要的作用(张奇,2021;Li et al.,2016a;孙占东 等,2015)。

流域水文模型是研究水分循环和水量平衡的有效工具,长期以来被广泛应用于各类水文学问题,包括过去水文演变的重现(张小琳 等,2016)、未来水文变化的预测(Li et al.,2016b)、水文事件的成因分析(Li et al.,2016a)等。视具体的研究目的和观测数据样本情况,可选择不同类型的水文模型,包括模型原理简单、模型参数单一的水量平衡模型或集总式水文模型(Lumped Hydrological Model),比如 abcd 月水量平衡模型(Martinez et al.,2010)和集总式模型 LASCAM(Viney et al.,2000),到数据量需求大、模型参数众多的基于格网的分布式水文模型(Distributed Hydrological Model),比如 MODHMS(HydroGeoLogic,2000)。

流域水文模型的驱动条件通常是降水和气温,输入条件包括流域的地形、水系、土壤、土地利用和地下含水层等。在水文模型里引入生态变量,模拟生态变化引起的水文效应或者模拟水文与生态的相互作用,这类模型被称为生态水文模型(曾思栋 等,2020)。相比于水文模型,生态水文模型由于可以考虑生态过程对水文过程的作用机理,在刻画流域多物理过程方面更加接近实际情况。针对湖泊流域,生态水文模型主要用于揭示流域植被变化对水循环和水文过程的影响机理,分析湖泊水文节律变化和水旱过程的流域植被贡献程度,支撑流域生态恢复与土地利用优化策略(侯晓臣 等,2019;徐宗学 等,2016;焦阳 等,2017)。

目前,用于水文模型的生态变量主要有植被指数 NDVI(Normalized Difference Vegetation Index)和叶面积指数 LAI(Leaf Area Index),这两个变量都可以反映地表植被覆盖状况。比如,SWAT 模型(Neitsch et al.,2002)用 NDVI 来刻画不同类型森林对大气降水的分配,而 WATLAC 模型(Zhang et al.,2009)用 LAI 来计算地面净降水量以及植物冠层的蓄水量。由于这两个变量都可以由现有的遥感产品中获得,相对比较容易被采纳而用于各类分布式水文模型中,实现植被变化的水文效应模拟。已有研究显示,植物冠层对大气降水具有显著的拦截作用,其拦截量视植物类型、降水条件、气温条件的变化而变化。比如,55 年成熟森林的植物冠层截留可占总降水的38%(Vaca et al.,2018),而半干旱区玉米冠层截留占总降雨的 12.5%(Zheng et al.,2018)。对河滨带自然湿地生态系统的研究发现,基于实测数据和冠层截留模型推算出湿地植物的截留量可达降水的 13%(Ciezkowski et al.,2018)。关于植物冠层的降水截留计算,基本上是基于水量平衡原理,并引入最大截留量的概念,或基于经验方法与 LAI 或 NDVI 进行关联。针对不同类型的植物生态系统可建立不同的计算方法(张奇,2021)。

生态水文模型中考虑的另一个生态变量是植物根系的影响。根系通过改变土壤颗粒结构或改变土壤空隙的连通性而影响土壤水力属性(Scholl et al.，2014；Bacq-labreuil et al.，2018)，从而影响降雨产流过程和土壤水分等水文过程。针对美国大陆139个森林覆被流域树木的根系吸水(root water uptake)研究表明，森林根系吸水显著影响流域水循环。不同类型森林的根系深度不一样，其耗水机制也不相同，相对而言，浅根森林系统对土壤干旱更为敏感(Knighton et al.，2020)。植物根系对土壤水力参数影响的综述性阐述表明(Lu et al.，2020)，植物根系对水文过程的影响是多尺度多要素叠加的结果，不同类型土壤和不同类型的植物组合，叠加不同类型的气候水文条件，将产生不同的水文效应。目前对植物根系的参数化表征还缺乏普适性的描述，在生态水文模型中如何更好反映根系的影响尚需更深的研究，且真正在流域尺度上的模拟研究还少有报道。

1.1.3 流域水动力与水质模拟

流域人类活动产生大量的污染物质，这些物质随降雨径流进入河流后，继续向水系下游输移，最终将进入湖泊、水库等收纳水体，引起水体的污染，发生重大污染事故，严重威胁水质安全(秦伯强 等，2007；张代钧 等，2005)。流域污染物的输移途径一般包括污染物在源区的产出、随地表坡面径流汇入沟渠、再汇入河流水系。除地表输移路径外，污染物也可以随降雨入渗进入土壤，随土壤水垂向淋溶进入地下水系统，对地下水造成污染(吴娟娟 等，2019)。可见，污染物输移主要受水流路径的影响，水流是其主导的载体。污染物在输移过程中与载体及其他环境介质发生作用而产生吸附、降解、吸收等化学和生物过程，使其在输移中的质量和形态发生改变。而污染物的化学和生物过程除了与载体介质特征有关外，还与水流的特征变量有密切关系，比如，河流的流速、水深、温度、含氧量等都会对污染物的滞留降解产生显著影响(李彬 等，2008；肖洋 等，2015)。因此，在研究污染物输移过程中，需要与水动力过程进行联系，获取水动力参数，用于污染物化学反应方程中。由此在实践中，发展了众多水动力与水质相耦合的模拟方法，并得到广泛的应用(赖锡军 等，2011；朱晓琳 等，2020；冯诗韵 等，2020)。

对河流水动力过程的模拟需要详细的输入条件，主要包括河道断面形态、河床坡降和底泥物理属性、岸坡、河滨带植物等的刻画，这些数据往往需要通过人工现场获得,成本很高。所以,在实际应用中,特别是针对大型流域的水动力模拟,河道的刻画常常用几个控制断面加以表述,模型参数的率定也仅仅限于几个控制断面的观测数据,这在一定程度上对模拟结果的整体精度带来影响,在没有详细数据刻画的河段,模拟结果常带有较大的不确定性。实践中,河流水动力模拟还常遇到计算量巨大的问题,特别是在对一维河流与二维或三维湖泊进行耦合求解时(Lai et al.,2013),计算耗时尤其巨大,需要采取特殊的计算技术来处理,比如 GPU 并行计算(刘菲菲 等,2018)。河流水动力的模拟还需要与水文模型结合,水文模型模拟汇入河流的坡面径流,用于提供给水动力模型侧向通量边界条件。比如,将 HEC-RAS 河流水动力模型与流域水文模型 SWAT 结合来实现流域的水文与水动力过程模拟(Nguyen et al.,2019),将湖泊水动力模型 MIKE21 与流域水文模型 WATLAC 进行联合模拟湖泊流域系统的水文和水动力过程(李云良 等,2013)。

水动力与水质的耦合模拟还存在模型时间步长与观测数据时间步长不匹配的问题。水动力模型可以提供日以下时间步长的水动力变量,而河流水质观测数据常常是月、季尺度,日尺度以下的观测频次需要自动观测设备而尚不够普遍。所以,将时间分辨率相差很大的水动力水质模型与水质现场观测数据进行校验,实际上忽略了污染物在短时间尺度上,比如昼夜的变化(Jiang et al.,2019)的迁移转化过程,代之以月尺度或季尺度污染物浓度的变化来率定模型,在机理刻画和模型参数的可靠性保证等方面有很大的欠缺。

地下水水质模拟是流域水质模拟的内容之一。地下水水质易受可溶性污染物的入侵而被污染,比如城市地下水的硝酸盐污染(张翠云 等,2007)、垃圾填埋场地下水氨氮污染(高绍博 等,2019)、工业园区地下水污染(饶磊 等,2018)、农田地下水的氮素污染(刘光栋 等,2003;左海军 等,2008)、大型湖泊流域的氮磷淋溶污染(张浏 等,2013)和海岸带地下水的污染(Zhang et al.,2002)等。地下水水质模拟的难度主要来自对水文地质的刻画以及化学反应参数的确定,但时间和空间的离散尺度有时也对模拟结果的收敛性产生一定的影响(Volker et al.,2002;Zhang et al.,2004;Tavakoli-Kivi et al.,2020)。事实上,地下水是流域水文过程的重要组分,考虑地下水—地表径流—陆面过程的联合水质模拟,目前尚不多见,但毫无疑问值得进一步深入探索(Bisht et al.,2017;Wei et al.,2019)。

1.2 鄱阳湖流域水安全问题与挑战

鄱阳湖流域是长江中游的大型通江湖泊流域,在区域社会经济可持续发展和长江经济带高质量发展中起着至关重要的作用。近 20 多年来,鄱阳湖水文情势发生了巨大的变化,集中体现在湖泊面积萎缩、枯水期延长、水位提前消退、枯水期最低水位刷新历史记录等(张奇 等,2018)。同时,鄱阳湖流域洪水灾害频发且强度增加。2020 年 7 月 13 日 05 时,鄱阳湖星子水位达 22.60 m,超警戒水位 3.6 m,刷新 1998 年洪水水位纪录(22.52 m)。鄱阳湖流域干旱与洪水等极端水文情势严重威胁到供水安全和生命财产安全。鄱阳湖生态环境也正呈现持续恶化的态势。湖泊的原位观测数据显示,鄱阳湖总氮、总磷浓度近年分别达到 2.86 mg/L 和 0.129 mg/L。全湖平均叶绿素 a 浓度总体呈逐步上升趋势,2016 年后呈加速上升态势,2019 年夏季更是高达 23 μg/L(刘贺 等,2020),相应富营养化指数为 60,已接近中度富营养化水平,局部湖区已发生较大规模的蓝藻水华现象。鄱阳湖的水文变化及水生态环境的恶化引起国家高度重视,国家 973 计划"长江中游通江湖泊江湖关系演变及环境生态效应与调控"(项目编号:2012CB417000)、国家重点研发计划"长江水资源开发保护策略与关键技术研究"(项目编号:2019YFC0409002)、中国科学院战略性先导科技专项 A"美丽中国生态文明建设科技工程"项目 4"长江经济带干流水环境水生态综合治理与应用"(项目编号:XDA23040202)等重大研究计划,都把鄱阳湖流域作为典型区和示范区加以研究,充分体现了国家对鄱阳湖流域水安全的高度重视。

尽管目前对鄱阳湖流域水文变化机理与机制有了一定的认识,但鄱阳湖湖体、流域和长江之间水文水力关系复杂(图 1.1),三者互相作用、互相影响。叠加鄱阳湖流域汛期和长江上游汛期的错峰遭遇导致鄱阳湖水文年内变化的高度非线性特征(Zhang et al.,2015;张小琳 等,2017),反映了湖泊水位年内变化受流域、长江或两者共同的影响(图 1.1)。在气候变化和江湖关系的持续调整下,鄱阳湖水文演变规律尚未被完全阐明,鄱阳湖水文未来发展趋势及生态环境效应有待继续加强研究。概括起来,需重点关注鄱阳湖流域以下水安全问题:

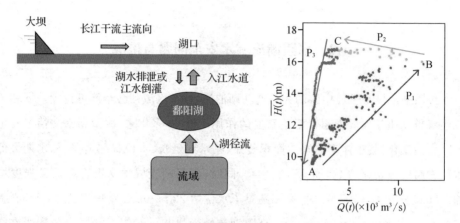

**图 1.1　长江—鄱阳湖—流域相互作用关系(左图)与实测
数据点绘的湖泊水文非线性特征(右图)**

注：Q 为流域入湖径流，H 为湖泊水位。$P_{1(A-B)}$：流量快速增大，水位持续上升；$P_{2(B-C)}$：流量快速
减小，水位缓慢上升；$P_{3(C-A)}$：流量缓慢下降，水位快速下降。

(1) 三峡水库等重大水利工程建设运行对江湖关系的影响及未来发展趋势

鄱阳湖水安全与江湖关系密切相关，而长江上游来水来沙是决定江湖关系和长江中游湖泊水文的重要条件(Zhou et al.，2019)。自 2003 年三峡水库运行以来，江湖关系显著调整，三峡水库集中蓄水的 9—10 月份，长江干流来水减少，直接导致鄱阳湖向长江泄水量加大(Guo et al.，2012)，拉空作用非常明显，引发或加剧鄱阳湖秋冬季的干旱程度。关于三峡工程运行的生态环境影响评估，尽管已有很多的研究，比如，"长江三峡工程对生态与环境的影响及对策研究"(中国科学院三峡工程生态与环境科研项目领导小组，1988)就三峡工程对上游库区、中游干流和湖泊、下游河口等重点区域的生态与环境做了详细的研究分析。其中，对 10 月份鄱阳湖水位也做了预测分析，认为三峡工程蓄水引起的干流流量减少将导致鄱阳湖水位整体性下降，湖口水位和星子水位下降的幅度在平均水文年分别为 0.20~1.77 m 和 0.11~1.16 m，蓄水量减少 30.7×10^8 m³，最大的水位下降对应干流流量减少 7 000 m³/s。目前看，这个影响程度的预测是正确的，与实际情况和工程运行后评估的结果较为吻合(Zhang et al.，2012；Lai et al.，2014)。

三峡水库蓄水后，清水下泄导致长江中下游泥沙平衡发生显著变化(Zhang et al.，2016；Zhou et al.，2016)。三峡工程运行 17 年来，坝下江湖冲淤变化尚未达到平衡。随着上游更多水库的建设，上游来沙量将进一步减少，坝下河床冲刷将可能进一步加剧,引起中游通江湖泊泥沙净输出,湖盆地形将继续变化,江湖关系将进一步调整。长江江湖水系水沙平衡未来几十年如何演变,尚不清楚。江湖水下地形的变化在多大程度上影响长江与湖泊之间的水量交换?鄱阳湖旱化趋势是否将延续,甚至进一步加剧?这些问题的解决还需开展大量的研究工作。

(2)鄱阳湖流域入湖污染识别与湖泊水环境容量提升及水质安全保障

鄱阳湖总氮、总磷和叶绿素 a 浓度持续升高,富营养化指数达 60,已接近中度富营养化水平,蓝藻水华现象时有发生,且呈扩展态势,应引起高度的重视。鄱阳湖是通江湖泊,枯水期水力梯度大,主槽流速在 1.54~2.0 m/s(王苏民 等,1998),换水周期 18~21 天,湖泊具有良好的水体自净能力,污染物不宜聚集,但不排除局部湖湾、河汊等水动力条件差的区域,氮磷浓度相对较高,是蓝藻水华的高发区域。

尽管鄱阳湖流域覆被良好,水土流失得到了有效的控制,但流域采矿活动、大型城市的生活污水排放和临湖区大面积农业耕作活动,仍对湖泊水质和生态安全造成巨大危害(刘聚涛 等,2014;李传琼 等,2018;简敏菲 等,2014)。部分入湖河流的总氮、总磷浓度超地表 V 类水质,湖泊主要污染输入途径为流域入湖径流(高伟 等,2016)。为此,一方面需要进一步加强流域入湖污染的控制,精准识别重点源区,解析污染物输移路径,采取从源头到末端的全链条管控技术,降低入湖污染负荷;另一方面,需要强化湖泊的水文连通,研究流域调控和江湖关系调控相结合的方法来改善湖泊水文条件,增加水环境容量。加强洪泛湿地—主湖区水动力水质耦合模拟研究,定量模拟污染物在洪泛湿地的滞留降解效率,指导子湖群闸坝优化调控,提升湿地自净能力,降低湖泊营养化水平。

(3)鄱阳湖流域生态水文过程演变与极端水文事件发生机制及调控技术

鄱阳湖流域洪水和干旱等极端水文事件频发,且存在旱涝急转现象(郭华 等,2012;Shankman et al.,2012;Li et al.,2016a;闪丽洁 等,2018)。极端水文事件的发生与气候变化有直接的关系,但流域土地利用、水库建设、覆被变化等也显著影响着流域不同时间尺度的水循环过程和水量平衡。极端水文事件是水安全的重要内容之一,因此,开展流域尺度生态水文过程演变研究,有助于从流域尺度全面解析极端水文事件的发生和传递机制,辨识不同时间尺度下的主导因子,丰富大型通江湖泊流域的水文学理论与方法,发展应对极端气候和水文事件的湖泊流域综合调控技术。

鄱阳湖流域近 30 年来流域植被和水系格局有了显著的变化,在流域水文模型的构建中应加强对下垫面变化进行详细刻画,研发新一代包括山区、河谷、平原、城市、水体、人口、产业等不同类型下垫面特征和社会人文条件的大湖流域生态水文机理模型,反映大气—地面—水面水热交换和反馈机制的新特征(张奇,2021),提高在空间尺度上对流域水分动态变化的模拟精度。加强研发长时间尺度的干旱演化模型,采用气候学、水文学、数理统计学和时序理论等理论和方法建立干旱预测模型,指导流域水库调控,缓解流域干旱。加强研发短时间尺度的洪水演进与淹没预报模型,精准模拟受淹区域、淹水深度和退水过程,指导人员转移路径和蓄滞洪区的建设,降低洪水灾害损失。

1.3　本书目的与主要内容

本书重点介绍以鄱阳湖流域为对象的各类模型的研发与应用。这些模型具有一定的普适性,又针对研究区特点,植入了个性化元素。模型在鄱阳湖流域水文水动力和水质模拟中发挥了积极的作用,回答了诸多热点问题,产出了一批研究成果,本书就此进行总结。希望本书给鄱阳湖流域水文水动力水质模拟及其他类似湖泊流域的研究提供参考。

本书的内容主要包括四部分。第一部分为湖泊流域定义与特征、湖泊流域生态水文和水动力水质模拟概述及鄱阳湖流域当今水安全问题与研究重点;第二部分介绍鄱阳湖流域气象水文水质观测与数据集成、鄱阳湖流域气候水文模型、湿地生态水文模型和水动力水质模型的研发与构建;第三部分为模型在极端水文事件成因、湿地生态水文过程演化和河湖水质变化等方面的应用研究;第四部分为本书的总结和未来研究展望。

【参考文献】

［1］BACQ-LABREUIL A, CRAWFORD J, MOONEY S J, et al, 2018. Effects of cropping systems upon the three-dimensional architecture of soil systems are modulated by texture[J]. Geoderma, 332:73 - 83.

［2］BISHT G, HUANG MY, ZHOU T, et al, 2017. Coupling a three-dimensional subsurface flow and transport model with a land surface model to simulate stream-aquifer-land interactions (CP v1.0)[J]. Geoscientific model development, 10(12):

4539 - 4562.

[3] CIEZKOWSKI W, BEREZOWSKI T, KLENIEWSKA M, et al, 2018. Modelling wetland growing season rainfall interception losses based on maximum canopy storage measurements[J]. Water, 10: 41.

[4] DOBROVOL'SKII S G, 2017. Year-to-year and many-year river runoff variationsin baikal drainage basin[J]. Water resources, 44(3): 347 - 358.

[5] GAO Z P, JIA Y F, GUO H M, et al, 2020. Quantifying geochemical processes of arsenic mobility in groundwater from an inland basin using a reactive transport model [J]. Water resources research, 56(2).

[6] GUO H, HU Q, ZHANG Q, et al, 2012. Effects of the Three Gorges Dam on Yangtze River flow and river interaction with Poyang Lake, China: 2003 - 2008[J]. Journal of hydrology, 416 - 417: 19 - 27.

[7] HAN H, ALLAN J D, 2012. Uneven rise in N inputs to the Lake Michigan Basin over the 20th century corresponds to agricultural and societal transitions [J]. Biogeochemistry, 109: 175 - 187.

[8] HASSAN A A, JIN S, 2014. Lake level change and total water discharge in East Africa Rift Valley from satellite-based observations[J]. Global and planetary change, 117(Jun.): 79 - 90.

[9] HOLMAN K D, GRONEWOLD A, NOTARO M, et al, 2000. Improving historical precipitation estimates over the Lake Superior Basin[J]. Geophysical research letters, 2012,39(3).

[10] HYDROGEOLOGIC, 2000. MODHMS: a comprehensive MODFLOW-based hydrologic modeling system, Version 1.1, code documentation and user's guide[R]. HydroGeoLogic Inc.,Herndon, VA.

[11] JIANG S Y, ZHANG Q, WERNER A D, et al, 2019. Effects of stream nitrate data frequency on watershed model performance and prediction uncertainty[J]. Journal of hydrology, 569: 22 - 36.

[12] KNIGHTON J, SINGH K, EVARISTO J, 2020. Understanding catchment-scale forest root water uptake strategies across the continental United States through inverse ecohydrological modeling[J]. Geophysical research letters, 47(1).

[13] KUMMU M, TES S, YIN S, et al, 2014. Water balance analysis for the Tonle Sap Lake-floodplain system [J]. Hydrological processes, 28: 1722 - 1733.

[14] LAI X J,JIANG J H,HUANG Q, et al, 2013. Large-scale hydrodynamic modeling of the middle Yangtze River Basin with complex river-lake interactions[J]. Journal of hydrology, 492: 228 - 243.

[15] LAI X,LIANG Q,JIANG J, et al, 2014. Impoundment effects of the Three-Gorges-Dam on flow regimes in two China's largest freshwater lakes[J]. Water resources management, 28(14): 5111 - 5124.

[16] LI X, YAO J, LI Y, et al, 2016a. A modeling study of the influences of Yangtze

River and local catchment on the development of floods in Poyang Lake，China[J]. Hydrology research，47(S1)：102 – 119.

［17］LI Y，TAO H，YAO J，et al，2016b. Application of a distributed catchment model to investigate hydrological impacts of climate change within Poyang Lake catchment (China)[J]. Hydrology research，47(S1)：120 – 135.

［18］LI Y，ZHANG Q，YAO J，et al，2014. Hydrodynamic and hydrological modeling of the Poyang Lake catchment system in China[J]. Journal of hydrologic engineering，19(3)：607 – 616.

［19］LU J，ZHANG Q，WERNER A D，et al，2020. Root-induced changes of soil hydraulic properties-A review[J]. Journal of hydrology，589，125203.

［20］MARTINEZ G F，GUPTA H V，2010. Toward improved identification of hydrological models：a diagnostic evaluation of the "abcd" monthly water balance model for the conterminous United States[J]. Water resources research，46(8).

［21］NEITSCH S L，ARNOLD J G，KINIRY J R，et al，2002. Soil and water assessment tool theoretical documentation，version 2000[R]. Texas Water Resources Institute，College Station，Texas，TWRI Report TR – 191.

［22］NGUYEN K L，NGUYEN D L，LE H T，et al，2019. Automated procedure of real-time flood forecasting in Vu Gia-Thu Bon river basin，Vietnam by integrating SWAT and HEC-RAS models[J]. Journal of water and climate change，10(3)：535 – 545.

［23］SCHOLL P，LEITNER D，KAMMERER G，et al，2014. Root induced changes of effective 1D hydraulic properties in a soil column[J]. Plant soil，381(1 – 2)：193 – 213.

［24］SHANKMAN D，KEIM B D，NAKAYAMA T，et al，2012. Hydroclimate analysis of severe floods in China's Poyang Lake region[J]. Earth interactions，16：14.

［25］TAVAKOLI-KIVI S，BAILEY R T，GATES T K，2019. A salinity reactive transport and equilibrium chemistry model for regional-scale agricultural groundwater systems[J]. Journal of hydrology，572：274 – 293.

［26］VACA C C，van der TOLC，GHIMIRE C P，2018. The influence of long-term changes in canopy structure on rainfall interception loss：a cases study in Speulderbos，the Netherlands[J]. Hydrology and Earth system sciences，22：3701 – 3719.

［27］VINEY N R，SIVAPALAN M，2000. LASCAM：the large scale catchment model，User Manual，version 2[R]. Centre for Water Research，University of Western Australia.

［28］VOLKER R E，ZHANG Q，LOCKINGTON D A，2002. Numerical modelling of contaminant transport in coastal aquifers[J]. Mathematics and computers in simulation，59(1 – 3)：35 – 44.

［29］WEI X L，BAILEY R T，RECORDS R M，et al，2019. Comprehensive simulation of nitrate transport in coupled surface-subsurface hydrologic systems using the linked

SWAT-MODFLOW-RT3D model[J]. Environmental modelling & software, 122.

[30] ZHANG D, ZHANG Q, QIU J, et al, 2018. Intensification of hydrological drought due to human activity in the middle reaches of the Yangtze River, China[J]. Science of the total environment, 637 - 638：1432 - 1442.

[31] ZHANG Q, LI L J, 2009. Development and application of an integrated surface runoff and groundwater flow model for a catchment of Lake Taihu watershed, China [J]. Quaternary international, 208(1 - 2)：102 - 108.

[32] ZHANG Q, LI L, WANG Y-G, et al, 2012. Has the Three-Gorges Dam made the Poyang Lake wetlands wetter and drier? [J]. Geophysical research letters, 39(20)：I20402 - 1 - I20402 - 7.

[33] ZHANG Q, VOLKER R E,LOCKINGTON D A, 2002. Experimental investigation of contaminant transport in coastal groundwater[J]. Advances in environmental research, 6：229 - 237.

[34] ZHANG Q, VOLKER R E, LOCKINGTON D A, 2004. Numerical investigation of seawater intrusion at Gooburrum, Bundaberg, Queensland, Australia [J]. Hydrogeology journal, 12：674 - 687.

[35] ZHANG Q,WERNER A D, 2015. Hysteretic relationships in inundation dynamics for a large lake-floodplain system[J]. Journal of hydrology, 527：160 - 171.

[36] ZHANG W, YUAN J, HAN J, et al, 2016. Impact of the Three Gorges Dam on sediment deposition and erosion in the middle Yangtze River：a case study of the Shashi Reach[J]. Nordic hydrology, 47(SUPPL.1)：175 - 186.

[37] ZHENG J, FAN J, ZHANG F, et al, 2018. Rainfall partitioning into throughfall, stemflow and interception loss by maize canopy on the semi-arid Loess Plateau of China[J]. Agricultural water management, 195：25 - 36.

[38] ZHOU Y, JEPPESEN E, LI J, et al, 2016. Impacts of Three Gorges Reservoir on the sedimentation regimes in the downstream-linked two largest Chinese freshwater lakes[J]. Scientific reports, 6,35396.

[39] ZHOU Y, MA J, ZHANG Y, et al, 2019. Influence of the three Gorges Reservoir on the shrinkage of China's two largest freshwater lakes[J]. Global and planetary change, 177：45 - 55.

[40] 戴星照,罗斌华,2016.从"治"到"富"："山江湖工程"战略升级研究[J].人民长江, 47(24)：1 - 5,11.

[41] 冯诗韵,王飞儿,俞洁,2020.基于 Matlab 软件自动化求取参数的 HEC-RAS 模型构建[J].环境科学学报,40(02)：623 - 630.

[42] 冯顺新,姜莉萍,冯时,2015.河湖水系连通影响评价指标体系研究Ⅱ——"引江济太"调水影响评价[J].中国水利水电科学研究院学报,13(1)：20 - 27.

[43] 高绍博,李瑞,席北斗,等,2019.海积平原区某非正规垃圾填埋场地下水氨氮污染模拟研究[J].环境科学学报,39(10)：3535 - 3541.

[44] 高伟,高波,严长安,等,2016.鄱阳湖流域人为氮磷输入演变及湖泊水环境响应[J].环

13

境科学学报,36(9):3137-3145.

[45] 郭华,张奇,王艳君,2012.鄱阳湖流域水文变化特征成因及旱涝规律[J].地理学报, 67(5):125-135.

[46] 侯晓臣,孙伟,李建贵,等,2019.塔里木河干流上游区 WaSSI-C 生态水文模型的适用 性评价[J].干旱地区农业研究,37(02):202-208.

[47] 胡惠良,2019.江苏太湖流域水环境综合治理回顾与思考[J].中国工程咨询,3: 92-96.

[48] 简敏菲,李玲玉,徐鹏飞,等,2014.鄱阳湖—乐安河湿地水土环境中重金属污染的时 空分布特征[J].环境科学,35(005):1759-1765.

[49] 焦阳,雷慧闽,杨大文,等,2017.基于生态水文模型的无定河流域径流变化归因[J].水 力发电学报,36(07):34-44.

[50] 赖锡军,姜加虎,黄群,等,2011.鄱阳湖二维水动力和水质耦合数值模拟[J].湖泊科 学,23(6):893-902.

[51] 李彬,张坤,钟宝昌,等,2008.底泥污染物释放水动力特性实验研究[J].水动力学研究 与进展 A 辑(02):126-133.

[52] 李传琼,王鹏,陈波,等,2018.鄱阳湖流域赣江水系溶解态金属元素空间分布特征及 污染来源[J].湖泊科学,30(001):139-149.

[53] 李云良,张奇,姚静,等,2013.鄱阳湖湖泊流域系统水文水动力联合模拟[J].湖泊科 学,25(02):227-235.

[54] 刘菲菲,侯精明,郭凯华,等,2018.基于全水动力模型的流域雨洪过程数值模拟[J].水 动力学研究与进展(A 辑),33(06):778-785.

[55] 刘光栋,吴文良,2003.高产农田土壤硝态氮淋失与地下水污染动态研究[J].中国生态 农业学报(01):97-99.

[56] 刘贺,张奇,牛媛媛,等,2020.2013—2018 年鄱阳湖水环境监测数据集[J].中国科学 数据,5(2).

[57] 刘聚涛,钟家有,付敏,等,2014.鄱阳湖流域农村生活区面源污染特征及其影响[J].长 江流域资源与环境,23(7).

[58] 秦伯强,王小冬,汤祥明,等,2007.太湖富营养化与蓝藻水华引起的饮用水危机—— 原因与对策[J].地球科学进展,22(9):896-906.

[59] 饶磊,魏兴萍,刘迅,2018.基于 Visual Modflow 的重庆某工业园区地下水污染物运移 模拟[J].重庆师范大学学报(自然科学版),35(05):72-78+2.

[60] 闪丽洁,张利平,张艳军,等,2018.长江中下游流域旱涝急转事件特征分析及其与 ENSO 的关系[J].地理学报,073(001):25-40.

[61] 孙占东,黄群,Lotz Tom,2015.洞庭湖流域分布式水文模型[J].长江流域资源与环 境,24(8):1299-1304.

[62] 王苏民,窦鸿身,1998.中国湖泊志[M].北京:科学出版社.

[63] 吴娟娟,卞建民,万罕立,等,2019.松嫩平原地下水氮污染健康风险评估[J].中国环境 科学,39(08):3493-3500.

[64] 吴月芽,张根福,2014.1950 年代以来太湖流域水环境变迁与驱动因素[J].经济地理,

34(11):151 – 157.

[65] 肖洋,成浩科,唐洪武,等,2015.水动力作用对污染物在河流水沙两相中分配的影响研究进展[J].河海大学学报(自然科学版),43(05):480 – 488.

[66] 胥瑞晨,逄勇,胡祉冰,等,2020."引江济太"工程对太湖水体交换的影响研究[J].中国环境科学,40(1):375 – 382.

[67] 徐新玲,2020.山江湖工程的实施[J].党史文苑,7:54 – 55.

[68] 徐宗学,赵捷,2016.生态水文模型开发和应用:回顾与展望[J].水利学报,47(03):346 – 354.

[69] 曾思栋,夏军,杜鸿,等,2020.生态水文双向耦合模型的研发与应用:Ⅰ模型原理与方法[J].水利学报,51(01):33 – 43.

[70] 张翠云,马琳娜,张胜,等,2007.Visual Modflow 在石家庄市地下水硝酸盐污染模拟中的应用[J].地球学报(06):561 – 566.

[71] 张代钧,许丹宇,任宏洋,等,2005.长江三峡水库水污染控制若干问题[J].长江流域资源与环境,14(5):605 – 610.

[72] 张浏,施超,丁芳芳,等,2013.巢湖流域农田氮磷污染物径流流失及淋溶特性[J].环境工程,31(S1):251 – 254＋280.

[73] 张奇,等,2018.鄱阳湖水文情势变化研究[M].北京:科学出版社.

[74] 张奇,2021.湖泊流域水文学研究现状与挑战[J].长江流域资源与环境,30(07):1559 – 1573.

[75] 张小琳,李云良,于革,等,2016.鄱阳湖流域过去 1 000 a 径流模拟以及对气候变化响应研究[J].湖泊科学,28(4):887 – 898.

[76] 张小琳,张奇,王晓龙,2017.洪泛湖泊水位—流量关系的非线性特征分析[J].长江流域资源与环境,26(05):723 – 729.

[77] 中国科学院三峡工程生态与环境科研项目领导小组,1988.长江三峡工程对生态与环境的影响及对策研究[M].北京:科学出版社.

[78] 朱晓琳,李一平,许益新,等,2020.时间尺度对平原感潮河网水动力水质模拟精度的影响[J].水资源保护,36(3):67 – 75.

[79] 左海军,张奇,徐力刚,2008.农田氮素淋溶损失影响因素及防治对策研究[J].环境污染与防治,30(12):83 – 89.

第二章 鄱阳湖流域概况

2.1 鄱阳湖流域自然属性

鄱阳湖流域位于长江中下游南岸,处于东经 $113°35'\sim118°29'$ 与北纬 $24°29'\sim30°05'$ 之间,流域面积约 16.2×10^4 km²,占整个长江流域总面积的 9%,占江西省国土总面积的 97%,平均年径流量 $1\,450\times10^8$ m³,其水量占长江流域的 15%,是我国重要的淡水资源库(金斌松 等,2012)。流域主要由赣江、抚河、信江、饶河和修水五个子流域组成。该流域北临长江,三面环山,东有武夷山与福建省为界,西北有幕阜山与湖北省为界,东北有怀玉山与安徽、浙江省为界,北面与湖北、安徽省隔江相望。流域除北部地势较为平坦外,其他三面环山,中部丘陵起伏,全流域整体向北部鄱阳湖倾斜而呈开口状的巨大盆地。流域内地貌类型发育较为齐全,可概括为山地、丘陵、岗地平原三类,以山地和丘陵为主(李炳元 等,2013)。其中山地占 36%,丘陵占 42%,岗地平原占 22%。中部和南部地形相对复杂,低山、丘陵、岗阜与盆地交错分布,低山与丘陵海拔 $300\sim600$ m,盆地海拔 $50\sim100$ m,北部鄱阳湖冲积平原区的海拔一般低于 50 m。

受鄱阳湖流域地貌、地质、水文气候等诸多因素影响,该流域土壤地带性和地域性规律都比较明显(何纪力,2006)。红壤为分布最广、面积最大的地带性土壤,其总面积可达 $13\,966$ 万亩,约占全省总面积的 56%。黄壤主要分布在流域中 $700\sim1\,200$ m 的山地,面积约 $2\,500$ 万亩(占全省总面积的 10%)。土体厚度不均一,自然肥力较高。山地黄棕壤主要分布在海拔 $1\,000\sim1\,400$ m 以上的山地,现有植被一般为常绿与落叶混交林,生长茂密,覆盖度大。山地黄棕壤肥力较高。山地草甸土主要分布在海拔 1 400～1 700 m 以上的高山山顶,所占面积比重小。由于水分充足、阴凉湿润,有利于有机质的积累,故土壤潜在肥力较高。紫色土面积约 835 万亩,约占全省总面积的 3.3%。紫色土是在紫色砂页岩风化物上发育的一类岩性土,主要分布在赣州、抚州和上饶地区的丘陵地带,常与丘陵红壤交错分布。紫色土磷和钾含量较为丰富,适种性广。潮土主要分布在鄱阳湖沿岸、长江和鄱阳湖五河的河谷平原,其成土母质为河湖沉积物。由于水流的分选作用,一般距离河流越近,质地越粗;距离河流越远,质地越细。再则,剖面层理性明显,常出现上、中、下不同的质地层次,对土壤肥力形状影响较大。潮土土层深厚,土体呈浅棕灰至暗棕灰色,质地沙壤至轻黏土,土壤物理性质良好,土体疏松多孔,通气透水。石灰土是在石灰岩母质上发育的一类岩性土。零星分布于石灰岩山地丘陵区。一般土层浅薄,大多具有石灰反应。水稻土为江西省主要的耕作土壤,由各类自然土壤水耕熟化而成。主要在江西省山地丘陵谷底和河湖平原阶地广泛分布,面积约 3 000 万亩,占全省耕地总面积的 80%以上。

鄱阳湖流域的植被类型主要有:针叶林、阔叶林、竹林和针阔叶混交林(陆建忠等,2011)。在气候较热、降水充沛的地区,一般呈常绿林。在气候温和的降水季节明显的地区,一般为夏绿林。由于长期的人类活动和破坏,原始植被保存较少,多为次生的半天然和人工林,以马尾松和杉木为主。在低山丘陵上,发育有大面积的亚热带草地和灌丛,在沿江湖滨冲积的平原和湖州地区分布着大片草甸和水生植物。在人为破坏较为严重的地区则出现荒山秃岭的现象。山区由于海拔较高,植被分布呈明显垂直变化:常绿阔叶林在南部一般分布在海拔 1 500 m 高处,而北部只限于海拔 600～800 m 以下;在此以上则随高度增加依次出现常绿阔叶林、山地针阔混交林、台湾松林和山地落叶矮林,以至山地草甸等植被类型,局部山地间盆地还有沼泽分布。

2.2 鄱阳湖流域气候水文

鄱阳湖流域年平均气温约 18 ℃。空间上,赣东北、赣西北和长江沿岸年均气温偏低,在 16～27 ℃;湖滨、赣江中下游、抚河和赣西南山区的年均气温在 17～18 ℃;抚州、吉安地区南部和信江中游在 18～19 ℃;赣南盆地气温最高,在 19～20 ℃。极端最高温度南北空间差异不大,但几乎都接近或超过 40 ℃。然而极端最低气温南北差异较大:北部九江大部分地区气温在 $-12 \sim 14$ ℃;赣南则在 -5 ℃左右;其他地区一般在 $-7 \sim 12$ ℃(刘健 等,2010)。鄱阳湖流域雨量丰富,降雨量在 1 100 ～ 2 600 mm 之间,一般表现为南多北少、东西部大、中部小的空间分布格局(李相虎 等,2012)。年内分布上,呈现显著的季节性差异。秋冬季一般晴朗少雨,春季时暖时寒,阴雨连绵,一般在四月份后进入梅雨时期。五、六月份为全年降水最多时期,约占全年降水的 46%,平均月降水量在 $200 \sim 350$ mm 之间,甚至高达 700 mm 以上。该时期多大雨或暴雨,暴雨强度为 $50 \sim 200$ mm/d。七月份雨带北移,雨季基本结束,气温急剧回升,进入晴热时期,伏旱秋旱相连,加之东南海域台风的登陆,将给该区域带来阵雨,缓解旱情和降暑。鄱阳湖流域年日照总辐射量 $97 \sim 115$ kcal/cm²;年日照时数在 1 473~2 078 h 之间;无霜期 255~282 天;蒸发量 800~1 200 mm,多集中在 7—9 月,因此形成本区夏季洪涝、秋季干旱的气候特点。除庐山外,鄱阳湖流域平均风速 $1 \sim 4$ m/s。年平均相对湿度为 $75\% \sim 83\%$。

鄱阳湖流域大小水系发达,赣江、抚河、信江、饶河和修水以及环湖区间(平原区)来水由南、东、西方向汇入北部鄱阳湖,终由湖口注入长江,形成完整的鄱阳湖水系(郭华 等,2007)。赣江为鄱阳湖流域最大水系,也是江西第一大河流,全长可达766 km,流域集水面积约 84 000 km²,约占江西省总面积的 50%,属于长江八大支流之一。赣江流域平均径流系数为 0.53,中上游区域径流系数为 0.52,上游区域径流系数为 0.53,上游地区径流系数在赣江流域中偏高。抚河全长 349 km,流域面积为15 856 km²。抚河中游建有金临渠、赣抚平原总干渠,灌溉农田 200 余万亩,是鄱阳湖流域中水资源利用率最高的子流域。抚河流域平均径流系数为 0.47。信江流域位于东北部,发源于浙赣边界仙霞岭西侧,流域面积约 16 784 km²,主河长 312 km。年径流深变化范围在 610~1 434 mm,平均值约为 1 060 mm。汛期峰值多出现在 6 月份,枯水季节一般为每年 12 月至次年 2 月。信江流域平均径流系数为 0.61。饶河流域位于鄱阳湖东北部,由乐安河与昌江于鄱阳县姚公渡汇合而成,在鄱阳县莲湖附近注入鄱阳湖,流域面积约 15 400 km²。年径流深变化范围在 506~1 247 mm,平均值约为965 mm。饶河流域中乐安河流域平均径流系数为 0.63。修水流域位于赣西北,干流发源于幕阜山脉,流域面积 14 700 km²,年径流深变化范围在 564~1 126 mm,平均值约为 916 mm。修水流域径流系数为 0.60,修水上游径流系数为 0.62,其重要支流潦水水系的径流系数为 0.56(叶许春 等,2009)。

鄱阳湖湖滨平原区主要沿环湖区分布,地形较为平坦,约占整个鄱阳湖流域面积的 11%,多年平均径流系数约为 0.64(谭胤静 等,2015)。湖区属于北亚热带季风气候,年均气温 16.5~17.8 ℃。空间上,南北气温相差 1.5 ℃。年内变化上,7 月均温 28.4~29.8 ℃,极端最高温 40.3 ℃;1 月均温 4.2~7.2 ℃,极端最低温−10 ℃。鄱阳湖湖区多年平均降雨量为 1 570 mm,但庐山地区的高降雨量可达 1 960 mm。湖区东部、南部较高的年降雨量都在 1 600 mm 以上,而西部和北部等地区的年降雨量一般小于 1 500 mm。湖区最大年降水量约为 1 738~1 794 mm,而最小年降水量为 699~1 205 mm。年际变幅 891~1 674 mm,平均 1 316 mm。湖区多年平均蒸发量 1 000~1 300 mm,以湖区为中心向四周递减,南昌等地区大于 1 300 mm,庐山小于 800 mm,湖区水体多年平均蒸发量为 1 236 mm(戴雪 等,2014)。

2.3 鄱阳湖流域湿地生态

湿地在维系全球生态平衡方面具有不可替代的作用,长期以来为人类提供了丰富的资源,具有重要的自然生态和人文价值。然而,受气候变化及人类活动共同影响,全球天然湿地正日益减少,湿地健康状况日益恶化。植被作为湿地的核心组成要素,在湿地生态功能的发挥中扮演重要角色,同时也是评价湿地健康状况的重要指标。湿地水文不仅左右着湿地的物理、化学和生态作用,也在湿地发育演化和维持景观效益方面起到关键作用。因此认识水文变化对湿地景观,尤其是植被景观的影响,对湿地保护具有重要意义。

鄱阳湖是我国第一大淡水湖,鄱阳湖湿地是我国首批被列为《国际重要湿地名录》的 7 个自然保护区之一,被世界自然基金会(World Wildlife Fund, WWF)划分为全球重要生态区之一,素有"珍稀王国""候鸟天堂""中国第二长城"之美誉。鄱阳湖是一个典型过水性吞吐湖泊,洪水季节,烟波浩渺,与天无际;枯水季节,湖面萎缩,水束如带,湖滩出露,黄茅白苇,旷如平野,只余出鹰泊小湖。洪、枯年水位变幅为 9.8~15.4 m,湖口历史最高水位(22.6 m)出现在 1998 年 7 月 31 日,水面面积达 4 070 km²。最低水位(5.9 m)出现在 1963 年 2 月 6 日,湖泊面积仅有 146 km²(许继军 等,2009)。水位的剧烈变动直接影响出露草洲面积的变化,例如 1998 年高水位期间出露草洲面积仅有 76.14 km²,相对低水位期间(例如 2006 年 12 月 21 日)出露草洲面积达1 546.21 km²(张方方 等,2011)。时令性显著的水陆交替的特殊景观,为湖滩草洲湿地生态系统发育提供了良好条件,成为珍禽、候鸟的天然乐园。

鄱阳湖湿地土壤主要可分为草甸土、草甸沼泽土和水下沉积土三种类型,由于其长期处于水分过饱和和厌氧条件下,植被残体分解缓慢,土壤有机质含量较高,因而土壤持水能力较强。洲滩主要是草甸土、沼泽土,滨湖和河流两岸是冲积土,质地主要是河流冲积物,肥力较高、耕作条件好。随着鄱阳湖湖盆的高程变化,各高程下的土壤和植被特征如下:

(1) 高程 13.5~15.5 m:年平均显露天数为 270~305 天,水位埋深为 1.5~1.7 m,此层土壤松软、富有弹性、根系密集、腐殖层厚,6 cm 以下含棕黄色铁锰结核锈斑纹层,水淹后,由强酸性升至弱酸性或中性,主要为草甸土。

(2) 高程 11~13.5 m:年平均显露天数为 187~270 天,水位埋深为 0.1~0.2 m。此层根系密集,质地松软,呈现棕—灰黄色,腐殖化的残留层明显,8 cm 以下为灰色潜育层,土壤呈酸性,主要为草甸沼泽土。

(3) 高程 10.5~11 m:植被呈环带状分布,地表淹水时间占全年的 1/2~3/5,滩地出露时地下水接近地表,或与地表水位一致。土壤理化性质介于草甸沼泽土与水下沉积物之间,属于过渡类型的沼泽土。

(4) 高程 10.5 m 以下:属于常年积水区与枯水期水位波动地带,沉积物为青灰色粉质黏土,表面呈 0.5 cm 水土界面因受氧化影响呈棕黄色,5~7 cm 以下为青灰色还原层。pH 为 6.2~7.4,主要为水下沉积物层土。

据 20 世纪 60 年代初调查,湖中有水生植物(包括湿生植物)119 种,80 年代调查有 38 科 102 种,以禾本科、莎草科、蓼科和菊科为主(表 2.1)。水生植物面积2 262.0 km²,占全湖总面积的 80.8%。

表 2.1　鄱阳湖水生植物的分布面积、频度及生物量比较表(窦鸿身,2003)

种类	分布面积(万亩)	频度(%)		生物量(湿重)	
		全湖 389 个样方计算	植被区 314 个样方计算	生物量(g/m²)	占总生物量的百分比(%)
马来眼子菜	248.5	57.79	73.25	503	32.62
苦草	303.2	68.95	89.36	343	22.24

续　表

种类	分布面积（万亩）	频度（%）		生物量（湿重）	
		全湖389个样方计算	植被区314个样方计算	生物量（g/m²）	占总生物量的百分比（%）
黑藻	181.5	42.21	53.50	256	16.60
芦苇	34.6	8.04	10.19	63	4.09
荻	10.8	2.51	3.19	54	3.50
荇菜	63.8	14.82	18.79	52	3.37
小茨藻	111.3	25.88	32.80	49	3.18
苔草*	38.9	9.05	11.47	49	3.18
菱	10.8	2.51	3.19	47	3.05
聚草	58.4	13.57	17.20	44	2.85
金鱼藻	51.9	12.06	15.29	44	2.85
菰	13.0	3.02	3.82	14	0.91
水蓼	54.0	12.56	15.92	10	0.65
大茨藻	34.6	8.04	10.19	10	0.65
其他水生植物	16.2	3.77	4.78	4	0.26

由 2013 年 12 月 24 日 Landsat 8 遥感影像（LC81210402013358LGN00）解译获得鄱阳湖湿地植被的空间分布数据（30 m 分辨率），如图 2.1 所示，按照植物与土壤、水位之间的关系，将鄱阳湖湿地植物主要分为四大类（谭志强 等，2016；Tan et al.，2016）：以狗牙根（Cynodon dactylon (L.) Pers.）、茵陈蒿（Artemisia capillaris Thunb.）为代表的湖滨高滩地中生性草甸，高程为 18～19 m，为红色砂土质土壤，平水年份不被淹没；以芦苇、南荻（Triarrhena lutaririparia L. Liou）为代表的挺水植物群系，高程 16～18 m，为腐殖质层深厚、土壤团粒结构好的草甸土；以薹草（Carex cinerascens）、虉草（Phalaris arundinacea Linn.）为代表的湿生植物群系，高程为 14～16 m，为地下水位、潜育层部位较沼泽土深，土色灰褐，土壤结构较好的草甸沼泽土；以苦草（Vallisneria）为代表的沉水植物群系，高程 12 m 以下，为色泽青灰，水分状态长期饱和，嫌气还原状态的水成土。

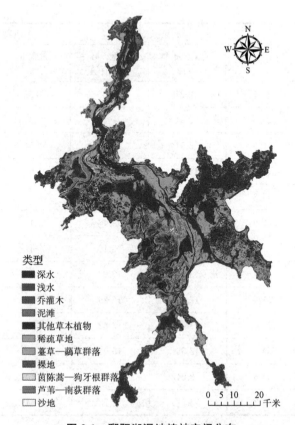

类型
- ■ 深水
- ■ 浅水
- ■ 乔灌木
- ■ 泥滩
- ■ 其他草本植物
- ■ 稀疏草地
- ■ 薹草—藨草群落
- ■ 裸地
- □ 茵陈蒿—狗牙根群落
- ■ 芦苇—南荻群落
- □ 沙地

0 5 10   20
千米

图 2.1　鄱阳湖湿地植被空间分布

鄱阳湖季节性的水位变化导致湖滩湿地产生的周年变化水陆交替现象,对水生植物群落的结构及物种多样性影响很大(表 2.2)。每年 3—5 月,苔草等分布在 15 m以上的草甸植物中被淹没,成为鱼类洄游产卵、索饵和栖息的场所。6—8 月,在洪水期,洲滩湿地被洪水淹没,形成了以马来眼子菜、苦草、黑藻和菱、荇菜等为主体的沉水植物群落和浮叶植物群落。10 月中下旬,随着鄱阳湖退水,位于三角洲前缘地势较高的天然堤首先露出水面,形成草滩。位于草滩和常年积水的洼地之间的低水位波动带是泥滩。由草滩、泥滩和积水洼地共同组成的湿地生态系统不仅植被繁茂,而且适合软体动物如昆虫、螺、蚌、鱼、虾等生长,从而为植食性、草食性候鸟提供了丰富的饵食,成为候鸟栖息、越冬的理想场所。在枯水期期间,鄱阳湖洲滩湿地出露水面,出现以灰化苔草为主体的湿生植物群落和以芦苇、南荻等为主体的挺水植物群落(胡振

鹏 等,2010)。在干湿交替过程中,各环境要素彼此联系,水—植物—鱼—鸟类相互作用、互相依存,形成了和谐统一的鄱阳湖湿地生态系统。

表 2.2 内湖周边优势植物类型四季变化(胡振鹏 等,2010)

生境	春季(3—5 月)	夏季(6—8 月)	秋季(9—11 月)	冬季(12—2 月)
深水	苦草	苦草+马来眼子菜	苦草+马来眼子菜	—
浅水	马来眼子菜	—	荇菜+苦草+马来眼子菜	—
沼泽	藕草	马来眼子菜+苦草	针蔺	水田碎米荠+半年粮
低滩地	苦草—水田碎米荠	聚草+黑藻+苦草+茨藻	苦草+丛枝蓼	茵陈蒿+苦草
高滩地	南荻+芦苇,芦苇+茵陈蒿	南荻+芦苇,南荻	南荻+芦苇+灰化苔草	南荻+茵陈蒿

注:水田碎米荠:*Cardamine lyrata*;丛枝蓼:*Polygonum posumbu*;针蔺:*Eleocharis congesta*。

灰化苔草是鄱阳湖湿地分布最广的优势植物类型,常被湖区群众用作饲料、绿肥和燃薪,也是重要的放牧场所,于每年春、秋两季定期刈割。芦苇、荻原是用作建材和编织的良好原料,70 年代以来由于强烈的人为活动,资源严重退化,现只能刈割用作柴薪。茵陈蒿也是湖区牲畜以及部分鸟类的食物来源之一。下面对这些植物的生长习性及特征做个大致的介绍。

灰化苔草:为莎草科薹草属下的一个种。湿生草本植物,地下茎无性繁殖,生长密集,根状茎丛生,常分布在地势较低低滩地上。枝条长 5～10 cm,粗 1～1.5 m。每年初春或退水后,灰化苔草开始由腋芽萌发成植株。3 月份之后会进入生长繁盛时期;4 月中旬高达 37～60 cm;5 月中旬开花结果;5 月后随着鄱阳湖湖水的持续上涨而被淹没,进入休眠期;8 月以后,随着鄱阳湖汛期结束之后湖水退落,灰化苔草再次萌发;9 月下旬的时候达到下半年最大的群落覆盖度,但不结果。严冬的时候,灰化苔草地上植株体再次枯萎。如果枯死的灰化苔草比较厚密,其贴地层嫩芽由于受到上层苦草的保护,依然可缓慢地生长。值得一提的是,分布区下缘的苔草是以植物为主要食料的候鸟的觅食对象,因此灰化苔草群落在维持鄱阳湖湿地生态系统平衡、为越冬候鸟栖息提供适宜的生态条件方面有着重要的现实意义(Oland,2002;Sang et al.,2014)。

南荻:禾本科荻属植物的一种,多年生高大竹状草本,具有发达的根状茎。每年3月份开始出芽,4—6月为迅速生长期,7—8月即停止生长,9—10月为其开花期,11月形成花絮,12月开始枯落,当年秆不倒伏,次年涨水时茎秆分解。南荻生长适应性较强,喜欢温暖湿润的气候。具有保持水土、固堤防洪、净化水体和空气等作用,是一种具有开发利用价值的野生资源型植物(张全军 等,2013;游海林,2014)。

芦苇:禾本科芦苇属的芦苇种,多年生草本植物。多生长在质地较黏重的沼泽、盐碱或中性土壤上,土壤pH值一般在6.5~8.5。株高为120~180 cm,每年3月中、下旬开始萌发,从地下根茎长出芽,适宜浅水环境,水深的大幅度变化对其生长极为不利。每年4—5月为芦苇的生长期,9—10月开花期,在11月形成花絮,12月下旬后开始枯落(陈晨 等,2010;许秀丽 等,2014)。

茵陈蒿:主要指包括蒌蒿和茵陈蒿(*Artemisia capillaris*)等在内的菊科蒿属植物。茵陈蒿生长在地势较高的砂质土壤上,是洲滩畜牛的重要草料,同时有防风固沙的作用。有匍匐的根状茎,高60~150 cm,直径4~10 mm,萌发于每年的2月份,3—5月份为生时期,每年7—8月会被汛期洪水淹没,并开始枯萎。开花期在9月份,11月后地上部分大量枯死(雷平,2012;游海林,2014)。蒌蒿常常与其他植物相互伴生,在各类土壤中均可生长,但以保水保肥性能好的砂质土壤最为适宜。蒌蒿的嫩芽和地下肉质茎均可食用,有一种浓烈的异香,营养价值高。同时也可入药,有清热、利湿、杀虫的功能。

2.4 鄱阳湖流域水质

近年来,受气候变化和人类活动的共同作用,鄱阳湖湖体水域面积逐年减少,环境容量变小,污染日益加重,劣于Ⅲ类的水域面积比例增加,主要超标污染物为总磷、氨氮,鄱阳湖水体呈逐步向富营养化发展的趋势(Ye et al.,2013;胡春华,2010;刘倩纯 等,2013)。2009—2018年江西省水文局的水质监测数据表明:鄱阳湖不同水质指标呈现显著的年际和季节变化,整体上冬季总磷与氨氮浓度高于其他季节,2010年冬季湖区总磷平均浓度高于0.2 mg/L(Ⅴ类),2014年春季湖区氨氮平均浓度超过1.6 mg/L(Ⅳ类),自2015年以来总磷、氨氮浓度有所下降(图2.2)。

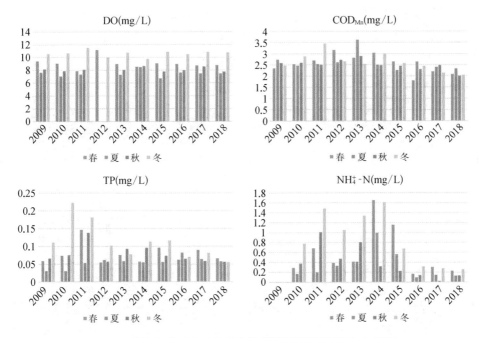

图 2.2　鄱阳湖流域湖区水质变化(数据来源于江西省水文局)

鄱阳湖流域入湖河流污染物(工业、农业、城镇生活、养殖)及湖区水文水动力条件的年际与年内变化,共同导致了入湖污染负荷与湖体自净与稀释能力改变,从而引起鄱阳湖水质和综合营养状态指数发生变化(杜冰雪 等,2019;黄爱平,2018;黄冬凌 等,2019)。一方面,入湖河流污染物输入一定程度上影响了湖区水质的空间变化。图 2.3表明,鄱阳湖流域不同入湖河流的总磷浓度差异很大,其中乐安河磷污染最为严重,尤其是 2013 年 12 月,乐安河石镇街站总磷浓度高达 0.737 mg/L(Ⅴ类)。鄱阳湖营养盐浓度、藻类浓度等指标从主湖体东南部的河流入湖口,向湖区中部、下游及北部入江水道逐渐下降(Wu et al.,2017;吕兰军,1996;刘发根 等,2014;黄爱平,2018)。其次,鄱阳湖水文气象条件的变化,直接改变了湖泊水动力过程进而影响湖泊水质的时空分配。比如,由于夏季降水丰沛,鄱阳湖夏季丰水期的水质(TP、TN 和 NH₃-N)优于冬季枯水期,夏季综合营养状态指数低于冬季;但有时受暴雨冲刷加剧流域非点源污染的影响,水位上升但水质下降(黄冬凌 等,2019;Wu et al.,2017;吕兰军,1996;刘发根 等,2014;杜冰雪 等,2019)。值得指出的是,由于鄱阳湖湖区水体连通性好,换水周期短(10～19 天),湖区水质的空间差异并不是十分突出(Wu et al.,2017;刘发根 等,2014)。

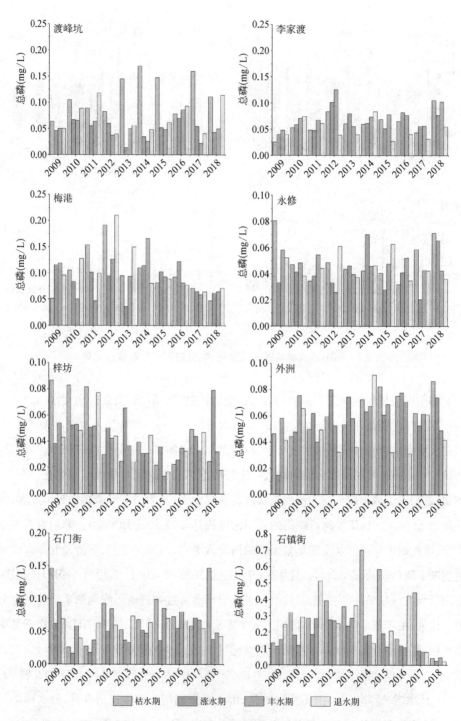

图 2.3　鄱阳湖流域五河七口控制站总磷浓度变化(数据来源于江西省水文局)

【参考文献】

［1］ODLAND A，DEL MORAL R，2002. Thirteen years of wetland vegetation succession following a permanent drawdown，Myrkdalen Lake，Norway［J］. Plant ecology，162：185 - 198.

［2］SANG H，ZHANG J，LIN H，et al，2014. Multi-polarization ASAR backscattering from herbaceous wetlands in Poyang Lake region，China［J］. Remote sensing，6：4621 - 4646.

［3］TAN Z Q，ZHANG Q，LI M F，et al，2016. A study of the relationship between wetland vegetation communities and water regimes using a combined remote sensing and hydraulic modeling approach［J］. Hydrology research，47(S1)：278 - 292.

［4］WU Z，ZHANG D，CAI Y，et al，2017. Water quality assessment based on the water quality index method in Lake Poyang：the largest freshwater lake in China［J］. Scientific reports，7(1)，17 999.

［5］YE X C，ZHANG Q，LIU J，et al，2013. Distinguishing the relative impacts of climate change and human activities on variation of streamflow in the Poyang Lake catchment，China［J］. Journal of hydrology，494，83 - 95.

［6］戴雪,万荣荣,杨桂山,等,2014.鄱阳湖水文节律变化及其与江湖水量交换的关系［J］.地理科学,34(012):1488 - 1496.

［7］窦鸿身,2003.中国五大淡水湖［M］.合肥:中国科学技术大学出版社.

［8］杜冰雪,徐力刚,张杰,等,2019.鄱阳湖富营养化时空变化特征及其与水位的关系［J］.环境科学研究,32(5):795 - 801.

［9］郭华,苏布达,王艳君,等,2007.鄱阳湖流域 1955—2002 年径流系数变化趋势及其与气候因子的关系［J］.湖泊科学(02):163 - 169.

［10］何纪力,2006.江西省土壤环境背景值研究［M］.北京:中国环境科学出版社.

［11］胡春华,2010.鄱阳湖水环境特征及演化趋势分析［D］.南昌:南昌大学.

［12］胡振鹏,葛刚,刘成林,等,2010.鄱阳湖湿地植物生态系统结构及湖水位对其影响研究［J］.长江流域资源与环境:597 - 605.

［13］黄爱平,2018.鄱阳湖水文水动力特征及富营养响应机制研究［D］.中国水利水电科学研究院.

［14］黄冬凌,倪兆奎,赵爽,等,2019.基于湖泊与出入湖水质关联性研究:以鄱阳湖为例［J］.环境科学,40(10):4450 - 4460.

［15］金斌松,聂明,李琴,等,2012.鄱阳湖流域基本特征、面临挑战和关键科学问题［J］.长江流域资源与环境,21(3):268.

［16］雷平,2012.鄱阳湖湿地不同功能群植物的生长发育过程及其对长期水淹的响应［D］.南昌:南昌大学.

［17］李炳元,潘保田,程维明,等,2013.中国地貌区划新论［J］.地理学报,68(003):291 - 306.

［18］李相虎,张奇,邵敏,2012.基于 TRMM 数据的鄱阳湖流域降雨时空分布特征及其精度评价［J］.地理科学进展,31(009):1164 - 1170.

[19] 刘发根,李梅,郭玉银,2014.鄱阳湖水质时空变化及受水位影响的定量分析[J].水文,34(4):37-43.

[20] 刘健,张奇,许崇育,等,2010.近50年鄱阳湖流域实际蒸发量的变化及影响因素[J].长江流域资源与环境,19(02):139-145.

[21] 刘倩纯,余潮,张杰,等,2013.鄱阳湖水体水质变化特征分析[J].农业环境科学学报,32(6):1232-1237.

[22] 陆建忠,陈晓玲,李辉,等,2011.基于GIS/RS和USLE鄱阳湖流域土壤侵蚀变化[J].农业工程学报,27(002):337-344.

[23] 吕兰军,1996.鄱阳湖富营养化调查与评价[J].湖泊科学,8(3):241-247.

[24] 谭胤静,于一尊,丁建南,等,2015.鄱阳湖水文过程对湿地生物的节制作用[J].湖泊科学,27(006):997-1003.

[25] 谭志强,张奇,李云良,等,2016.鄱阳湖湿地典型植物群落沿高程分布特征[J].湿地科学,4(14):506-515.

[26] 许继军,陈进,黄思平,2009.鄱阳湖洪水资源潜力与利用途径探讨[J].水利学报,40(04):474-480.

[27] 许秀丽,张奇,李云良,等,2014.鄱阳湖洲滩芦苇种群特征及其与淹水深度和地下水埋深的关系[J].湿地科学,12:714-722.

[28] 叶许春,张奇,刘健,等,2009.气候变化和人类活动对鄱阳湖流域径流变化的影响研究[J].冰川冻土(05):835-842.

[29] 游海林,2014.水情变化对鄱阳湖湿地植被生长与空间格局的影响研究[D].中国科学院南京地理与湖泊研究所.

[30] 张方方,齐述华,廖富强,等,2011.鄱阳湖湿地出露草洲分布特征的遥感研究[J].长江流域资源与环境(11):1361-1367.

[31] 张全军,于秀波,胡斌华,2013.鄱阳湖南矶湿地植物群落分布特征研究[J].资源科学,35:42-49.

第三章　鄱阳湖湖泊流域综合观测

3.1　鄱阳湖湖区气象观测

为准确监测鄱阳湖湖区气象要素变化过程,作者于 2011—2014 年陆续在鄱阳湖湖区安装了三套微气象站(康山、都昌、沙湖)及一套波文比监测系统(吴城),对区域降水、气温、气压、太阳辐射、相对湿度、风速、风向等要素进行连续高频监测,所采集的数据通过 GPRS 远程无线传输至电脑中储存。

(1) 气象要素观测

康山微气象站位于江西省上饶市余干县康山乡,康山水文站向南约 1 千米。主要观测对象为包括余干康山候鸟自然保护区、南矶湿地国家级自然保护区(中、南部)、三湖自然保护区、青岚湖自然保护区和鄱阳白沙洲自然保护区(南部)等在内的鄱阳湖南部主要湖区和重要湿地。观测的主要气象要素包括气温、降水、风速、风向、相对湿度、太阳辐射和气压等,数据采集频率 10 分钟,记录频率为 1 小时。

都昌微气象站位于江西省都昌县都昌镇中坝村。主要观测对象为包括都昌候鸟省级自然保护区(南部)、南矶湿地国家级自然保护区(北部)和鄱阳白沙洲自然保护区(北部)等在内的鄱阳湖中部主要湖区和重要湿地。观测的主要气象要素包括气温、降水、风速、风向、相对湿度、太阳辐射和气压等,数据采集频率 10 分钟,记录频率为 1 小时。

沙湖微气象站位于江西省九江市永修县吴城镇,处于蚌湖、沙湖和修水交界处。主要观测对象为包括鄱阳湖国家级自然保护区、都昌候鸟省级自然保护区(中、北部)、共青南湖湿地自然保护区和蓼花池自然保护区等在内的鄱阳湖北部主要湖区和重要湿地。观测的主要气象要素包括气温、降水、风速、风向、相对湿度、太阳辐射和气压等,数据采集频率 10 分钟,记录频率为 1 小时。

基于观测数据发现,鄱阳湖湖区全年降水量为 1 745.6 mm,季节性分配差异明显,年内降水主要集中在 3—5 月份,占全年总量的 53%。年平均气温为 17 ℃,平均湿度 80%,最低气温出现在 1 月份,为−5 ℃,最高气温出现在 7 月份,为 36 ℃(图 3.1)。

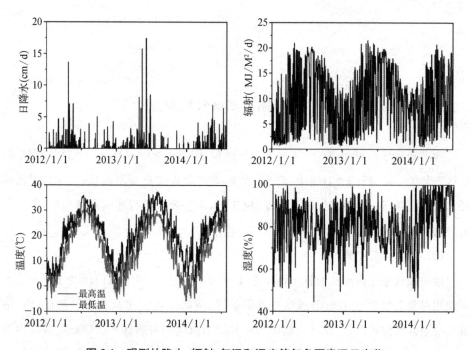

图 3.1　观测的降水、辐射、气温和湿度等气象要素逐日变化

(2)波文比观测系统

波文比观测系统(SP300,LSI LASTEM 系统)位于江西省九江市永修县吴城镇北部洲滩湿地,该系统安装于地形最高处的茵陈蒿样带,用以计算湿地植被群落下垫面与大气系统之间的水分交换通量和转换过程。该系统包括上、下两层大气温湿度观测板(DMA672.1),分别布设于距地面 2.5 m 和 1.2 m 处;净辐射(DPA240)观测置于地面以上 3 m 处;土壤热通量板(HFP01)2 个,测地面以下 10 cm 处的土壤热通量;土壤温度探头(TM10K)监测地面以下 10 cm 处的土温。数据采集频率 10 分钟,记录频率为 1 小时。

基于波文比观测系统对研究区净辐射及土壤热通量等进行了监测,并通过
Bowen Ratio 公式分别模拟了显热和潜热通量。图 3.2 为能量平衡各项日内变化特
征,由图可看出,净辐射在每天 11—13 时为最大,而 17 时—翌日 7 时左右为负值,同
时,由正转负及由负转正的时间点也在不同月份出现一定的提前或推后。潜热为能
量消耗的主要形式,占到 90％以上,而显热所占比例最小,在日内变化也不大;土壤热
通量一般在 11 时以后为正值,而在 19 时以后又转为负值,正负转换时间点在夏季会
提前 1~2 小时,而在冬季会推后 1~2 小时。

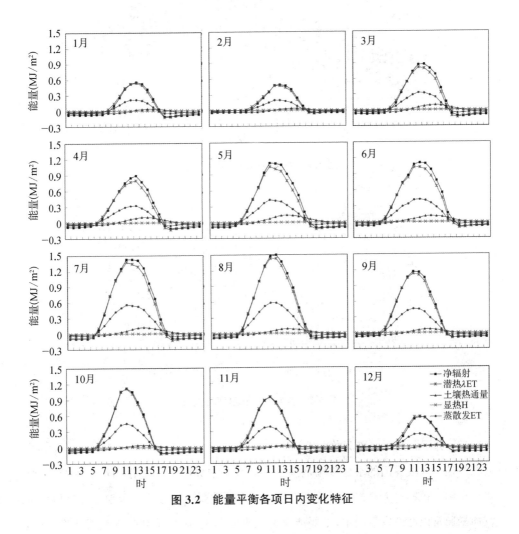

图 3.2　能量平衡各项日内变化特征

图 3.3 和图 3.4 分别为各能量项逐日和逐月变化过程。由图可看出,净辐射在 7—8 月为最大,同时其波动幅度也大;潜热的变化过程和净辐射基本一致,在 3—9 月小于净辐射,而在 10 月—翌年 2 月大于净辐射;土壤在 3—8 月主要吸收太阳辐射,土壤热通量为正值,而在 9 月—翌年 2 月则主要释放能量,土壤热通量为负值;显热通量所占比重很小,其在年内的变化不明显。

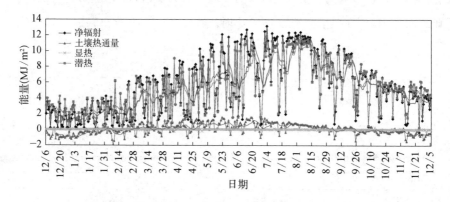

图 3.3　各能量项逐日变化过程

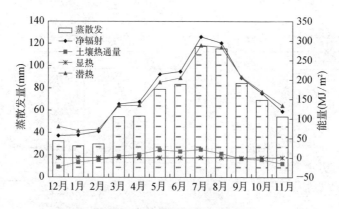

图 3.4　各能量项逐月变化过程

(3)鄱阳湖典型洲滩蒸散发模拟研究

湿地—大气界面的水分传输是湿地生态系统中界面水文过程的重要内容,它是水—土壤—植物—大气连续系统水热运动过程的重要表现形式。湿地—大气界面水汽通量通常以蒸散发量表示,主要涉及湿地水面蒸发、湿地植被降水截留蒸发、湿地土壤蒸发以及湿地植被的蒸腾过程。尽管蒸发问题的研究已有很长的历史,但由于其本身机理的复杂性,在全球气候变暖的背景下,蒸发量变化趋势的研究相比其他气象要素的研究显得薄弱,尤其像鄱阳湖湿地,具有水位变化显著、湿地生态系统关系复杂、对自然和人类活动扰动非常敏感等特点,鄱阳湖湿地的蒸散发过程还需深入研究。

本项研究以设置在鄱阳湖畔吴城镇的自动气象站观测的逐日气象要素以及波文比观测系统、野外采样、调查数据为基础,分别基于 Penman-Monteith 方法和 Bowen Ratio 公式对鄱阳湖典型洲滩湿地的蒸散发量进行模拟,同时对两种方法进行了对比研究,并进一步分析了湿地植被截留蒸发量、植被蒸腾量及土壤蒸发量与植被生物量、降水量、气温、土壤水分、土壤温度、土壤热通量等之间的响应关系。这一研究成果在揭示季节性湖泊湿地生态水文过程、湿地生态系统平衡的基准生态需水量核算等方面具有重要的科学意义。

利用基于 Penman-Monteith 公式的双源蒸散发模型模拟计算了不同界面上的水分传输通量,如图 3.5 和图 3.6 所示。由图可看出,植被截留蒸发量为最小,而植被蒸腾量为最大;在植被生长季(3—10 月),植被蒸腾量大于土壤蒸发量,而在其他时间段,由于植被凋萎,植被蒸腾量则小于土壤蒸发量;同时,由于冬季太阳辐射强度较低,各界面蒸散发量也很小,截留蒸发在 6 月最大,10 月最小,这与当地的降水特征存在较大的关系。

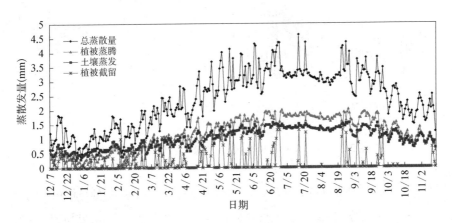

图 3.5　基于双源蒸散发模型模拟的蒸散发量逐日变化过程

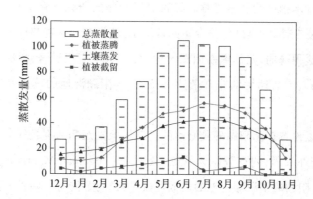

图 3.6   基于双源蒸散发模型模拟的蒸散发量逐月变化过程

作为对比,同时也利用 Bowen Ratio 公式模拟了蒸散发变化过程,如图 3.7 所示。由图可看出,总蒸散发量与双源模型模拟结果基本接近,6—8 月为蒸散发最为剧烈的时段,平均为 3～4 mm/d,而 1 月为最小,平均只有 0.9 mm/d,年内变化趋势也一致。但同时,在个别月份 Bowen Ratio 公式模拟结果也与双源模型模拟结果存在一定的差别,Bowen Ratio 公式模拟的总蒸散发量变化幅度也比双源模型模拟结果大。

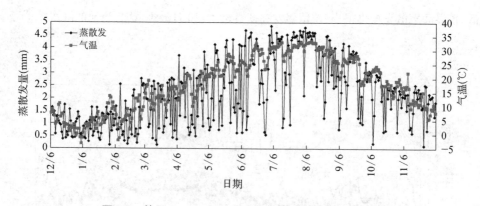

图 3.7   基于 Bowen Ratio 公式的蒸散发量逐日变化过程

进一步分析了湿地植被截留蒸发量、植被蒸腾量及土壤蒸发量与植被生物量、降水量、气温、土壤水分、土壤温度、土壤热通量等之间的响应关系,结果如图 3.8 所示。发现植被截留蒸发量与植被的生长状况以及降水量有直接关系,一般情况下,在降水量未超过植被的截留能力时,植被生长越茂密、降水量越大,其截留蒸发量也越大;而植被蒸腾主要受气温和植被生长状况影响,土壤蒸发主要随土壤温度和土壤热通量变化;同时发现,汛后地下水位下降,使土壤含水量明显降低,但对植被蒸腾与土壤蒸发未产生明显的影响。

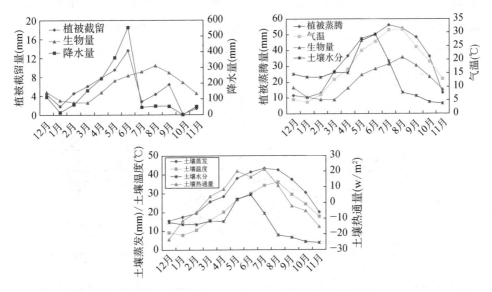

图 3.8　蒸散发过程与主要影响因素的响应关系

3.2　鄱阳湖典型洲滩湿地人工降雨径流实验

为分析鄱阳湖不同湿地植被覆被类型及不同降雨强度对降雨产汇流过程的影响,在鄱阳湖畔九江市永修县吴城镇典型洲滩湿地分别选择了南荻带、蒌蒿与狗牙根混生带以及裸地(有少量矮草)开展了人工降雨径流实验。实验采用人工降雨模拟器产生不同强度的降雨,实时监测植被下净雨量、不同深度处土壤水分、地表产流量等指标,分析其主要变化规律,为进一步模型模拟和机制研究提供参考。

实验发现:(1)在南荻植被带,降雨初期,冠层截留波动较大,大约30分钟后逐渐趋于稳定;而降雨强度变大,地表产流的时间会有所提前;同时,随着降雨的持续,地表下不同深度处的土壤水分含量缓慢增加(图3.9)。(2)在蒌蒿与狗牙根混生带,降雨强度变大,地表产流时间也会提前,而且产流量也会增大;随着降雨的持续,在第 40 分钟左右不同深度处的土壤水分含量迅速增加;同时,在雨强较大时,表层土壤水分含量增加明显,但下层土壤变化不明显(图 3.10)。(3) 在裸地上,雨强增大,产流时间也会提前,且产流量也增大;在降雨第 26 分钟后不同深度处土壤水分含量迅速增加;随着降雨的持续,不同深度处土壤基本在第 34 分钟左右接近饱和,之后土壤水分变化基本稳定(图 3.11)。(4) 经对比相同降雨强度下不同植被带的响应,发现南荻的截留量比蒌蒿大;而裸地上产流最早,其次为蒌蒿带,南荻带产流最晚;南荻带土壤水分缓慢增加,裸地湿润锋运移速率大于蒌蒿带。

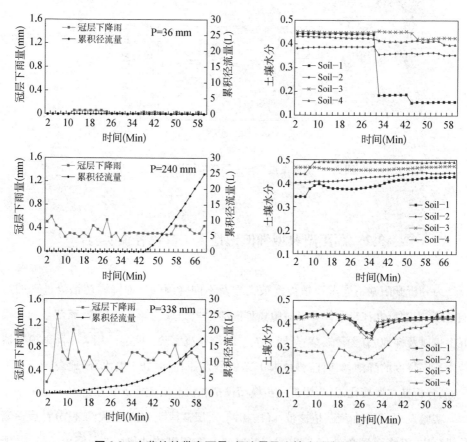

图 3.9 南荻植被带净雨量、径流量及土壤水分变化过程

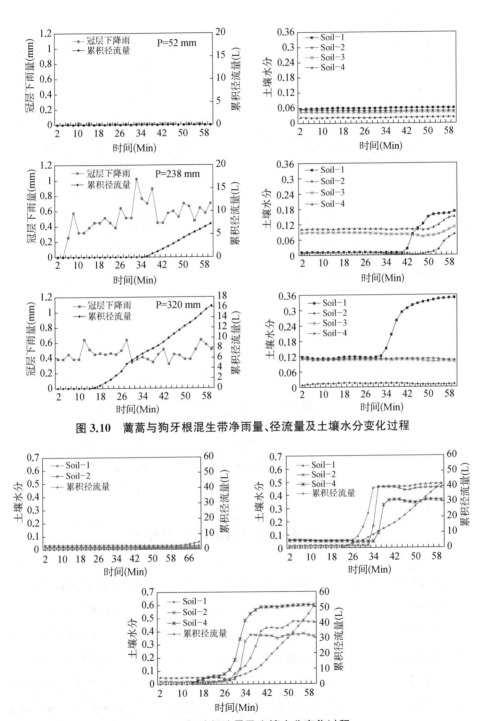

图 3.10　蒌蒿与狗牙根混生带净雨量、径流量及土壤水分变化过程

图 3.11　裸地径流量及土壤水分变化过程

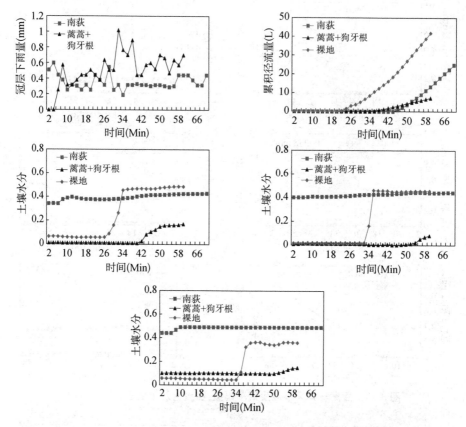

图 3.12　相同降雨强度下不同植被带径流量及土壤水分变化对比

3.3　鄱阳湖洲滩湿地地下水观测

鄱阳湖洲滩地下水监测点目前共有 10 个,包括碟形湖周边水位监测点 2 个,主要位于吴城洲滩、南矶洲滩和康山洲滩三个典型区(见图 3.13),采用加拿大生产的 Solinst Levelogger 水位仪进行地下水埋深实时观测,以此反映这些重点湖区洲滩地下水位的日变化情况。为自动监测水位—水温动态,采用加拿大生产的 Solinst 3001 Levelogger 传感器(水位精度 0.01 m,温度精度 0.05 ℃),将所有传感器均置于直径为 5 cm 的 PVC 管底部,PVC 管底部以上 1 m 长度采用过滤井处理,确保传感器可用来记录浅层地下水位—水温的完整变化,数据记录频率为 1 小时。在鄱阳湖洲滩区域,开展野外现场竖管实验,将直径 5 cm 的 PVC 管子垂直打入沉积物一定深度(管中沉积物深度为 50~60 cm),然后向管中一次性注水,因为管中水头高于周边河湖水位,PVC 管内水头开始自然下降,通过记录不同时刻管内的水头下降值,采用经验公式计算相应的渗透系数,具体原理和计算方法请参照 Chen(Chen,2000)。鄱阳洲滩介质的渗透系数取值变化为 $2.3\times10^{-6}\sim7.1\times10^{-3}$ m/s。其中,细粉砂和黏土组成的湖床沉积物的平均渗透系数为 2.5×10^{-6} m/s,砂砾和砾石组成的河床沉积物的平均渗透系数为 6.0×10^{-3} m/s(Li et al.,2019)。

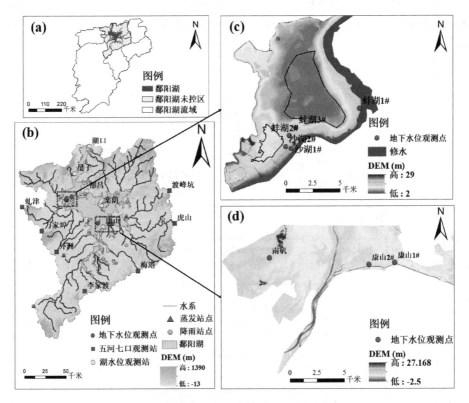

图 3.13 鄱阳湖洲滩地下水位监测点空间分布
注:观测点地表高程 13~15 m,井深 10~15 m,含水层以细砂、粗砂和粉土为主。

观测结果分析,不同洲滩地下水埋深变化范围为 8.1 m(地表以下)至 0.1 m(近地表)。根据高程转换,图 3.14 进一步展示了洲滩地下水和主要地表水体的水位动态变化过程。由此可见,地下水位与河流水位、碟形湖水位具有相似的年内动态变化规律。一般来说,在春季较为湿润的月份,随降雨量的增加,地下水位和河流水位迅速上升,进入夏季,由于受到不断增强的地表水文连通性影响,地下水、河流和碟形湖的水位变化几乎保持同步,水位高程基本介于 15～19 m(图 3.14 灰色虚线之间),可以推测地下水与地表水之间很有可能存在着季节性水力联系。在秋冬季节,虽然碟形湖的水位变化幅度相对较小(<0.4 m),但地下水位与河流水位均呈现明显下降趋势。换句话说,同碟形湖水位变化相比,河流水位与大多数监测点地下水位的下降速度更快(例如 9 月份)。此外,蚌湖、沙湖和修水等主要地表水体温度变化介于一3～32 ℃,地下水温度变化范围介于 14～19.8 ℃(图 3.14)。不难发现,相对于地表水体,地下水的温度变化要相对稳定,且与地表水体温度存在较大的季节性差异(李云良等,2019)。

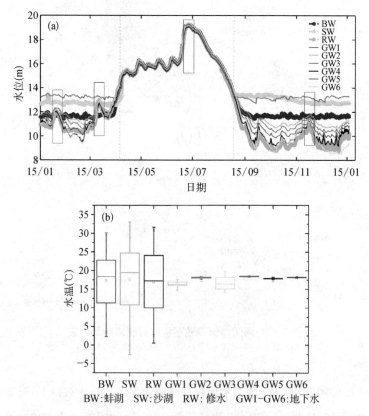

图 3.14 鄱阳湖洲滩湿地的地下水和主要地表水体的水位—水温观测结果
注:图片修改自 Li et al.,2019。

3.4　鄱阳湖流域水质观测

根据研究流域的河网、地形和水文特征,同时考虑乐安河的土地利用情况,在饶河流域的乐安河干、支流设置 17 个水质监测断面,在对所监测河道进行野外考察的基础上,确立监测断面的位置,通过 GPS 定位的方式,最终确定乐安河水质监测网络(图 3.15)。在每个监测断面进行水样的采集,测得水样的氮磷浓度,指示该检测断面及其所在河道的氮磷浓度水平。

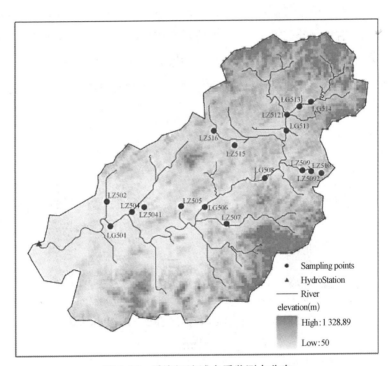

图 3.15　乐安河流域水质监测点分布

监测断面的设置兼顾了流域中的主要用地类型,在每种主要的用地类型附近布设了一定数量的监测断面,如 LG513、LZ5092、LZ5121 主要控制的是林地用地类型,LZ504、LZ505 监测断面主要控制耕地用地类型。

乐安河流域氮磷浓度监测时段为 2009 年 4 月至 2011 年 9 月,分别在 2009 年 4 月、9 月、12 月,2010 年 6 月、8 月、10 月、12 月,2011 年的 2 月、4 月、7 月、9 月,主要针对流域的丰水期、平水期、枯水期及重要农事活动前后,利用已有的监测断面定位信息,通过导航仪确定的方式保证每次采样位置一致,采样次数为 11 次。水样采集过程中,在水下 10 cm 处取样,取得水样之前需要对水质采样器(CSQ-1 型)及水样瓶进行 3 次以上润洗,取不少于 600 ml 水样存于水样瓶中,密封保存送至实验室。

对水样采集中取得的水样,在实验室进行氮磷浓度的分析,测试原理见金相灿的《湖泊富营养化调查规范》,具体的分析过程为:经直径为 47 mm 的 Whatman GF/C 玻璃纤维素膜(平均孔径 1.2 μm)过滤后的水样用于可溶性氮磷浓度的分析,未经过滤的水样以过硫酸钾氧化比色法测定分析总氮总磷的浓度,监测指标主要包括硝氮 $NO_3^- - N$、亚硝氮 $NO_2^- - N$、氨氮 $NH_4^+ - N$、总氮 TN、总磷 TP、PO_4、化学需氧量 COD、悬浮物及有机物等(TN、DTN 浓度的季节变化如图 3.16、3.17 所示)。此外,在石镇街水文站开展了 2016—2018 年的水质加密采样监测,包括每周一次的采样和降雨径流事件的日步长采样监测(TP、DP 浓度随时间的变化见图 3.18)。水质监测指标信息及分析方法见表 3.1。

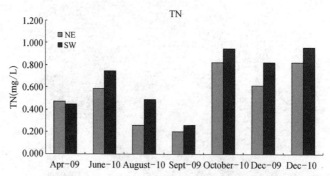

图 3.16 乐安河流域东北山区和西南丘陵区 TP、DP 浓度季节变化

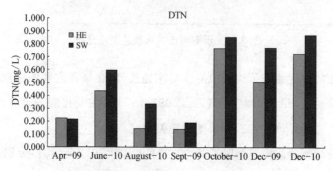

图 3.17 不同时期乐安河流域东北山区和西南丘陵区 DTN 浓度

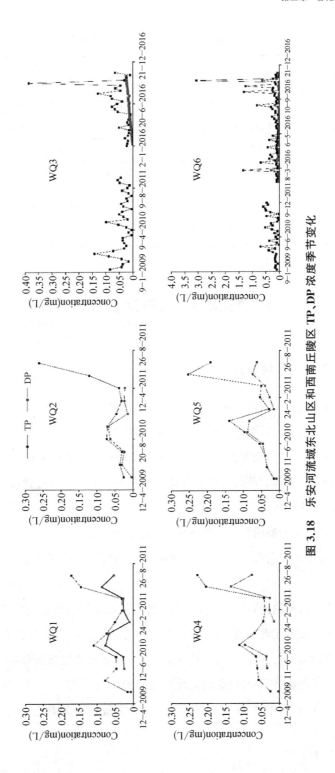

图 3.18 乐安河流域东北山区和西南南丘陵区 TP, DP 浓度季节变化

表 3.1   水样水质参数、单位及分析方法

指标名称	符号	单位	测试方法	所用仪器
总氮/总磷	TN/TP	mg/L	分光光度法	紫外分光光度计(UV2450)
溶解性总氮/总磷	DTN/DTP	mg/L	分光光度法	紫外分光光度计(UV2450)
铵态氮	$NH_4^+ - N$	mg/L	分光光度法	流动分析仪(荷兰 SAN+++)
硝酸盐氮	$NO_x^- - N$	mg/L	分光光度法	流动分析仪(荷兰 SAN+++)
亚硝态氮	$NO_2^- - N$	μg/L	分光光度法	流动分析仪(荷兰 SAN+++)
硝态氮	$NO_3^- - N$	mg/L	$c(NO_x^- - N) -$ $c(NO_2^- - N)$	无

3.5   鄱阳湖流域观测数据管理平台

3.5.1   数据平台建设目的和意义

观测数据是支撑研究的重要基础性资料,尤其对环境预警预测、模型的构建与验证等,长时间序列、高分辨率数据显得尤为重要(申文明 等,2007;马军,2016)。随着观测技术的发展,在线自动观测成为趋势,并在流域尺度上呈现多要素、多尺度、多时空分辨率等特点。有效、有序、实时管理观测数据是实现数据深度挖掘、高效使用和满足不同目的和用户的重要保证。近年来,数据平台建设有所发展,针对不同的目的,开发建设了不同类型的数据管理系统(张璘 等,2009;张耀南 等,2004;王亮绪 等,2013;王毅 等,2018),在数据在线展示和湖泊生态环境预警等方面产生了积极的作用。

本节介绍的观测数据管理平台主要基于作者在鄱阳湖流域长期积累的野外观测数据和野外观测设备建设开发而成,目的是对气象、地下水、水质等各类自主观测数据和在线观测设备进行管理,实现在线实时查阅、单要素变化趋势分析、多要素相关性分析与模拟等功能(中国科学院南京地理与湖泊研究所 等,2020)。该数据平台于2020 年 9 月获得软件著作权登记证书(中国科学院南京地理与湖泊研究所 等,2020)。

3.5.2　鄱阳湖流域观测数据管理平台主要功能简介

鄱阳湖流域管理数据平台系统主要包括系统管理、站点管理、地图、数据报表、示范区展示和模型管理等功能模块(图 3.19),各功能块的详细介绍如表 3.2 所示。其中,核心功能是数据在线传输和展示(图 3.20)、历史数据变化过程展示(图 3.21)和历史数据下载管理(图 3.22)等。

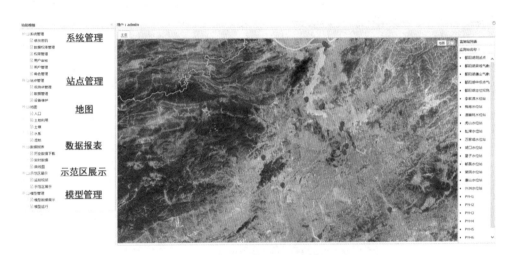

图 3.19　鄱阳湖流域观测数据管理平台主界面

注:左侧为各功能块列举,中图为不同类型观测点位置,右侧为各观测点站名列举。

表 3.2　鄱阳湖流域观测数据管理平台各功能块介绍

功能块名称	主要功能
系统管理	数据平台参数设置,显示风格设置,用户权限级别设置和管理
站点管理	增减野外观测站点,站点熟悉设置,数据上传和下载管理,设备远程在线管理
地图	各种图层管理模块,可实现各类地面信息图层的导入、导出、编辑和显示选择
数据报表	实现历史数据变化过程的显示,在线实时数据传输和展示,数据下载和管理
示范区展示	实现小范围实验区的视频监测,可调看示范区实时状况
模型管理	实现水文、生态模型的植入,与观测数据库相连,展示模型模拟结果

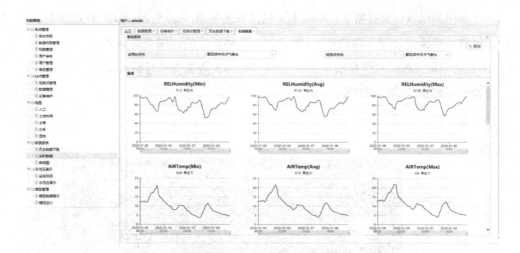

图 3.20　实时气象数据展示窗口

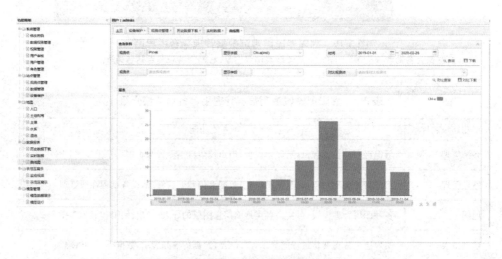

图 3.21　历史数据变化过程展示窗口

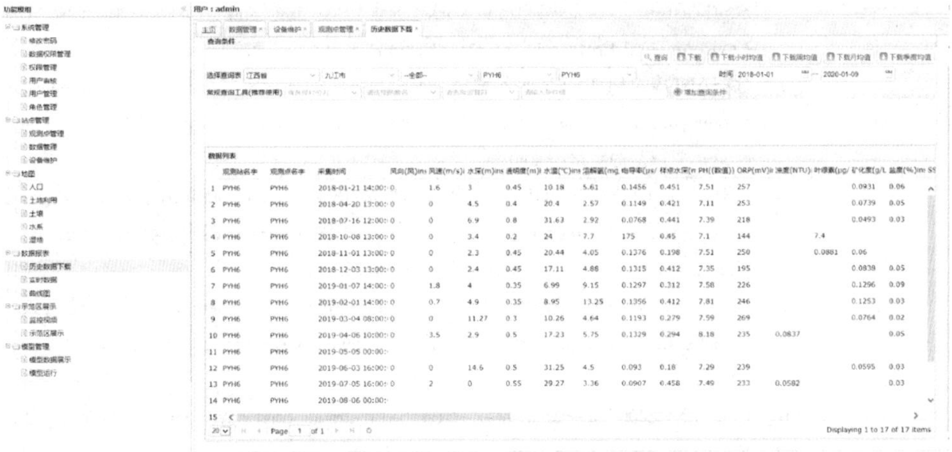

图 3.22　历史数据下载设置和管理

　　该数据管理平台在中国科学院战略性先导科技专项 A"美丽中国生态文明建设科技工程"（XDA23040202）、国家重点研发计划项目"长江水资源开发保护策略与关键技术研究"（2019YFC0409002）和国家自然科学基金（41877166）等项目中发挥了积极的作用。部分数据在《中国科学数据》发布，展示了近几年来鄱阳湖水环境的变化，受到众多科研人员的兴趣（刘贺 等，2020）。

【参考文献】

[1] ACREMAN M C, FERGUSON A J D, 2010. Environmental flows and the European water framework directive[J]. Freshwater biology, 55(1): 32 - 48.

[2] ANDREOLI R, YÉSOU H, LI J, et al, 2007. Poyang Hu (Jiangxi Province, PR of China) area variations between January 2004 and June 2006 using ENVISAT low and medium resolution time series[J]. Geographic information sciences, 13: 24 - 35.

[3] BARZEN J, ENGELS M, BURNHAM J, et al, 2009. Potential impacts of a water control structure on the abundance and distribution of wintering waterbirds at Poyang Lake[R]. Baraboo, Wisconsin: International Crane Foundation.

[4] BATES P D, NEAL J C, ALSDORF D, et al, 2014. Observing global surface water flood dynamics[J]. Surveys in geophysics, 35(3): 839 - 852.

[5] CAI X, FENG L, HOU X, et al, 2016. Remote sensing of the water storage dynamics of large lakes and reservoirs in the Yangtze River Basin from 2000 to 2014[J]. Scientific reports, 6(1): 1 - 9.

[6] CARR M H, HOCTOR T D, GOODISON C, et al, 2002. Final report:

Southeastern ecological framework［R］. Planning and Analysis Branch，US Environmental Protection Agency，Region，4.

［7］ CASANOVA M T，BROCK M A，2000. How do depth，duration and frequency of flooding influence the establishment of wetland plant communities? ［J］. Plant ecology，147(2)：237 – 250.

［8］ CHEN B，CHEN L，HUANG B，et al，2018. Dynamic monitoring of the Poyang Lake wetland by integrating Landsat and MODIS observations[J]. ISPRS journal of photogrammetry and remote sensing，139：75 – 87.

［9］ CHEN B，HUANG B，XU B，2017. A hierarchical spatiotemporal adaptive fusion model using one image pair［J］. International journal of digital earth，10（6）：639 – 655.

［10］ CHEN X，2000. Measurement of streambed hydraulic conductivity and its anisotropy[J]. Environmental geology，39(12)：1317 – 1324.

［11］ DAVIDSON N C，2014. How much wetland has the world lost? Long-term and recent trends in global wetland area[J]. Marine and freshwater research，65(10)：934 – 941.

［12］ EVANS T L，COSTA M，TELMER K，et al，2010. Using ALOS/PALSAR and RADARSAT-2 to map land cover and seasonal inundation in the Brazilian Pantanal[J]. IEEE journal of selected topics in applied earth observations and remote sensing，3(4)：560 – 575.

［13］ FANG H，HAN D，HE G，et al，2012. Flood management selections for the Yangtze River midstream after the Three Gorges Project operation［J］. Journal of hydrology，432：1 – 11.

［14］ FENG L，HU C，CHEN X，et al，2013. Dramatic inundation changes of China's two largest freshwater lakes linked to the Three Gorges Dam［J］. Environmental science & technology，47(17)：9628 – 9634.

［15］ GUO H，HU Q，ZHANG Q，et al，2012. Effects of the three gorges dam on Yangtze river flow and river interaction with Poyang Lake，China：2003 – 2008[J]. Journal of hydrology，416：19 – 27.

［16］ HUANG C，CHEN Y，ZHANG S，et al，2018. Detecting，extracting，and monitoring surface water from space using optical sensors：a review[J]. Reviews of geophysics，56(2)：333 – 360.

［17］ HUI F，XU B，HUANG H，et al，2007. Modeling spatial-temporal change of Poyang Lake using multi-temporal Landsat imagery［C］//Geoinformatics 2007：Remotely Sensed Data and Information. SPIE，6752：422 – 433.

［18］ HU Y，HUANG J，DU Y，et al，2015. Monitoring spatial and temporal dynamics of flood regimes and their relation to wetland landscape patterns in Dongting Lake from MODIS time-series imagery[J]. Remote sensing，7(6)：7494 – 7520.

［19］ JENKS G F，1967. The data model concept in statistical mapping[J]. International yearbook of cartography, 7: 186 – 190.

[20] JENKS G F, 1977. Optimal data classification for choropleth maps[R]. Department of Geography, University of Kansas Occasional Paper.

[21] JIN Z, XU B, 2013. A novel compound smoother—RMMEH to reconstruct MODIS NDVI time series[J]. IEEE geoscience and remote sensing letters, 10(4): 942 – 946.

[22] JONES K, LANTHIER Y, VAN DER VOET P, et al, 2009. Monitoring and assessment of wetlands using Earth Observation: the GlobWetland project[J]. Journal of environmental management, 90(7): 2154 – 2169.

[23] KARIM F, PETHERAM C, MARVANEK S, et al. 2011. The use of hydrodynamic modelling and remote sensing to estimate floodplain inundation and flood discharge in a large tropical catchment [C]//Proceedings of MODSIM2011: The 19th International Congress on Modelling and Simulation, Perth, Australia, 1216.

[24] KLEIN I, GESSNER U, DIETZ A J, et al, 2017. Global WaterPack-A 250 m resolution dataset revealing the daily dynamics of global inland water bodies[J]. Remote sensing of environment, 198: 345 – 362.

[25] KUENZER C, KLEIN I, ULLMANN T, et al, 2015. Remote sensing of river delta inundation: Exploiting the potential of coarse spatial resolution, temporally-dense MODIS time series[J]. Remote sensing, 7(7): 8516 – 8542.

[26] LIAO J, SHEN G, DONG L, 2013. Biomass estimation of wetland vegetation in Poyang Lake area using ENVISAT advanced synthetic aperture radar data[J]. Journal of applied remote sensing, 7(1): 073579.

[27] LIU G H, LI W, ZHOU J, et al, 2006. How does the propagule bank contribute to cyclic vegetation change in a lakeshore marsh with seasonal drawdown? [J]. Aquatic botany, 84(2): 137 – 143.

[28] LIU Y, WU G, ZHAO X, 2013. Recent declines in China's largest freshwater lake: trend or regime shift? [J]. Environmental research letters, 8(1): 014010.

[29] LI Y, ZHANG Q, LU J, et al, 2019. Assessing surface water-groundwater interactions in a complex river-floodplain wetland-isolated lake system[J]. River research and applications, 35(1): 25 – 36.

[30] LI Y, ZHANG Q, YAO J, et al, 2014. Hydrodynamic and hydrological modeling of the Poyang Lake catchment system in China[J]. Journal of hydrologic engineering, 19(3): 607 – 616.

[31] MEI X, DAI Z, GAO J, et al, 2016. Dams induced stage-discharge relationship variations in the upper Yangtze River basin[J]. Hydrology research, 47(1): 157 – 170.

[32] MICHISHITA R, JIN Z, CHEN J, et al, 2014. Empirical comparison of noise reduction techniques for NDVI time-series based on a new measure[J]. ISPRS journal of photogrammetry and remote sensing, 91: 17 – 28.

[33] NISHIHIRO J, MIYAWAKI S, FUJIWARA N, et al, 2004. Regeneration failure of

lakeshore plants under an artificially altered water regime[J]. Ecological research, 19(6): 613-623.

[34] PEKEL J F, COTTAM A, GORELICK N, et al, 2016. High-resolution mapping of global surface water and its long-term changes[J]. Nature, 540(7633): 418-422.

[35] RAULINGS E J, MORRIS K A Y, ROACHE M C, et al, 2010. The importance of water regimes operating at small spatial scales for the diversity and structure of wetland vegetation[J]. Freshwater biology, 55(3): 701-715.

[36] SCARAMUZZA P, MICIJEVIC E, CHANDER G, 2004. SLC gap-filled products phase one methodology[J]. Landsat technical notes, 5.

[37] SELWOOD K E, CLARKE R H, MCGEOCH M, et al, 2017. Green tongues into the arid zone: river floodplains extend the distribution of terrestrial bird species[J]. Ecosystems, 20(4): 745-756.

[38] SHANKMAN D, KEIM B D, SONG J, 2006. Flood frequency in China's Poyang Lake region: trends and teleconnections[J]. International journal of climatology: a journal of the royal meteorological society, 26(9): 1255-1266.

[39] TAN Z Q, ZHANG Q, LI M F, et al, 2016. A study of the relationship between wetland vegetation communities and water regimes using a combined remote sensing and hydraulic modeling approach[J]. Hydrology research, 47(S1): 278-292.

[40] TOOGOOD S E, JOYCE C B, 2009. Effects of raised water levels on wet grassland plant communities[J]. Applied vegetation science, 12(3): 283-294.

[41] TURVEY S T, BARRETT L A, HART T, et al, 2010. Spatial and temporal extinction dynamics in a freshwater cetacean[J]. Proceedings of the royal society B: biological sciences, 277(1697): 3139-3147.

[42] WARD D P, PETTY A, SETTERFIELD S A, et al, 2014. Floodplain inundation and vegetation dynamics in the Alligator Rivers region (Kakadu) of northern Australia assessed using optical and radar remote sensing[J]. Remote sensing of environment, 147: 43-55.

[43] WINEMILLER K O, MCINTYRE P B, CASTELLO L, et al, 2016. Balancing hydropower and biodiversity in the Amazon, Congo, and Mekong[J]. Science, 351 (6269): 128-129.

[44] WU G, LIU Y, 2015. Capturing variations in inundation with satellite remote sensing in a morphologically complex, large lake[J]. Journal of hydrology, 523: 14-23.

[45] XU Y B, LAI X J, ZHOU C G, 2010. Water surface change detection and analysis of bottomland submersion-emersion of wetlands in Poyang Lake Reserve using ENVISAT ASAR data[J]. China environmental science, 30(Suppl.): 57-63.

[46] ZHANG L, YIN J, JIANG Y, et al, 2012. Relationship between the hydrological conditions and the distribution of vegetation communities within the Poyang Lake National Nature Reserve, China[J]. Ecological informatics, 11: 65-75.

［47］ ZHANG P，CHEN X，LU J，et al，2015. Assimilation of remote sensing observations into a sediment transport model of China's largest freshwater lake: spatial and temporal effects［J］. Environmental science and pollution research, 22(23): 18779 - 18792.

［48］ ZHANG X L，ZHANG Q，WERNER A D，et al，2017. Characteristics and causal factors of hysteresis in the hydrodynamics of a large floodplain system: Poyang Lake (China)［J］. Journal of hydrology, 553: 574 - 583.

［49］ ZHANG Y，JEPPESEN E，LIU X，et al，2017. Global loss of aquatic vegetation in lakes［J］. Earth-science reviews, 173: 259 - 265.

［50］ ZHAO P，TANG X，TANG J，et al，2013. Assessing water quality of Three Gorges Reservoir，China，over a five-year period from 2006 to 2011［J］. Water resources management, 27(13): 4545 - 4558.

［51］ ZHAO X，STEIN A，CHEN X L，2011. Monitoring the dynamics of wetland inundation by random sets on multi-temporal images［J］. Remote sensing of environment, 115(9): 2390 - 2401.

［52］ 李云良,姚静,谭志强,等,2019.鄱阳湖洪泛区碟形湖域与地下水转化关系分析［J］.水文,39:12 - 18.

［53］ 刘贺,张奇,牛媛媛,等,2020.2013—2018 年鄱阳湖水环境监测数据集［J］.中国科学数据,5(2):1 - 7.

［54］ 马军,2016.环境保护呼唤大数据平台［J］.中国生态文明(01):74 - 77.

［55］ 申文明,王桥,王文杰,等,2007.国家级环境监测空间数据平台设计与实现［J］.中国环境监测,23(05):44 - 47.

［56］ 王亮绪,南卓铜,葛劲松,等,2013.青海湖流域生态环境综合数据平台的设计与应用［J］.遥感技术与应用,28(01):166 - 172.

［57］ 王毅,邹涛,周义兵,等,2018.汉江流域自然灾害监测预报预警大数据平台研究［J］.成都信息工程大学学报,33(05):540 - 543.

［58］ 张璘,陈建林,2009.太湖流域水环境监测预警系统建设对策研究［J］.环境与可持续发展,34(03):15 - 17.

［59］ 张耀南,程国栋,韦五周,等,2004.基于曙光 3000 计算环境的寒旱区资源环境数据平台建设［J］.冰川冻土(02):224 - 229.

［60］ 中国科学院南京地理与湖泊研究所,上海三澎机电有限公司.湖泊多要素在线监测与数据集成软件(V1.0):2020SR1202843［P］.2020 - 9.

［61］ 中国科学院南京地理与湖泊研究所,上海三澎机电有限公司.鄱阳湖流域环境监测数据平台使用手册［Z］.2020 - 8.

第四章　鄱阳湖流域—湖泊模型研发

4.1　鄱阳湖流域生态水文模型研发

4.1.1　模型研发概述

湖泊接纳来自集水域的径流,湖泊水体与集水域之间有着强烈的水力联系。为了充分反映这种联系,研发针对湖泊集水域的水文模型。模型研发开始于 2003 年,并以云南抚仙湖及其集水域为原型,进行模块设计和模型的最初应用。模型命名为 WATLAC(A Water Flow Model for Lake Catchment),WATLAC 1.0 版完成于 2006 年,于 2009 年 10 月取得软件著作权登记证书(中国科学院南京地理与湖泊研究所,2009)。模型最初在云南抚仙湖流域(张奇,2007;Zhang et al.,2009b)和太湖西苕溪流域(李丽娇 等,2008;Zhang et al.,2009a)开展初步的应用和验证研究。随后,模型在更大尺度的鄱阳湖流域开展了多项应用研究(刘健 等,2009a;刘健 等,2009b;Ye et al.,2011;Li et al.,2012;李云良 等,2013a;李云良 等,2013b)。

2015 年以来,WATLAC 又进行了持续的改进,在湖泊平原区产汇流计算、湖泊洪水演进计算、流域子模型嵌套计算、流域植被变化模拟、外流域调水模拟等方面都有了显著的提升,模型整体的模拟能力和精度都有所提高。该升级版模型命名为 WATLAC-E(Version 2.0),于 2020 年 5 月完成代码调试和考题验证(图 4.1)。

```
C**********************************************************C
C                                                          C
C                        WATLAC-E                          C
C                                                          C
C  A SURFACE RUNOFF-GROUNDWATER FLOW MODEL FOR LAKE CATCHMENTS WITH EXTERNAL INFLOWS  C
C                                                          C
C                                                          C
C           DEVELOPED BY DR ZHANG QI (QZHANG@NIGLAS.AC.CN) C
C    NANJING INSTITUTE OF GEOGRAPHY & LIMNOLOGY, CHINESE ACADEMY OF SCIENCES  C
C             73 EAST BEIJING ROAD, NANJING 210008, CHINA  C
C----------------------------------------------------------C
C                 VERSION 2.0, 20 MAY 2020                 C
C----------------------------------------------------------C
C
      CHARACTER DUM*3, MODE*3, SID(610,642,2)*20
      DIMENSION ZC(8), USSEOSP(610,642), GWHDO(100), TMPP(5000)
        DIMENSION TOTET(610,642)
      COMMON/C0/SURLAG, NDAY, AREAC, DXC, DYC
        COMMON/C1/XX(700), YY(700), ZZ(610,642)
      COMMON/C2/ICELL(610,642), IDCELL(610,642), IRCELL(610,642),
       /ILAND(610,642)
      COMMON/C5/CTLX(610,642), CTLY(610,642), SLP(8), IFLOW(610,642)
        COMMON/C6/ISCELL(80000), IORDER(5000000), SLPLC(610,642)
       /, GRDEC(610,642)
      COMMON/C7/RAINF(610,642), IRAIN(300), RSXY(2,300), D(300)
      COMMON/C8/ROUGHG(30), ROUGHR(3)
      COMMON/C9/NPATHS, IPATHS(50,2), IPATHCEL(100,100)
      COMMON/C10/IROD(10000,500,3), IDEP(2,80000), DDDD(80000)
      COMMON/C11/IRSG(3), IRODN(500,3)
      COMMON/C12/ISQC(50,3), SQC(610,642), SSQC(100,3),
       /ISQCS(2,100), ISQCU(2,100)
      COMMON/C13/CSMX(610,642), CNPS(610,642), PET(610,642),
       /IEVAP(300), ESXY(2,300), RTDPTH(30), ECR(3), RIVA(3), RIVB(3)
      COMMON/C14/USSMX(610,642), USS(610,642),
       / GWR(610,642), GWHD(610,642)
        COMMON/C15/GWROUT(100), PPA(30), GWROT(610,642), IGWROUT(370,3),
       /SOILLF(610,642), CNPET(610,642)
        COMMON/C16/SBF, SRL, ICALLMF
C
      WRITE(80,*)'WATLAC-E VERSION 2.0'
      WRITE(80,*)'--------------------'
C...READING PARAMETER FILE...........
      READ(62,140) DUM
      READ(62,*) X0,Y0
      READ(62,140) DUM
      READ(62,*) NODC, NODR
      READ(62,140) DUM
      READ(62,*) IYS, IMS, IDS
      READ(62,*) IYE, IME, IDE
```

图 4.1　WATLAC-E(Version 2.0)代码首页图

4.1.2　模型原理介绍

4.1.2.1　产汇流计算

模型包括两种产流模式:超渗产流和蓄满产流。超渗产流指当降水强度超过地表土壤层的下渗容量时,在地面产生径流的机制;蓄满产流指当地表包气带土壤含水量达到饱和含水量时,在地面产生径流的机制(芮孝芳,2004)。在实际降水过程中,两种机制的产流可能交替混合出现。WATLAC通过对时段内降水强度、地表土壤下渗容量和包气带土壤层含水量的对比,选择其中一种产流模式计算地表产流量。地下径流是否产生则以土壤含水量是否达到田间含水量进行判断,当土壤含水量高于田间含水量时,土壤水分将下渗补给地下水。土壤水补给地下水考虑地下水埋深的影响,引入时间因子,计算水分从包气带到达地下水自由面所需要的时间。当下垫面为地表水体(洼地积水、湖泊、河流等)时,降水全部转为地表水量,计入地表水量和流域蓄水量的水量平衡中(Zhang et al.,2009a;Zhang et al.,2009b)。

汇流计算分为坡面汇流和河道汇流两种计算方法。坡面汇流采用"8方向"算法,计算某单元与相邻8个单元之间的地面坡降,取最大地面坡降的方向为该单元地表径流的汇流方向,以此类推,计算出全部的坡面汇流路径(图4.2)。河道汇流依据河道分级进行计算。河道分级采用斯特拉勒(Strahler)分级法(芮孝芳,2004),即从河源头出发的河流为1级河流,同级的两条河流交汇形成的河流比该两条河流增加1级,不同级的河流交汇形成的河流级取交汇河流中的较高级(图4.3)。在实际计算中,只需定义需要模拟的重要河流(比如有水文站点、流域出口断面等),细微的河流无须定义,模型直接依据地形高程计算汇流路径。

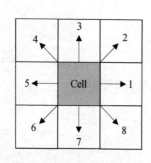

图 4.2 坡面汇流路径的"8方向"算法

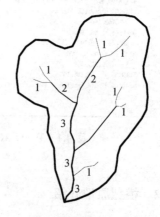

图 4.3 河流分级方法

模型提供了三种洪水演进算法：马斯京根法（Muskingum Method）、变蓄水法（Variable Storage Method）和指数法（Exponent Method）。前两种方法较为适用于河道洪水演进计算，而指数法可较好计算坡面洪水过程（Nanjing Institute of Geography and Limnology，2006）。

4.1.2.2　地表—地下水耦合计算

在湖泊平原区，地下水埋深往往较浅，其与地表水之间水量交换显著，常需要考虑地表、地下径流两者之间的水量交换。采用 MODFLOW（Harbaugh，2005）模拟饱和含水层的地下水运动。地表—地下水实现了实时耦合技术，即对每一个时间步长，分别计算河流与地下水的水量交换，此水量计入模型网格单元当前的河流和地下水水量动态平衡中，再进行下一个时间步长的计算。湖泊水文及其与流域的实时耦合通过年、月、日等尺度的湖泊水量模型来实现，依据湖泊库容曲线，计算湖泊水位，再将湖泊水位反馈给流域，由地下水模型计算新的地下水水位。

4.1.2.3　植物水文效应计算

植物对水文过程的影响主要考虑冠层对大气降水的截留、植物密度对地表径流的阻滞、根系深度对蒸散发量在土壤层和饱和地下水中的分配等。植物冠层以叶面积指数（LAI）来表达，并引入冠层最大蓄水量变量，以经验参数将 LAI 与冠层大气降水截留进行关联。植物密度通过地面糙率参数加以反映，计算地面汇流时间的变化。在蒸散发总量的计算中，除了地表水体的蒸发外，还需要考虑包气带土壤层和饱和层的蒸散发分量。模型通过根系深度（一般采用最大深度）来进行分配。当植物根系最大深度小于地下水埋深时，包气带土壤层贡献全部的地下蒸散发量；当植物根系最大深度大于地下水埋深时，按植物根系在土壤层和地下水层的比例，计算两者对地下蒸散发量的贡献分量。如此，流域植物时空变化对流域水文过程和水平衡的影响得以模拟，模型可考虑月尺度上的植物变化，反映其年内的生长周期。植物分布的空间分辨率等同于模型的离散网格单元，即模型计算网格单元内植物的 LAI、地面糙率、根系最大深度为恒定值。

4.1.2.4　模型动力过程及其关联构架

WATLAC 模拟植物冠层水文、地表径流、土壤水分、饱和地下水的水分动态变化过程，全部过程通过水文变量进行关联（图 4.4）。如图 4.4 所示，模型模拟的垂向分层包括植物层、地表层、土壤层和地下含水层。驱动条件为降水、蒸散发和人类活动用水。动力过程为:植物冠层水平衡(Van)、地表产汇流与水平衡(Run)、土壤水分平衡(Set)和饱和地下水运动(Gas)。主要参数包括植物根系深度、叶面积指数、地面糙率、河道断面参数、湖库形态参数、土壤总孔隙度、田间持水量、土壤厚度、地下含水层渗透系数、给水度和贮水率等。各动力过程输出的状态变量如右侧栏所示。各动力过程中涉及的主要参数及量纲列举在左二栏。各过程之间的耦合由状态变量实现:地表产流与土壤水分之间的耦合由土壤含水量(Sc)和土壤侧向流(Lf)实现;地下水与土壤水分过程和地表水流过程由地下水补给量(Rg)、地下水位(Hg)和基流(Bf)联结;人类耗水(Uc)主要指对地表水和地下水的开采使用;地面降水(Pg)由大气降水(Pa)减去冠层截留获得;蒸散发(Et)作用于地表和植物层。黄色箭头线表示动力过程输出的变量,蓝色箭头线表示状态变量在各过程中的耦联关系(张奇,2021)。

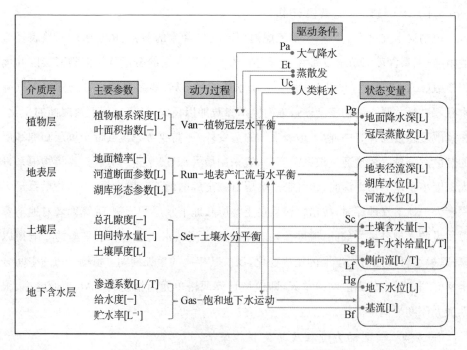

图 4.4 WATLAC 模型动力过程及其关联架构

4.1.3 数据准备与模型验证

WATLAC为基于网格的分布式模型,数据需求量大,前处理工作量巨大,通常需要借助于 GIS、GMS等软件进行数据准备。基础数据包括地形高程、水系、土壤、土地利用、植被、地下含水层等。驱动数据为大气降水、气温或潜在蒸散发。模型可输出河流径流、水深、地下水位、土壤含水量、河流与地下水的交换量、蒸散发量、湖泊水位、模型区域的水量平衡等结果。数据格式都为 ASCII,可按照要求运用外部软件进行图表化处理。模型采用 FORTRAN 语言编写,编译后的执行文件(WATLAC.EXE)可在 Windows DOS 环境下运行。模型参数率定可手动完成,也可以与现有的参数自动优化算法(比如 PEST)结合完成参数自动优化(Li et al.,2012)。

采用 WATLAC 模型搭建了鄱阳湖流域的水文模型,网格尺寸为 2 km×2 km(图4.5)。流域内的主要河流以河流单元离散,河流单元做洪水演进及河流与地下水水量交换的计算,可输出河流指定断面的流量、水位及河流与地下水的交换通量等信息。图4.5显示的河流单元尺寸并不代表河流的真实宽度,河流的真实宽度、深度等信息由专门的数据文件读入模型参与计算。湖泊水域以湖泊单元离散,由湖泊水量平衡和库容曲线计算湖泊水位。流域代表性水文站点日模拟径流量与日观测径流量的比较如图 4.6 所示。模型总体模拟精度良好,日纳西系数在 0.75 以上。

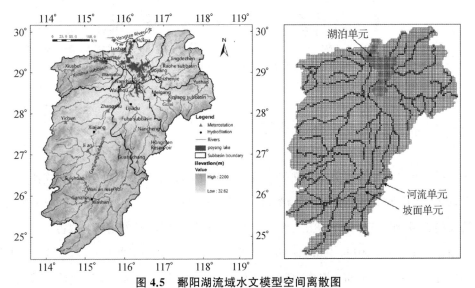

图 4.5 鄱阳湖流域水文模型空间离散图

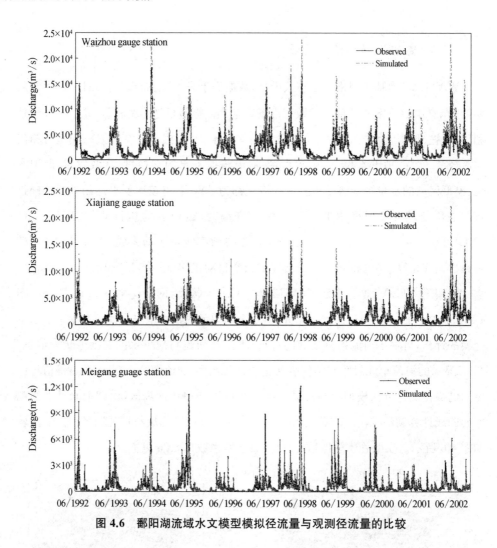

图 4.6　鄱阳湖流域水文模型模拟径流量与观测径流量的比较

4.2　鄱阳湖流域水质模型

HYPE 是由瑞典气象与水文研究所基于 HBV-NP 模型开发的半分布式流域模型,用于模拟流域径流和营养盐流失,评估气候变化和农业管理措施等对流域营养盐流失的影响,在具有不同尺度、气象水文条件和自然地理特征的流域上取得了广泛的运用(Jiang et al.,2014;Jiang et al.,2015;Lindström et al.,2010)。水文模拟中以各划定子流域的降雨和气温作为输入,模拟积雪和融雪、蒸散发、地表径流、入渗、大孔隙流、不同土壤层壤中流、人工排水沟径流、区域地下水水流、河道径流延迟与衰减等过程。模型模拟的营养盐输移过程包括土壤中过程（降解、矿化、植被吸持、反硝化、吸附/解吸附）及河道过程（初级生产/矿化、沉降/再悬浮、反硝化）。HYPE 模型中营养盐输入包括非点源输入（有机肥、无机化肥、粪肥、植被和作物残体、大气干湿沉降、未接入污水管网的农村生活污水等）和点源输入（工业污水、城镇生活污水、污水处理厂、接入污水管网的农村生活污水等）。

在搭建 HYPE 模型时，首先基于流域 DEM 与水系将流域划分为通过流向相互关联的子流域系统。进而通过土地利用和土壤类型图的叠加定义土地利用与土壤组合单元（Soil-Land use-Class，简称 SLC，即所谓的水文响应单元）。每个 SLC 具有单一类型的土地利用和土壤，是模型的最小计算单元。每个 SLC 的土壤剖面可分为 1~3 层，水文过程和氮素输移转化过程的模拟在每个 SLC 上进行。模型参数分为三类，分别是：① 与土地利用类型有关的参数（如潜在蒸散发速率、腐殖质氮磷降解速率），② 与土壤类型有关的参数（如 1~3 层土壤径流衰减系数），③ 通用参数（如潜在蒸散发指数函数中与深度相关的系数、土壤反硝化速率、吸附/解吸附系数）。模型主要参数如图 4.7 所示。

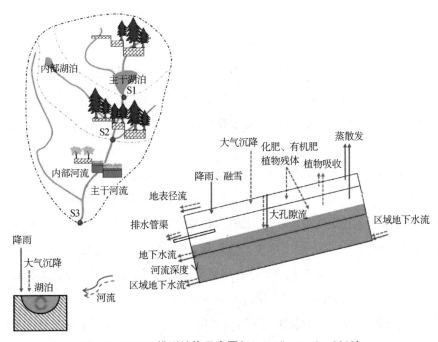

图 4.7　HYPE 模型结构示意图（Lindström et al., 2010）

4.2.1 水文过程

水文模拟过程中,HYPE 模型模拟的主要过程包括积雪和融雪、蒸散发、地表径流、入渗、大孔隙流、渗流、壤中流、排水管流、地下径流。图 4.8 为 HYPE 模型水文模拟过程原理图。

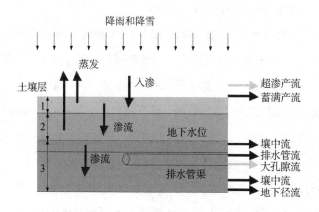

图 4.8 HYPE 模型水文模拟过程原理图

模型中的水量平衡公式:

$$P + Q_{SNOW} = q_E + Q_{MPOR} + Q_{SR} + Q_{RUNF} + Q_{TILE} + Q_{GRW} + \Delta S \tag{4.1}$$

式中:P 是降雨量,Q_{SNOW} 是降雪量,q_E 是土壤蒸散发量,Q_{MPOR} 是大孔隙流量,Q_{SR} 是地表径流量,Q_{RUNF} 是壤中流量,Q_{TILE} 是排水管流量,Q_{GRW} 是地下径流量,ΔS 是土壤水变化量。

降雨和融雪的一部分入渗表层土壤,其余的则形成地表径流和大孔隙流。地表径流和大孔隙流与土壤类型相关,数值上都等于一定比例的超过阈值部分的降水量。大孔隙流主要进入地下水位所在的土壤层,如果该层土壤含水量超过土壤饱和含水量,多余的水分将进入上一层土壤中。如果最上层土壤的含水量也超过了饱和含水量,将产生蓄满产流,蓄满产流与土地利用类型有关。当土壤含水量超过土壤最大径流量时,多余的水量将通过渗流作用进入下一层土壤。

各个土层的土壤水分含量决定了地下水位的高度。如果该层土壤含水量超过了径流的阈值,超出的土壤水分将排入地势较低的河流。排水管渠的埋深由实际情况确定,排水管流量取决于地下水位高于排水管渠的高度和土壤类型。壤中流、排水管流和地表径流直接排入河道。若土地类最底层的土壤含水量超过了可产生径流的含水量阈值,将产生地下径流。地下径流的水量将流入子流域的出口或下游子流域的底层土壤。若下层土壤蓄满,则多余的水分将进入上层。

模型认为蒸散发只发生在上两层土壤中,第二层土壤的厚度是植物根系的深度。潜在蒸散发量取决于土地利用类型、气温,以及季节调整系数(蒸散发量春季大,秋季小)。当气温低于某个阈值时,蒸散发量假设为 0。蒸散发量随深度的增加而减小。

图 4.9 为模型在鄱阳湖乐安河流域的模拟径流量与观测径流量的比较,模型模拟的总体效果良好(纳西系数 NSE≥0.73,百分比偏差|PBIAS|≤2.7%;Jiang et al.,2020)。

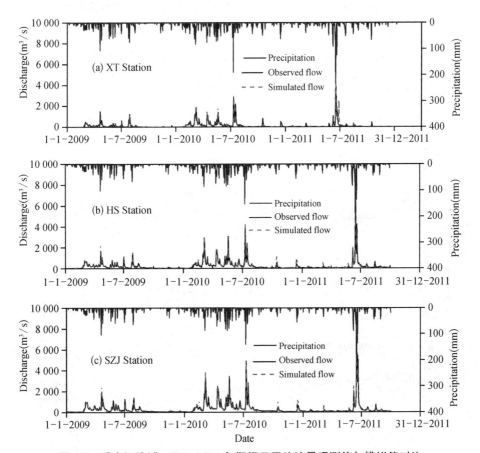

图 4.9　乐安河流域 2009—2011 年期间日平均流量观测值与模拟值对比

注:XT Station—香屯水文站,HS Station—虎山水文站,SZJ Station—石镇街水文站。

4.2.2 氮的输移过程

HYPE 模拟的土壤氮库分为 fastN(土壤中的有机氮,可较快转化为溶解态有机氮和无机氮)、humusN(土壤中的腐殖质有机氮,可缓慢降解为 fastN)、organicN(土壤中的有机氮,可通过矿化作用转化为无机氮)和 inorganicN(土壤中的无机氮)。模型描述的氮素生物地球化学过程包括土壤剖面中氮素降解、矿化、反硝化、植被吸持与河道中反硝化、矿化、初级生产力等过程。土壤中各形态氮素之间转化过程的描述与 Johnsson(1987)相似。土壤与河网中的氮素转化量采用基于相应的一级反应速率、氮素含量、土壤含水量函数、土壤/水体温度函数的方程计算。植被对无机氮素的吸持基于广泛运用的潜在吸持方程,考虑土壤氮素含量的限制、农事耕作和植物生长的季节变化因子和温度因子计算。图 4.10 为模型在德国中部 Selke 流域开展的河流硝态氮浓度动态变化模拟值与观测值的比较。总体上看,模型在日和两周时间尺度上对上游(Silberhuette)和中游(Meisdorf)的模拟值精度较为满意(纳西系数 NSE$\geqslant$0.43,百分比偏差|PBIAS|$\leqslant$17.3%;Jiang et al.,2019)。

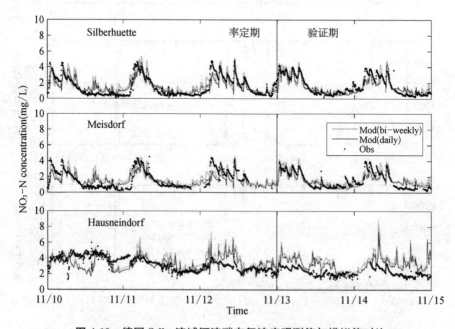

图 4.10 德国 Selke 流域河流硝态氮浓度观测值与模拟值对比

注:Obs—日步长硝态氮浓度观测值,Mod (bi-weekly)—以每两周一次硝态氮浓度观测数据率定参数模拟的日步长硝态氮浓度,Mod (daily)—以每日一次硝态氮浓度观测数据率定参数模拟的日步长硝态氮浓度。

4.2.3　磷的输移过程

（1）土壤中磷的输移转化过程

土壤中磷素来源于以下几个方面：有机肥和无机肥的施用，植物残体和大气沉降。植物从上两层土壤层中吸收无机磷和有机磷，该过程与蒸散发过程相似。植物的潜在吸收量满足吸附回归方程（logistic uptake functions）。土壤侵蚀使带有磷素的土壤颗粒进入水体。土壤侵蚀模拟可以分为脱离和输移两个步骤。雨水下降到地面的动能是雨水溅蚀的驱动力，它由降雨量和持续降雨强度决定。考虑到植被对地表的保护能力，针对不同的土地利用类型设置了不同的植被保护系数。降水对土壤的溅蚀程度受以上因素以及土壤的可蚀性影响。地表径流对土壤的磨蚀程度受如下因素的影响：地表径流流量、坡度、植被覆盖情况和土壤黏性。

土壤中的磷输移平衡公式：

$$F_{\text{ADEP}} + F_{\text{FERT}} + F_{\text{PRES}} = F_{\text{PUTP}} + F_{\text{RIVER}} + \Delta F \tag{4.2}$$

式中：F_{ADEP} 是大气沉降中的磷含量，F_{FERT} 是有机肥和无机肥的施用带入土壤中的磷，F_{PRES} 是植物残体降解进入土壤中的磷，F_{PUTP} 是植物生长吸收的磷，F_{RIVER} 是通过径流带入河道中的磷，ΔF 是土壤磷变化量。

模型模拟了磷的四种形态：转化缓慢的有机磷（slowP），转化迅速的有机磷（fastP），可溶性无机磷（SP），颗粒态磷（partP）。SlowP 通过降解作用转化为 fastP，fastP 经过矿化作用转化为 SP。这两个过程的发生与底物浓度、土壤温度和土壤含水量有关。SP 和 partP 之间的转化由吸附与脱附过程决定，平衡吸附浓度由 Freundlich 吸附等温公式计算。图 4.11 为 HYPE 模型磷输移转化过程原理图。

（2）河流和湖泊中磷的输移转化过程

磷进入河流和湖泊中后，经过沉淀，再悬浮，初级生产，矿化作用，数量和形态都发生改变。

颗粒态磷经过沉淀作用被去除，去除量受湖泊中颗粒态磷的浓度和湖泊面积影响。在河流中，颗粒态磷受沉淀和再悬浮作用的影响不停地进行再分配，丰水期和枯水期沉淀和再悬浮过程加剧。此过程与河水深度以及河床面积相关。初级生产（primary production）是将可溶性无机磷转化为有机磷的过程。此过程与矿化过程相

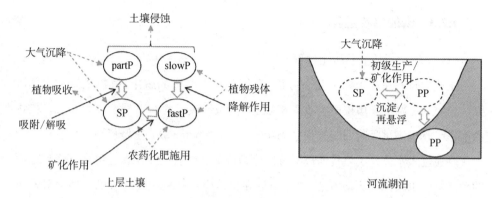

图 4.11　HYPE 模型磷输移转化过程原理图

反,受水温、总磷平均浓度的影响。

　　模型目前在鄱阳湖流域开展了磷输移模拟、磷素流失敏感因子识别,以及磷负荷对气象水文特征和土地利用变化响应的应用研究(图 4.12,Jiang et al.,2020)。模型能够较好捕捉总磷负荷的年际变化(模拟年负荷比实测值偏高 8.5％～47.0％)和空间分布[以林地为主的上游区 0.24～0.88 kg/(ha・yr),以农业和城镇为主的下游区 4.31～4.69 kg/(ha・yr)]。

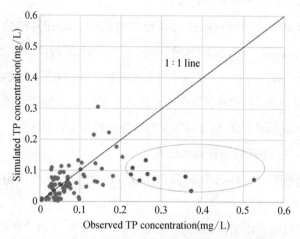

图 4.12　乐安河流域总磷浓度观测值与模拟值对比

注:圈内的红色点表明模型低估了高的总磷浓度值。

表 4.1　HYPE 模型主要参数及其性质

参数	含义	类型	取值范围
水文模拟过程相关参数			
$wcfc$	田间持水量,所有土壤层均相同(%)	土壤类型相关	$0.01\sim1$
$wcwp$	萎蔫点时的含水量,所有土壤层均相同(%)	土壤类型相关	$0.01\sim1$
$wcep$	有效孔隙度,所有土壤层均相同(%)	土壤类型相关	$0.01\sim1$
$cmlt$	融雪速率[mm/(d·℃)]	土地利用类型相关	$0\sim10$
$ttmp$	融雪及蒸散发的临界温度(℃)	土地利用类型相关	$0\sim10$
$cevp$	潜在蒸散发速率[mm/(d·℃)]	土地利用类型相关	$0.01\sim1$
$rcgrw$	地下水径流速率(1/d)	流域通用参数	$10^{-3}\sim1$
$rrcs1$	上层土壤径流速率(1/d)	土壤类型相关	$0.01\sim1$
$rrcs2$	底层土壤径流速率(1/d)	土壤类型相关	$10^{-3}\sim1$
$rrcs3$	由坡度决定的径流速率(上层土壤中)(1/d)	流域通用参数	$10^{-4}\sim1$
$srrcs$	地表径流速率(%)	土地利用类型相关	$0.1\sim1$
$trrcs$	排水管排水速率(1/d)	土壤类型相关	$0.01\sim1$
$cevpam$	潜在蒸散发正弦函数的振幅(一)	流域通用参数	$0.1\sim1$
$cevpph$	潜在蒸散发正弦函数的相位(days)	流域通用参数	$1\sim100$
lp	潜在蒸散发发生的限制系数(一)	流域通用参数	$0.5\sim1$
$rivvel$	河水流速(m/s)	流域通用参数	$0.01\sim10$
$mperc$	土壤最大渗流能力(一)	土壤类型相关	$10^{-3}\sim100$
$epotdist$	潜在蒸散发随深度变化系数(一)	流域通用参数	$1\sim10$
总磷模拟过程相关参数			
$degradhp$	腐殖质降解为快速转化有机磷的速率(1/d)	土地利用类型相关	$10^{-5}\sim1$
$minerfp$	快速转化有机磷降解为无机磷的速率(1/d)	土地利用类型相关	$10^{-5}\sim1$
$wprod$	水体中植物对磷的吸收/降解速率[kg/(m³·d)]	流域通用参数	$10^{-3}\sim1$
$sedpp$	颗粒态磷沉淀过程参数(一)	流域通用参数	$10^{-3}\sim1$
$sedexp$	河道中颗粒态磷沉淀/再悬浮过程参数(一)	流域通用参数	$0\sim10$
$humusP$	土壤中腐殖质磷初始浓度(mg/m³)	土地利用类型相关	$0\sim10^{7}$
$partP$	土壤中颗粒态磷的初始浓度(mg/m³)	土地利用类型相关	$0\sim10^{7}$
$fastP$	土壤中快速转化有机磷的初始浓度(mg/m³)	流域通用参数	$0\sim10^{4}$

续　表

参数	含义	类型	取值范围
$pphalf$	颗粒态磷浓度为土壤初始浓度一半时的土壤深度（m）	土地利用类型相关	0.01～1
$hPhalf$	腐殖质磷浓度为土壤初始浓度一半时的土壤深度（m）	土地利用类型相关	0.01～1
$uptsoil1$	植物对最上层土壤中营养物质吸收比例	土地利用类型相关	0.01～1
$locsoil$	城市污水直接排入最底层土壤层的比例（其余排入河道）	流域通用参数	0～1
$uptsoil1$	植物对最上层土壤中营养物质的吸收参数（一）	土地利用类型相关	10^{-2}～1
$pnratio$	植物吸收营养物质中氮磷比例（一）	土地利用类型相关	10^{-2}～1
$freund1$	Freundlich 吸附等温公式计算参数（系数）（1/kg）	土壤类型相关	10^{-2}～250
$freundl2$	Freundlich 吸附等温公式计算参数（指数）（一）	土壤类型相关	10^{-2}～1
$freundl3$	吸附/解吸速度控制参数（1/d）	土壤类型相关	10^{-3}～1
$eropar1$	土壤黏聚力（kPa）	土壤类型相关	10^{-4}～1
$eropar2$	土壤可蚀性（g/J）	土壤类型相关	0～1
$fertdays$	有机肥施用天数（d）	流域通用参数	1～365
$macrofilt$	大孔隙对颗粒态磷的过滤截留作用（%）	土地利用类型相关	0～1
$drydeppp$	大气颗粒态磷干沉降量[kg/(km²·d)]	土地利用类型相关	0～1
$sreroexp$	地表径流引起的土壤侵蚀指数（一）	流域通用参数	1.5～2.6
$wetdeppp$	大气颗粒态磷湿沉降量[kg/(km²·d)]	流域通用参数	0～100

4.3　鄱阳湖水动力水质模型

4.3.1　模型概况

MIKE21 是由丹麦水力研究所研发的平面二维自由表面流数值模拟软件，主要用于模拟湖泊、河流、泥沙、海湾、海洋的波浪、水流等。模型包括水动力、水质、泥沙、粒子追踪等模块，其中水动力模块为核心模块，同时也是其他模块运行的基础。水动力模块采用有限体积法的数值计算方法，无论网格尺度大小，离散方程组均能很好地满足守恒定律,具有较好的计算精度,便于处理复杂边界条件。模块能很好地对干湿单元进行判别,适应鄱阳湖显著的水位年内、年际波动和其宽浅型地形特点及复杂岸线特征,从而更精确地模拟湖流运动,基于 MIKE21 的水动力模型已广泛应用于鄱阳湖的水动力模拟(李云良 等,2016;姚静 等,2016)。MIKE21 水质模块包括 AD 和 Ecolab 两个模块,其中 AD 模块常用于模拟物质在水体中的对流和扩散过程,可自行设定污染物类型,进行模拟,数据需求较灵活。Ecolab 模块是在传统水质模块基础上发展起来的,可对复杂的水质环境进行模拟,考虑物质之间的相互作用关系,对数据量要求较高。鉴于收集到的水质数据有限,各站点完整的水质数据只有 COD_{Mn}、$NH_3\text{-}N$ 和 TP 这三个指标,因此鄱阳湖水质模型采用 AD 即对流扩散模块模拟鄱阳湖水质的变化。

4.3.2　模型原理介绍

4.3.2.1　水动力模型

水动力模块基于连续方程和动量方程,具体如下:

$$\frac{\partial \varepsilon}{\partial t} + \frac{\partial p}{\partial x} + \frac{\partial q}{\partial y} = \frac{\partial d}{\partial t} \tag{4.3}$$

$$\frac{\partial q}{\partial t} + \frac{\partial}{\partial y}\left(\frac{q^2}{h}\right) + \frac{\partial}{\partial x}\left(\frac{pq}{h}\right) + gh\frac{\partial \varepsilon}{\partial y} + \frac{gq\sqrt{p^2+q^2}}{C^2 h^2} -$$
$$\frac{1}{\rho_w}\left[\frac{\partial}{\partial y}(h\tau_{yy}) + \frac{\partial}{\partial x}(h\tau_{xy})\right] + \Omega p - fVV_y + \frac{h}{\rho_w}\frac{\partial}{\partial y}(p_a) = 0 \tag{4.4}$$

$$\frac{\partial p}{\partial t} + \frac{\partial}{\partial x}\left(\frac{p^2}{h}\right) + \frac{\partial}{\partial y}\left(\frac{pq}{h}\right) + gh\frac{\partial \varepsilon}{\partial x} + \frac{gq\sqrt{p^2+q^2}}{C^2 h^2} -$$
$$\frac{1}{\rho_w}\left[\frac{\partial}{\partial x}(h\tau_{xx}) + \frac{\partial}{\partial y}(h\tau_{xy})\right] + \Omega q - fVV_x + \frac{h}{\rho_w}\frac{\partial}{\partial x}(p_a) = 0 \tag{4.5}$$

其中:

　　$h(x,y,t)$——水深(m);

　　$d(x,y,t)$——随时间变化的水深(m);

　　$\varepsilon(x,y,t)$——水位(m);

　　$p(x,y,t)$——x 方向单位长度上的流量$[\text{m}^3/(\text{s}\cdot\text{m})]$;

$q(x,y,t)$——y 方向单位长度上的流量$[m^3/(s\cdot m)]$;

$C(x,y)$——谢才阻力$(m^{\frac{1}{2}}/s)$;

g——重力加速度(m/s^2);

f——风摩擦系数;

$V,V_x,V_y(x,y,t)$——风速及 x、y 方向上的分速度(m/s);

$\Omega(x,y)$——科里奥利参数(s^{-1});

$p_a(x,y,t)$——大气压力$[kg/(m\cdot s^2)]$;

ρ_w——水密度(kg/m^3);

$\tau_{xx},\tau_{xy},\tau_{yy}$——剪切应力分量;

x,y,t——空间坐标和时间(m,m,s)。

4.3.2.2 水质模型

水质模块在水动力模块的基础上进行,对流扩散的基本方程如下:

$$\frac{\partial}{\partial t}(hc)+\frac{\partial}{\partial x}(uhc)+\frac{\partial}{\partial y}(vhc)=\frac{\partial}{\partial x}\left(h\cdot D_x\cdot\frac{\partial c}{\partial x}\right)+\frac{\partial}{\partial y}\left(h\cdot D_y\cdot\frac{\partial c}{\partial y}\right)-F\cdot h\cdot c+R=0$$

(4.6)

其中:

c——污染物浓度(mg/L);

h——水深(m);

D_x,D_y——x、y 方向上的扩散系数(m^2/s);

F——线性衰减系数(s^{-1});

u,v——x、y 方向上的流速(m/s)。

方程中 R 为各源处污染负荷,如排放口、入湖河流等,本次模型中设定了五河入湖处为上游开边界,且流量很大,因此不再考虑流量较小的排放口等。

4.3.2.3 数值方法

模型采用有限体积法进行离散。有限体积法是指将计算区域划分成一系列连续而不互相重叠的控制体积,同时每个控制体积包围一个网格点,以网格点上的因变量数值为未知数,假定各变量在网格点间的变化规律,将待解的微分方程对每一个网格点积分,得出一组离散方程,结合边界条件和初始条件求得数值解。有限体积法被认为是一种结合有限元方法改进的有限差分法,在网格点间变量分布时,借鉴了有限元的思想,在离散过程中应用的仍然是有限差分的方法。有限体积法可以采用非结构网格,网格剖分灵活,误差小,便于处理复杂边界条件。在网格布置时,采用交错网格,将不同的物理量布置在不同的节点上。

4.3.3　模型构建

4.3.3.1　水动力模型构建

基于 1998 年鄱阳湖洪水期遥感影像数据确定水动力模型计算范围,东西向 100 km,南北向 170 km。模型采用三角形网格,为了准确刻画鄱阳湖河道地形变化,同时提高模型计算效率,采用变网格技术(边长 70~1 500 m)对主河道部分进行局部网格加密,而远离主河道的洲滩区域网格则适当放宽,共计剖分网格 20 450 个,结点 11 251 个。水动力模型的初始条件、边界条件和参数设置如下:

(1) 初始条件

取 2016 年湖内星子、都昌、棠荫和康山四点处水位的平均值 14 m 作为模型运行的初始水位,初始流速设为 0。

(2) 边界条件

模型共定义修水、赣江、抚河、信江、饶河和湖口六个开边界。采用五河流域站点外州、李家渡、梅港、永修、渡峰坑、石镇街 2015 年 12 月—2016 年 12 月入湖径流实测值,同时为了保证整个流域上水量的出入平衡,分别将五河入湖流量乘以 15.46%,近似代替未控区间的入湖流量。水文站点流量与未控区间流量之和,作为上游流域入流边界条件;湖口的水位作为下游边界条件。

(3) 参数

糙率是水动力模型验证最重要的参数之一,采用曼宁系数来表征,取值范围为 32~50 $m^{1/3}/s$。干湿水深动边界技术用于模拟洲滩淹没出露过程,设定干水深为 0.005 m,淹没水深 0.05 m,湿水深 0.1 m,保障模型的稳定性和计算效率。涡粘系数采用 Smagorinsky 公式计算。

4.3.3.2　水质模型构建

以经过验证的水动力模型为基础构建水质模型,初始条件、边界条件和参数设置如下:

（1）初始条件

取 2016 年湖内星子、都昌、棠荫和康山四点处各水质指标的浓度平均值作为模型运行的初始浓度，COD_{Mn}、NH_3-N 和 TP 的取值分别为 2.3 mg/L、0.175 mg/L 和 0.12 mg/L。

（2）边界条件

模型共定义修水、赣江、抚河、信江、饶河和湖口六个开边界，以修水、赣江、抚河、信江、饶河各站点 2015 年 12 月—2016 年 12 月插值后的各水质指标日入湖浓度作为上游边界条件，下游湖口的水质浓度设为自由边界。

（3）参数

水质模型中涉及的参数有 COD_{Mn}、NH_3-N 和 TP 各自的扩散系数和降解系数。扩散系数的大小决定了污染物的扩散能力，相关研究中 COD_{Mn}、NH_3-N 和 TP 扩散系数的范围为 $1\sim2$ m²/s（梁擎，2013），本模型取为 1.5 m²/s。降解系数反映了污染物的降解和转化情况，参考以往研究中 COD_{Mn} 和 NH_3-N 降解系数的取值（赖锡军等，2011），再根据拟合情况进行调整，最终确定各降解系数的大小。模型中的各条件和参数如表 4.2。

表 4.2　水质模型边界条件与模型参数

边界条件与模型参数	取值范围
模拟时段	2015-12-1　0:00—2016-12-31　0:00
扩散系数	COD_{Mn}、NH_3-N 和 TP 均取为 1.5 m²/s
降解系数	COD_{Mn}、NH_3-N、TP 均值分别取为 1.16×10^{-9}/s，5.1×10^{-8}/s，1.68×10^{-7}/s
初始条件	COD_{Mn}、NH_3-N 和 TP 的初始取值分别为 2.3 mg/L、0.175 mg/L 和 0.12 mg/L
边界条件	上游五河边界：经过三次 B-spline 插值后得到的五河入湖口处各水质指标浓度值 下游湖口边界：取为自由边界

4.3.4　参数敏感性分析

4.3.4.1　敏感性分析方法

敏感性分析方法很多，主要有全局敏感性分析法和局部敏感性分析法。全局敏感性分析法考虑了参数之间的相互作用，精度高，但这种方法模拟运行的次数较多，对计算机要求高,花费时间较长。局部敏感性分析法容易操作,对计算机要求不高,节省时间,每次只分析一个参数对输出变量的影响。考虑到模型运行时间较长,采用局部敏感性分析法对水质模型中的降解系数和扩散系数进行分析,得出主要影响参数。

为更好地研究各参数敏感性及对 COD_{Mn}、NH_3 - N 和 TP 分布及变化的影响,沿鄱阳湖主流向从南向北(从上游到下游)和鄱阳湖东、西湖湾处,共选取六个典型点,根据每次运行的结果可得到这六个点 COD_{Mn}、NH_3 - N 和 TP 的分布情况。湖内六个点的位置见下图 4.13,其中数字 1~6 分别代表上、中、下游点和西部、东部湖湾处,下文各图图例中 1~6 表示意义与此相同。

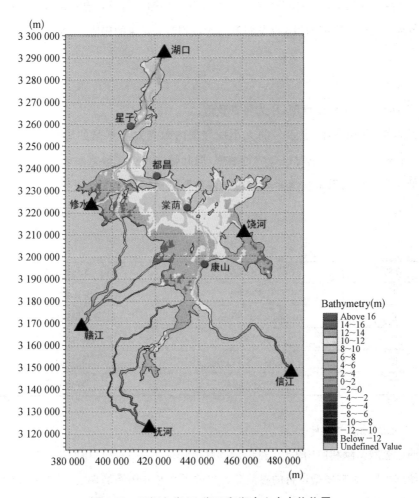

图 4.13 五河入湖口、湖口和湖内六个点位位置

本研究所采用的水质模块为对流扩散模块,污染物降解遵从的是一级反应方程式,各参数间相互独立,因此采用局部敏感性分析法中的一次一个变量法,即扰动法(Lenhart et al.,2002;Jiang et al.,2018)。操作方法如下:每次仅改变一个参数,保持其他参数不变,模拟得到不同模拟情景下的水质指标浓度值(各参数之间互相独立,某一参数的变化仅影响对应的水质浓度值,如 NH_3-N 扩散系数的变化影响的是 NH_3-N 这一水质指标浓度值的变化,因此不用分析剩下两个水质指标的变化,其他参数变化时同理),以敏感性指标 S 作为敏感性度量目标函数,通过 S 的大小判断各点水质指标对参数的敏感性程度。

S 本身为无量纲指数,主要反映参数变化对模型输出结果所造成的影响程度,其值等于各水质指标浓度值的相对变化量和各参数相对变化量的比值(张永祥 等,2009)。

$$S=\frac{\Delta C/C}{\Delta P/P} \tag{4.7}$$

其中 C 为各水质指标浓度值,P 为各参数值。

根据各点处敏感性指标 S 的大小探究湖内六点对各参数的敏感程度,S 值越大,表明该点处输出变量对该参数越敏感,据此筛选出主要敏感参数,适当忽略敏感性较低参数。根据敏感性指标值 S 可对各参数的敏感性程度进行分级,分级的标准如表 4.3。

表 4.3　敏感性分级

级别	S 值范围	敏感性表征
Ⅰ	$|S|<0.1$	不敏感
Ⅱ	$0.1<|S|<0.25$	弱敏感
Ⅲ	$0.25<|S|<0.5$	一般敏感
Ⅳ	$0.5<|S|<1.0$	比较敏感
Ⅴ	$|S|>1.0$	特别敏感

4.3.4.2　情景设计

通过查阅文献和使用手册,初步得到水质模块的主要参数和取值范围。根据文献和使用手册,影响模型运行的参数分为扩散系数和降解系数两类,共模拟三个水质指标,因此共有六个水质参数。水质参数的取值范围如表 4.4。

表 4.4 影响模型运行的主要参数汇总

参数类别	水质指标	取值范围	基准参数值
扩散系数	COD_{Mn}	$1\sim2\ m^2/s$	$1.5\ m^2/s$
	NH_3-N	$1\sim2\ m^2/s$	$1.5\ m^2/s$
	TP	$1\sim2\ m^2/s$	$1.5\ m^2/s$
降解系数	COD_{Mn}	$1.46\times10^{-7}/s\sim4.37\times10^{-7}/s$	$2.92\times10^{-7}/s$
	NH_3-N	$1.71\times10^{-7}/s\sim2.15\times10^{-7}/s$	$3.43\times10^{-7}/s$
	TP	$5.14\times10^{-7}/s\sim6.46\times10^{-7}/s$	$4.31\times10^{-7}/s$

以水动力模型为基础,耦合水质模型,根据扰动法的原理进行方案设计。第一次运行基准模拟,各参数取基准值,所得结果作为基准结果。接下来每次仅对一个参数进行调整,调整幅度为 $\pm50\%$,其他参数保持不变,共运行 12 次,对应 12 组模拟情景,具体参数条件见表 4.5。表中列出的参数是在基准参数基础上进行改变的,其他未列出的参数和基准参数值相同。

表 4.5 12 个模拟情景中的参数条件

模拟情景名称	参数变化条件	模拟情景名称	参数变化条件
情景 1	COD_{Mn} 扩散系数 $+50\%$	情景 7	COD_{Mn} 降解系数 $+50\%$
情景 2	COD_{Mn} 扩散系数 -50%	情景 8	COD_{Mn} 降解系数 -50%
情景 3	NH_3-N 扩散系数 $+50\%$	情景 9	NH_3-N 降解系数 $+50\%$
情景 4	NH_3-N 扩散系数 -50%	情景 10	NH_3-N 降解系数 -50%
情景 5	TP 扩散系数 $+50\%$	情景 11	TP 降解系数 $+50\%$
情景 6	TP 扩散系数 -50%	情景 12	TP 降解系数 -50%

4.3.4.3 结果与分析

12 个模拟情景对应的是 6 个不同的参数:COD_{Mn} 扩散系数、NH_3-N 扩散系数、TP 扩散系数、COD_{Mn} 降解系数、NH_3-N 降解系数和 TP 降解系数,对每个参数两次模拟情景下得到的日平均敏感性指标值取绝对值,求其平均数,可得 6 个参数条件下各点处的日平均敏感性指标值 S,结合敏感性分级表对这些指标值进行分析,研究结果如下。

（1）参数分析

模型中涉及的水质参数共有 6 个,分为扩散系数和降解系数两类。

① 扩散系数

图 4.14 反映了 COD_{Mn} 扩散系数改变时湖内六点 2016 年日敏感性指数,从图中可看出,当 COD_{Mn} 扩散系数发生变化时,各点处敏感性指标值均小于 0.1,因此该参数是不敏感参数。

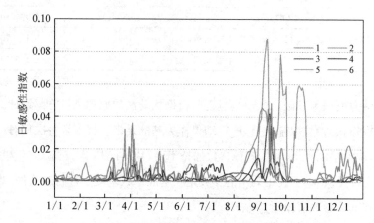

图 4.14 COD_{Mn} 扩散系数改变时湖内六点 2016 年日敏感性指数

图 4.15 反映了 NH_3-N 扩散系数改变时湖内六点 2016 年日敏感性指数,从图中可见,当 NH_3-N 扩散系数发生变化时,各点处大部分敏感性指标值均小于 0.1,仅在 7 月和 8 月这两个月的时间段内中游点 2 处、近湖口点 4 处和东边湖湾点 6 处敏感性指标值介于 0.1 和 0.25 之间,这段时间内 2、4 和 6 点处对该参数敏感,为弱敏感级别。

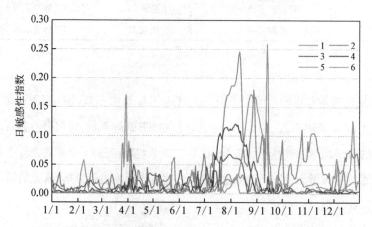

图 4.15 NH_3-N 扩散系数改变时湖内六点 2016 年日敏感性指数

图 4.16 反映了 TP 扩散系数改变时湖内六点 2016 年日敏感性指数,从图中可看出,当 TP 扩散系数改变时,仅中游点 2 处 8 月 28 日、29 日和东部湖湾点 6 处 9 月 12 日、13 日、14 日敏感性指标值介于 0.1 和 0.25 之间,其他敏感性指标值均小于 0.1,因此将该参数视为不敏感参数。

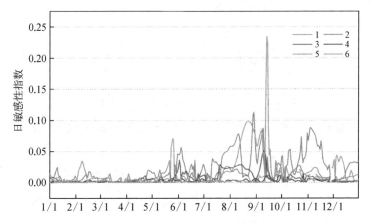

图 4.16　TP 扩散系数改变时湖内六点 2016 年日敏感性指数

从上述分析来看,NH$_3$－N 扩散系数的改变对六点处 NH$_3$－N 影响最大,COD$_{Mn}$扩散系数的改变对六点处 COD$_{Mn}$影响最小,但总体来说,以上三个扩散系数的改变对各水质指标浓度值影响都不大,处于不敏感和弱敏感之间,因此在模型率定中可不予考虑。

② 降解系数

图 4.17 反映了 COD$_{Mn}$降解系数改变时湖内六点 2016 年日敏感性指数,可以看出,当 COD$_{Mn}$降解系数发生变化时,各点日敏感性指标值年际波动较大,但波动趋势基本一致。3—4 月的日敏感性指标值较大,最大值超过 90%,是比较敏感级别。整体来看,湖区中部河道(点 2、点 3 和点 4)敏感性指标大于湖湾(点 5 和点 6)。

COD$_{Mn}$降解系数日敏感性指数的变化年际波动较大,但敏感性指数较大的时间基本上集中在某几个月份。因此以月为时间段,计算得到每个月的平均敏感性指数并根据表 4.3 的划分标准进行敏感性分级,结果如表 4.6。从表中可看出,大多数 S 值处于Ⅰ级和Ⅱ级即不敏感和弱敏感级别,因此该参数的变化在大部分时间内引起湖

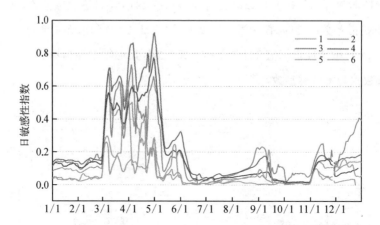

图 4.17 COD$_{Mn}$降解系数改变时湖内六点 2016 年日敏感性指数

内六点 COD$_{Mn}$的变化不大。S 值较大的时间段为 3 月和 4 月，主要处于Ⅲ级和Ⅳ级即一般敏感和比较敏感级别。就不同点位而言，中游点 2、下游点 3 和近出湖口点 4 在 3 月和 4 月 S 值相对更大，敏感级别更高。

表 4.6 COD$_{Mn}$降解系数变化时六点处各月 S 值及分级

点位	上游点 1		中游点 2		下游点 3		近出湖口点 4		西边湖湾点 5		东边湖湾点 6	
月份	S 值	级别	S 值	级别	S 值	级别	S 值	级别	S 值	级别	S 值	级别
1	9.33%	Ⅰ	13.55%	Ⅱ	14.76%	Ⅱ	12.37%	Ⅱ	3.79%	Ⅰ	3.51%	Ⅰ
2	9.56%	Ⅰ	14.00%	Ⅱ	14.62%	Ⅱ	12.38%	Ⅱ	3.73%	Ⅰ	4.46%	Ⅰ
3	42.73%	Ⅲ	47.81%	Ⅲ	56.93%	Ⅳ	43.70%	Ⅲ	17.46%	Ⅱ	26.30%	Ⅲ
4	31.50%	Ⅲ	51.63%	Ⅳ	74.04%	Ⅳ	58.41%	Ⅳ	14.06%	Ⅱ	23.12%	Ⅱ
5	8.48%	Ⅰ	23.78%	Ⅱ	40.25%	Ⅲ	30.95%	Ⅲ	5.77%	Ⅰ	11.04%	Ⅱ
6	1.14%	Ⅰ	5.24%	Ⅰ	11.54%	Ⅱ	7.56%	Ⅰ	1.11%	Ⅰ	1.00%	Ⅰ
7	2.36%	Ⅰ	3.93%	Ⅰ	5.59%	Ⅰ	4.21%	Ⅰ	1.52%	Ⅰ	1.26%	Ⅰ
8	4.74%	Ⅰ	11.06%	Ⅱ	9.26%	Ⅰ	5.89%	Ⅰ	1.53%	Ⅰ	4.42%	Ⅰ
9	2.82%	Ⅰ	14.27%	Ⅱ	9.04%	Ⅰ	5.02%	Ⅰ	0.36%	Ⅰ	5.85%	Ⅰ
10	1.32%	Ⅰ	5.93%	Ⅰ	1.91%	Ⅰ	1.66%	Ⅰ	0.43%	Ⅰ	0.88%	Ⅰ
11	10.52%	Ⅱ	17.04%	Ⅱ	14.26%	Ⅱ	12.22%	Ⅱ	3.96%	Ⅰ	5.87%	Ⅰ
12	12.61%	Ⅱ	27.28%	Ⅲ	16.44%	Ⅱ	6.82%	Ⅰ	2.07%	Ⅰ	10.78%	Ⅱ

　　图 4.18 反映了 NH_3 - N 降解系数改变时湖内六点 2016 年日敏感性指数,从图中可看出,当 NH_3 - N 降解系数发生变化时,各点处日敏感性指标值年际波动较大,但各点处波动趋势基本一致,且各点从 5 月到 8 月日敏感性指标值频繁波动,最大值超过 350%,达到特别敏感级别。

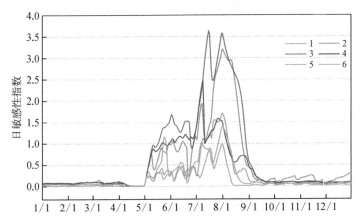

图 4.18　NH_3 - N 降解系数改变时湖内六点 2016 年日敏感性指数

　　以月为时间段,计算得到每个月的 NH_3 - N 降解系数平均敏感性指数,并根据划分标准进行敏感性分级,结果如表 4.7。从表中可看出,约三分之二的 S 值处于 I 级和 II 级即不敏感和弱敏感级别,三分之一的 S 值较大,集中位于 5、6、7 和 8 月这四个月,主要处于 III、IV 和 V 级,敏感级别较高。就湖内六点来说,中游点 2、下游点 3 和近出湖口点 4 在 5—8 月 S 值相对更大,敏感级别更高。

表 4.7　NH_3 - N 降解系数变化时六点处各月 S 值及分级

六点	上游点 1		中游点 2		下游点 3		近出湖口点 4		西边湖湾点 5		东边湖湾点 6	
月份	S 值	级别	S 值	级别	S 值	级别	S 值	级别	S 值	级别	S 值	级别
1	5.09%	I	6.84%	I	8.43%	I	7.74%	I	1.92%	I	1.76%	I
2	5.35%	I	7.69%	I	8.85%	I	8.43%	I	1.89%	I	2.07%	I
3	5.24%	I	7.80%	I	9.32%	I	8.43%	I	1.89%	I	2.90%	I
4	0.87%	I	1.46%	I	3.31%	I	2.92%	I	0.17%	I	0.42%	I
5	27.89%	III	63.82%	IV	98.55%	IV	78.37%	IV	23.93%	III	43.47%	III

六点	上游点 1		中游点 2		下游点 3		近出湖口点 4		西边湖湾点 5		东边湖湾点 6	
月份	S 值	级别	S 值	级别	S 值	级别	S 值	级别	S 值	级别	S 值	级别
6	35.00%	Ⅲ	85.44%	Ⅳ	135.72%	Ⅴ	113.13%	Ⅴ	36.02%	Ⅲ	33.57%	Ⅲ
7	114.37%	Ⅴ	188.86%	Ⅴ	271.30%	Ⅴ	152.51%	Ⅴ	76.87%	Ⅳ	64.39%	Ⅳ
8	66.57%	Ⅳ	204.68%	Ⅴ	240.32%	Ⅴ	77.59%	Ⅳ	19.53%	Ⅱ	53.79%	Ⅳ
9	7.88%	Ⅰ	17.63%	Ⅱ	20.45%	Ⅱ	19.20%	Ⅱ	1.75%	Ⅰ	7.34%	Ⅰ
10	5.51%	Ⅰ	15.64%	Ⅱ	9.16%	Ⅰ	8.55%	Ⅰ	2.14%	Ⅰ	4.38%	Ⅰ
11	5.78%	Ⅰ	16.33%	Ⅱ	9.70%	Ⅰ	8.45%	Ⅰ	2.17%	Ⅰ	3.34%	Ⅰ
12	5.97%	Ⅰ	17.20%	Ⅱ	8.61%	Ⅰ	6.39%	Ⅰ	2.05%	Ⅰ	6.32%	Ⅰ

　　图 4.19 反映了 TP 降解系数改变时湖内六点 2016 年日敏感性指数,可看出,当 TP 降解系数发生变化时,各点日敏感性指标值年际波动较大,但波动趋势基本一致,且各点从 5 月到 11 月日敏感性指标值频繁波动,最大值超过 1.6,为特别敏感级别。

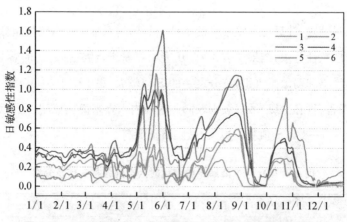

图 4.19　TP 降解系数改变时湖内六点 2016 年日敏感性指数

　　日敏感性指数的变化年际波动较大,以月为时间段,计算得到每个月的平均敏感性指数,并根据划分标准进行敏感性分级,结果如下表 4.8。从表中可看出,约二分之一的 S 值处于Ⅰ级和Ⅱ级即不敏感和弱敏感级别,三分之一的 S 值处于Ⅲ级即比较敏感级别,剩下约六分之一处于Ⅴ级。与 COD$_{Mn}$ 和 NH$_3$ - N 降解系数的变化不同,

TP 较大的 S 值并不明显集中在某几个月,中游点 2、下游点 3 和近出湖口点 4 处整年的 S 值都较高,上游点 1 处和东边湖湾 6 处只有几个月 S 值处于Ⅲ级,其他都处于较低级别,即不敏感。

表 4.8　TP 降解系数变化时六点处各月 S 值及分级

六点	上游点 1		中游点 2		下游点 3		近出湖口点 4		西边湖湾点 5		东边湖湾点 6	
月份	S 值	级别	S 值	级别	S 值	级别	S 值	级别	S 值	级别	S 值	级别
1	22.21%	Ⅱ	31.39%	Ⅲ	36.34%	Ⅲ	30.74%	Ⅲ	9.54%	Ⅰ	8.79%	Ⅰ
2	22.40%	Ⅱ	30.71%	Ⅲ	34.77%	Ⅲ	29.31%	Ⅲ	9.37%	Ⅰ	10.50%	Ⅱ
3	23.75%	Ⅱ	29.60%	Ⅲ	33.36%	Ⅲ	27.90%	Ⅲ	9.22%	Ⅰ	14.36%	Ⅱ
4	14.84%	Ⅱ	26.16%	Ⅲ	38.62%	Ⅲ	33.22%	Ⅲ	7.09%	Ⅰ	12.41%	Ⅱ
5	29.42%	Ⅲ	70.20%	Ⅴ	108.15%	Ⅴ	84.77%	Ⅴ	24.40%	Ⅲ	44.03%	Ⅲ
6	10.47%	Ⅱ	32.31%	Ⅲ	58.68%	Ⅴ	43.95%	Ⅲ	10.46%	Ⅱ	9.59%	Ⅰ
7	27.85%	Ⅲ	45.15%	Ⅲ	59.43%	Ⅴ	49.72%	Ⅲ	19.03%	Ⅱ	15.73%	Ⅱ
8	49.78%	Ⅲ	96.50%	Ⅴ	98.99%	Ⅴ	69.27%	Ⅴ	19.22%	Ⅱ	48.96%	Ⅲ
9	8.00%	Ⅰ	28.61%	Ⅲ	34.34%	Ⅲ	20.52%	Ⅱ	0.30%	Ⅰ	16.98%	Ⅱ
10	25.44%	Ⅲ	52.43%	Ⅴ	37.05%	Ⅲ	36.29%	Ⅲ	10.08%	Ⅱ	19.82%	Ⅱ
11	3.62%	Ⅰ	31.74%	Ⅲ	10.21%	Ⅱ	9.17%	Ⅰ	0.98%	Ⅰ	2.33%	Ⅰ
12	2.80%	Ⅰ	9.76%	Ⅰ	4.33%	Ⅰ	3.30%	Ⅰ	1.01%	Ⅰ	3.57%	Ⅰ

总体看来,三个扩散系数可视为不敏感参数,在后述模型的参数率定中不予考虑,三个降解系数的变化对水质指标浓度值的影响较大,其敏感性大小为:TP>NH$_3$-N>COD$_{Mn}$,且中游点 2、下游点 3 和近出湖口点 4 在某些月份对参数的变化更为敏感。因此在后述模型的参数率定中应重点关注这几个参数在这些时间段内的取值。

(2)空间各点分析

从上节图表和分析可知,当 COD$_{Mn}$ 降解系数改变时,各点的敏感性指数 S 在 5 月 1 日达到最大值;当 NH$_3$-N 降解系数改变时,各点的敏感性指数 S 在 8 月 1 日达到最大值;当 TP 降解系数改变时,各点的敏感性指数 S 在 6 月 1 日达到最大值。计算得到 COD$_{Mn}$ 降解系数变化时全湖 5 月 1 日、NH$_3$-N 降解系数变化时全湖 8 月 1 日和 TP 降解系数变化时全湖 6 月 1 日的敏感性指数值如图 4.20~4.22。从图 4.20 可看出，COD_{Mn}降解系数变化时全湖 5 月 1 日敏感性指数值 S 大部分介于 0.5 和 1.0 之间，为比较敏感等级，分布在鄱阳湖主流向的湖面。但全湖东侧部分湖面敏感性指数值 S 大于 1，为特别敏感等级。从图 4.21 可看出，NH_3 - N 降解系数变化时全湖 8 月 1 日敏感性指数值 S 基本上都大于 1，为特别敏感等级，分布在鄱阳湖主流向的湖面，且比 COD_{Mn} 降解系数变化时更大。从图 4.22 可看出，TP 降解系数变化时全湖 6 月 1 日敏感性指数值 S 大部分介于 0.5 和 1.0 之间，为比较敏感等级，分布在鄱阳湖主流向的湖面。但全湖东侧部分湖面和下游至出湖口处敏感性指数值 S 大于 1，为特别敏感等级，且占比大于 COD_{Mn} 降解系数变化时的情况。

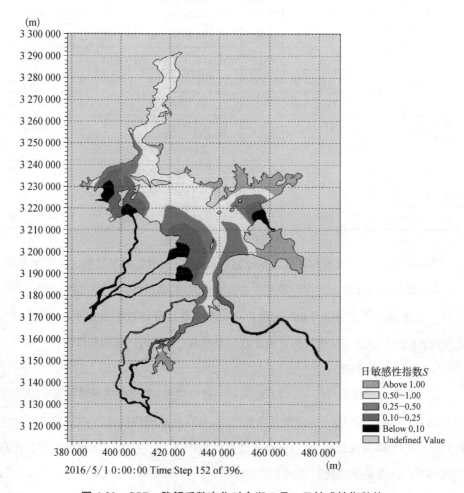

图 4.20　COD_{Mn} 降解系数变化时全湖 5 月 1 日敏感性指数值

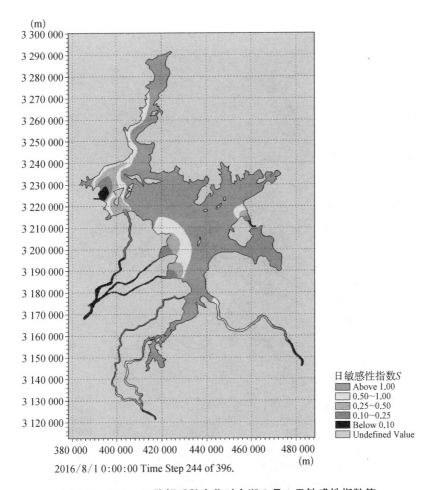

2016/8/1 0:00:00 Time Step 244 of 396.

图 4.21　NH₃ - N 降解系数变化时全湖 8 月 1 日敏感性指数值

　　总体来说,当 COD$_{Mn}$ 降解系数改变时,各点的敏感性指数 S 在 5 月 1 日达到最大值,当日全湖的 S 大部分介于 0.5 和 1.0 之间,为比较敏感等级,分布在鄱阳湖主流向的湖面。但全湖东侧部分湖面敏感性指数值 S 大于 1,为特别敏感等级。当 NH₃ - N 降解系数改变时,各点的敏感性指数 S 在 8 月 1 日达到最大值,当日全湖的 S 基本上都大于 1,为特别敏感等级,分布在鄱阳湖主流向的湖面,且比 COD$_{Mn}$ 降解系数变化时更大。当 TP 降解系数改变时,各点的敏感性指数 S 在 6 月 1 日达到最大值,当日全湖的 S 大部分介于 0.5 和 1.0 之间,为比较敏感等级,分布在鄱阳湖主流向的湖面。但全湖东侧部分湖面和下游至出湖口处敏感性指数值 S 大于 1,为特别敏感等级,且

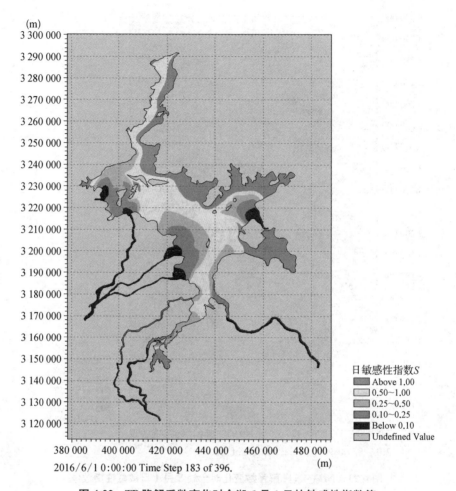

图 4.22　TP 降解系数变化时全湖 6 月 1 日的敏感性指数值

占比大于 COD_{Mn} 降解系数变化时的情况。

4.3.5　模型验证

4.3.5.1　水动力模型验证

图 4.23 为星子、都昌、棠荫和康山四个站点处 2016 年水位实测值和模拟值的对比。由图可知,四个站点除了都昌和康山在枯水位模拟误差略大外,2016 年水位的模拟值和实测值基本上重合,模拟效果较好。

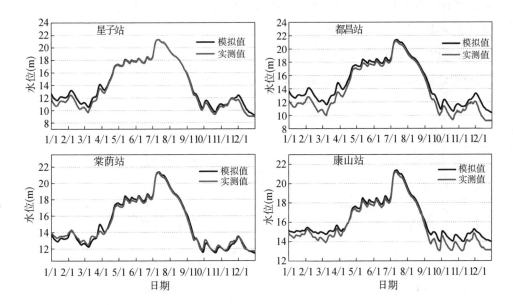

图 4.23 湖内四个站点 2016 年水位模拟值和实测值对比

选择确定性系数、纳什系数和平均相对误差三个指标进行模型精度评估,计算所得的四个站点处水位的确定性系数 R^2、纳什系数 NSE 和平均相对误差 MRE,见表 4.9。由表可知,四个站点处确定性系数 R^2、纳什系数 NSE 都接近 1,平均相对误差 MRE 较低,说明水动力模型较精确,可进行下一步水质模型构建。

表 4.9 四个站点处的确定性系数 R^2、纳什系数 NSE 和平均相对误差 MRE

站点	R^2	NSE	MRE
星子站	0.995	0.984	3.0%
都昌站	0.995	0.923	7.0%
棠荫站	0.995	0.990	1.6%
康山站	0.993	0.936	3.3%

4.3.5.2 水质模型验证

在水动力模型验证良好的基础上,进一步运行水动力水质耦合模型,计算确定性系数和平均相对误差,依据敏感性分析结果,根据判定条件和模拟情况对 COD_{Mn} 降解

系数、NH₃－N降解系数和TP降解系数进行调整，直至达到最佳模拟结果。图4.24
为星子、都昌、棠荫和康山四个站点处2016年水质指标实测值和模拟值的对比。从
图中可看出，就水质指标而言，COD$_{Mn}$的模拟效果优于NH₃－N、优于TP；就各站点而
言，模拟效果为星子＞都昌＞棠荫＞康山。

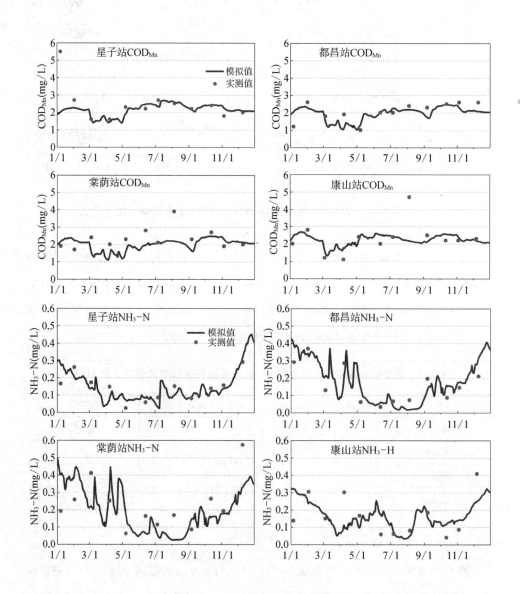

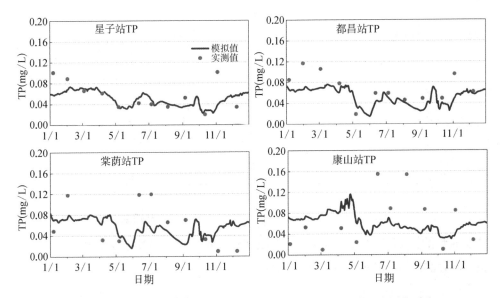

图 4.24 鄱阳湖四个站点处 COD$_{Mn}$、NH$_3$-N 和 TP 模拟值和实测值对比

四个站点处三个水质指标的确定性系数和平均相对误差见表 4.10。不同于水位数据,2016 年实测的水质数据只有 12 个,考虑到数据量过少,水质模型中仅计算四个站点各自三种水质指标的确定性系数和平均相对误差,不考虑纳什系数。从表中可见,水质指标方面,COD$_{Mn}$的确定性系数在 0.90~0.95,接近 1,平均相对误差不超过 25%,说明模拟效果较好;NH$_3$-N 的确定性系数在 0.84~0.94,为较高水平,平均相对误差在 44%~70%,存在一定的误差;TP 的确定性系数在 0.89~0.96,为较高水平,平均相对误差在 27%~146%,误差较大且各站点间相差较大。就各站点而言,星子站的模拟效果最好,与实际情况较吻合,而棠荫和康山站模拟效果误差较大,特别是 TP 这一水质指标。

表 4.10 四个站点处三个水质指标的确定性系数 R² 和平均相对误差 MRE

站点	水质指标	R²	MRE
星子	COD$_{Mn}$	0.95	14%
	NH$_3$-N	0.84	44%
	TP	0.91	27%
都昌	COD$_{Mn}$	0.90	20%
	NH$_3$-N	0.87	53%
	TP	0.89	33%

站点	水质指标	R^2	MRE
棠荫	COD_{Mn}	0.95	24%
	$NH_3 - N$	0.94	64%
	TP	0.91	118%
康山	COD_{Mn}	0.90	22%
	$NH_3 - N$	0.92	70%
	TP	0.96	146%

综上所述,鄱阳湖水动力水质模型能很好地模拟水位、水质等指标,反映鄱阳湖复杂地形和水文条件下的水动力水质时空变化过程,模型精度较高,可用于进一步模拟不同方案条件下的水动力水质变化。

4.4　湖泊湿地地表水文连通性评价模型

4.4.1　模型简介

地表水文连通性表现为河道流向的纵向连通、河道与漫滩的横向连通,对河湖洪泛湿地的水量平衡,泥沙冲淤,水鸟、鱼类、浮游藻类和大型底栖动物的生物量及生物多样性维护等至关重要。该模型旨在提供一个以参数及阈值推荐、数据预处理、连通性分析和结果展示为主要功能,同时考虑干湿、水深、流速和水温分布的地表水文连通性定量评价工具。

模型的全称为"连通性评价工具"(Connectivity ASsessment Tool,CAST)。主要包括"生态因子"(Ecological indicator)、"用户参数"(User Parameters)、"输入条件"(Input options)、"输出条件"(Output options)和"结果预览"(Result preview)五个功能模块(图4.25)。其中,生态因子模块推荐了水文(Hydrology)、水鸟(Waterbirds)、鱼类(Fishes)、悬浮泥沙(Suspend sediment)、浮游藻类(Phytoplankton)、大型底栖动物(Macroinvertebrates)六个生态因子和一个用户自定义选项。用户参数模块提供了干湿二值(Wet/Dry)、淹没深度(Inundation depth)、流速(Flow velocity)和水温(Water temperature)四个参数供用户选择。除干湿二值之外其他参数的阈值(最小

值和最大值)均可依据研究需要进行设置。输入条件模块提供了两种数据类型供选择:带坐标的空间栅格文件(Geotiff image)和包含经纬度信息的表格数据(XYZ data)。用户可以通过导入投影文件定义坐标、投影类型及感兴趣区,通过设置四至(感兴趣区的四个顶点坐标)和像元尺寸定义研究范围和插值(或重采样)栅格的空间分辨率。输出条件模块需要用户输入插值结果(Interpolation result)、连通体文件(CONNOB file)和连通性函数文件(CF file)的存储路径。其中,插值结果的存储仅在输入数据包含"XYZ data"时是有效的。在正确选择和填写以上信息以及运行成功后,模型会将连通性函数存储路径及文件列表自动写入右侧的结果预览模块。结果预览模块目前仅提供了对连通性函数值的预览功能。用户选择要比较和展示的连通性函数文件后,通过更新(Update)按钮可以在成图区以曲线的形式显示连通性函数值随距离的变化。用户可以通过研究需要选择连通方向(E-W、N-S、NW-SE 和 NE-SW)以及对图片进行编辑(Edit)和下载(Download)。

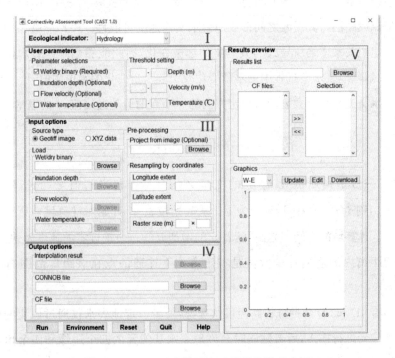

图 4.25 CAST 1.0 的五个功能模块及其布局

该模型基于 MATLAB R2016a 构建 Windows 系统可执行的 EXE 文件,如果系统中已经安装了 MATLAB R2016a 或更高版本,可以直接运行软件。用户也可以花很短的时间通过运行"MCRInstaller.exe"文件构建 MATLAB 环境同样可以运行该软件。但对于后者,以"＊＊.mat"格式存储的连通性函数文件的读取及编辑将受到限制。MATLAB 运行环境安装文件和 CAST 软件图标如下:

MCRInstaller

CAST

4.4.2　模型原理

该模型的地表水文连通性分析模型基于 Trigg 等(2013)改写的 MATLAB 脚本构建。该模型量化了每个像元与指定距离任意像元之间连接的概率,用以表征水平方向上河流或湖泊与其漫滩之间形成地表水文连通的可能性。模型能够识别由连通性或空间组织关系增强所导致的数据集的细微变化,因此能够刻画地表水体的时空特征,从而解释地表水文过程中的水量变化及引起水量变化的水位阈值。

地表水文连通性函数表示沿给定方向的 n 个点的值超过阈值 z_c 的概率:

$$P(n;z_c)=Pr\Big\{\prod_{j=1}^{n}I(u_j;z_c)=1\Big\} \tag{4.8}$$

其中 $I(u_j;z_c)$ 是判断位置 u_j 处的变量 $Z(u_j)$ 是否超过阈值 z_c 的指标。如果 $Z(u_j)>z_c$,则 $I(u_j;z_c)=1$,否则为零。从起始位置 u_1 开始对计算域内所有的位置进行估计。计算域的空间熵越高,随着 n 的增加 $P(n;z_c)$ 接近零的速度越快。所以,任意给定距离内的连通性函数值是特定方向上连通的点在该距离范围内所占的比例。

模型有 4D 和 8D 两种分析路径可供选择:前者假定地表水仅通过像元的四个边缘与邻近像元进行连接;后者则同时允许地表水从像元的四个边缘和四个角与周边连通,模型默认为后者。关于该模型的其他细节建议参考 Trigg 等(2013)和其他已发表的文献(Li et al.,2019;Tan et al.,2019;Liu et al.,2020)。

4.4.3　输入条件

4.4.3.1　栅格影像

当资源类型(Source type)选择空间栅格文件(Geotiff image)时,输入条件中填写的文件路径应包含带有坐标信息的"＊＊.tif"格式的文件。该文件可以是基于遥感提取的水面分布,也可以是来自野外调查或数值模拟的水深、流速、水温的空间插值结果。有两点需要注意:1) 干湿二值数据必须包含且仅包含1和0两个值(湿单元为1,干单元为0);2) 具有不同参数信息的栅格文件必须具有相同的行列号,否则会导致程序无法运行。

当输入路径有效时,右侧的坐标信息栏(Resampling by coordinates)中的经度范围(Longitude extent)、纬度范围(Latitude extent)和栅格尺寸(Raster size)会根据路径填写顺序自动从最后填写的路径下第一个有效栅格文件读取四至点的坐标信息和影像的空间分辨率。如果用户在投影文件(Project from image)中输入具有坐标和投影信息的栅格文件,则四至点和栅格尺寸则根据新添加的投影文件的空间信息进行更新。用户同样可以根据重采样需要对四至点坐标和栅格分辨率进行修改。

需要注意的是,为了界面简洁,模型没有专门设置感兴趣区自定义选项。用户可以在投影文件中将感兴趣区覆盖像元的像元值设为1 119,模型运行时则自动将该值以外的其他像元识别为无效像元。因此,当不需要定义感兴趣区时,投影文件的像元值应为除1 119之外的其他值。

4.4.3.2　表格数据

另一种资源类型应为通过野外调查获取的点位数据或通过数值模拟导出的节点(或中心点)数据,即"XYZ data",存储数据的文件格式为"＊＊.xls"或"＊＊.txt"。文件中应最少包含三列数据:第一列为数据点的经度,坐标格式为距离,表头为"x";第二列为数据点的纬度,坐标格式为距离,表头为"y";第三列为调查值或模拟值(即 Z 值),数据格式为整数或小数(应不包含缺省值或字母),表头为数字或字母与数字的组合(表 4.11)。如果有多期数据,则可以通过多列的形式进行存储,每列的表头应具有唯一性。当输入路径及文件格式有效时,模型将读取最后一个输入路径下的表格文件中的经纬度信息,并根据其最大值和最小值确定四至点坐标并写入"Longitude extent"和"Latitude extent",此时栅格分辨率(Raster size)默认设为 100(m)×

100(m)。用户同样可以通过"Project from image"指定待插值图像影像的坐标、投影
类型和感兴趣区,以及对四至点坐标和栅格分辨率进行修改。

表 4.11　表格数据(XYZ data)的输入格式

x	y	Depth20150101	Depth20150102	Depth20150103	⋯
404341.7	3216322	3.420230361	3.407830361	3.388880361	⋯
404156.3	3216264	1.755300463	1.742910463	1.724060463	⋯
404528.5	3216312	3.707476974	3.695066974	3.676066974	⋯
404701.5	3216197	3.622313766	3.609883766	3.590853766	⋯
404725.5	3215810	2.971436943	2.958976943	2.940086943	⋯
405060.7	3215712	3.25699706	3.24448706	3.22547706	⋯
405328.1	3215348	3.010673589	2.998123589	2.979173589	⋯
⋯					

4.4.4　输出结果

4.4.4.1　插值结果

当输入的资源类型(Source type)包含表格数据(XYZ data)时,模型在进行地表连
通性分析之前会将表格数据插值为栅格数据(插值方法为邻近像元法),并存储在输
出条件模块(Output options)的插值结果(Interpolation result)路径下。根据要插值的
参数类型,模型会自动在指定路径下依次创建名为"Inundationdepth""Flowvelocity"
和"Temperature"的文件,并将插值结果存入相应文件夹中。当参数不作为输入数据
或未被插值则不创建存储该参数的文件夹;当指定路径下存在相同命名的文件夹时,
模型在运行时会删除旧的文件夹及该文件夹下的所有文件并重新创建新的文件夹。
被存储的插值文件为带坐标及投影信息的栅格图像,格式为"＊＊.tif";根据所选参
数,文件依次命名为"Depth_＃＃＃""Velocity_＃＃＃"和"Temperature_＃＃＃"("＃
＃＃"为相应水文参数 Z 值表头的数字部分);图像最大范围与预处理(Pre-
processing)中的四至点范围一致;图像空间分辨率与预处理中的栅格尺寸(Raster
size)一致;感兴趣区与"Project from image"值为 1 119 的像元分布范围一致。在进行
空间插值时优先从"Project from image"中读取坐标和投影类型并作为插值图像的坐
标和投影类型。如果"Project from image"为空,则插值图像默认投影坐标系统为

WGS 84/UTM zone 50N(EPSG:32650)。

4.4.4.2 连通体

连通体(CONNectivity OBject,CONNOB)即通过地理编码对所有独立水面进行识别的空间数据,是地表水文连通性分析输出的一类重要结果。用户需在输出条件(Output options)的"CONNOB file"下指定连通体文件的存储路径。被存储的CONNOB文件为带坐标及投影信息的栅格图像,格式为"＊＊.tif";文件命名为"CONNOB_＃＃＃"(当输入数据为"Geotiff image"时,"＃＃＃"代表栅格影像文件名中所包含的数字;当输入数据为"XYZ data"时,"＃＃＃"代表 Z 值表头的数字部分)。图像的最大范围,空间分辨率和感兴趣区的判断规则与之前的插值结果(Interpolation result)一致。模型在进行空间插值时会优先从"Project from image"中读取坐标和投影类型并作为插值图像的坐标和投影类型。如果"Project from image"为空,则按照 Wet/dry binary→Inundation depth→Flow velocity→Water temperature的顺序依据最前面路径下的栅格影像文件确定坐标和投影类型(当输入数据不包含"Geotiff image",则输出空间数据默认投影坐标系统为 WGS 84/UTM zone 50N)。

4.4.4.3 连通性函数

连通性函数(Connectivity function)是任意给定距离内特定方向上相连通的有效单元所占比例,用以表征水平方向上各点之间形成地表水文连通的可能性。连通性函数输出结果为包含 20 个字段的结构体,格式为"＊＊.mat";文件命名为"CF_＃＃＃"(当输入数据为"Geotiff image"时,"＃＃＃"代表栅格影像文件名中所包含的数字;当输入数据为"XYZ data"时,"＃＃＃"代表 Z 值表头的数字部分)。20 个字段名及其属性信息如表 4.12 所示:

表 4.12 连通性函数包含的字段及其属性信息

字段名	属性
cfsD	以栅格分辨率为步长的距离
Xcf	W-E 方向上单位距离内连通像元的比例
Xcfn	W-E 方向上单位距离内的像元总数
Xcfcn	W-E 方向上单位距离内连通像元的数量
Ycf	N-S 方向上单位距离内连通像元的比例

续　表

字段名	属性
Ycfn	N-S 方向上单位距离内的像元总数
Ycfcn	N-S 方向上单位距离内连通像元的数量
XYcf	W-E 和 N-S 方向上单位距离内连通像元的比例
XYcfn	W-E 和 N-S 方向上单位距离内的像元总数
XYcfcn	W-E 和 N-S 方向上单位距离内连通像元的数量
cfdD	以栅格对角线长度为步长的距离
Ecf	NE-SW 方向上单位距离内连通像元的比例
Ecfn	NE-SW 方向上单位距离内的像元总数
Ecfcn	NE-SW 方向上单位距离内连通像元的数量
Wcf	NW-SE 方向上单位距离内连通像元的比例
Wcfn	NE-SW 方向上单位距离内的像元总数
Wcfcn	NE-SW 方向上单位距离内连通像元的数量
EWcf	NE-SW 和 NW-SE 方向上单位距离内连通像元的比例
EWcfn	NE-SW 和 NW-SE 方向上单位距离内的像元总数
EWcfcn	NE-SW 和 NW-SE 方向上单位距离内连通像元的数量

4.4.5　结果预览

模型的最后一个模块为结果预览（Results preview）。当前版本仅提供对连通性函数（CF）计算结果的预览，连通体（CONNOB）空间分布的预览和制图需借助 ArcGIS 等第三方软件。当完成地统计分析（即连通性分析）后，会自动将计算得到的连通性函数文件及其存储路径添加到结果预览模块的结果列表（Results list）中。用户也可以指定结果存储路径以得到连通性函数文件列表，通过"＞＞"和"＜＜"按钮添加或删除参与制图的文件。

模型提供了 W-E、N-S、NW-SE 和 NE-SW 四个方向的连通性函数制图（图 4.26）。通过单击更新（Update）按钮，指定方向上连通性函数随距离的变化将以线（Line）的形式显示在制图区域（Graphics），X 代表距离，Y 代表连通性函数，调用字段如表 4.13 所示。多个线条按照 MATLAB 自带的 jet 色彩方案依次配置不同的颜色，显示色条的"Start""Mid"和"End"代表制图列表（Selection）的先后顺序（图 4.26）。此外，在已安装 MATLAB 软件的情况下,可以对图片进行编辑(Edit)。同时,模型提供了 JPEG image、Bitmap file、EPS file、Portable Pixmap file 和 TIFF image 五种格式的图片下载功能(Download)。

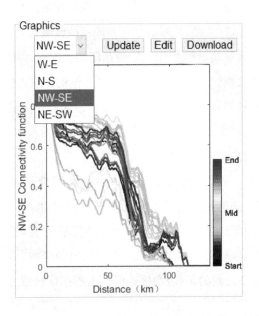

图 4.26　CAST 1.0 的连通方向下拉列表及连通性函数曲线

表 4.13　不同方向的连通性函数制图调用字段

方向	调用字段	
	X	Y
W-E	cfsD	Xcf
N-S	cfsD	Ycf
NW-SE	sfdD	Ecf
NE-SW	sfdD	Wcf

4.5　鄱阳湖流域—湖泊模拟集成

　　将湖泊及其流域作为一个整体,以水为主线,耦合物质和生态等过程,发展湖泊—流域系统的集成模拟方法,是湖泊—流域系统水文生态演变研究的重要内容。

集成模拟的基本思路是充分考虑流域高程的垂向梯度变化,就流域上、中、下游的自然过程和人类活动进行参数化,建立主体功能明确的子模型,在整个流域上加以集成。这种方法的主要优势在于对流域不同生态服务功能的区域进行详细的个性化模型刻画,通过流域水系进行关联,从而清晰完整地反映流域水与物质和能量在不同地理单元间的传递及其通量的沿程变化。目前在湖泊—流域系统集成模拟中,尚未见考虑湖泊水体对局部气候的反馈机制,这方面的工作由于缺乏实测数据验证而面临困难,已有的研究不多(Thiery et al.,2015)。今后应拓展相关研究,将湖泊—流域系统水文模型、陆面模式和区域气候模式进行结合,发展湖泊水体对区域水循环反馈机制的模拟方法,提升湖泊—流域系统的模拟能力。

图 4.27 表示湖泊—流域系统上游山区、中游水库、下游平原、河口湿地、湖泊水体的生态梯度变化,应分别研究覆被变化的水文效应、水库水沙过程、平原区地表—地下汇流过程、湿地水力学过程和湖泊水文水动力过程等,并将湖泊水体的反馈机制耦合到区域气候模式中,以获得水体对流域降水和气温的影响。湖泊—流域系统集成模拟最大的困难是模型之间的衔接,衔接不仅仅指数据在模型之间的传递,还涉及不同尺度模型之间的匹配,比如,地表径流和地下水水文模型网格尺度较大,计算的时间步长也较长(日或月),但河、湖水动力模型又常常采用更细的网格尺度,计算时间步长为小时及以下。将水文模型与河湖水动力模型集成需要克服空间和时间尺度的严重不对称,需要处理两者耦合过程中公共边界通量的连续性及时间步长的尺度升或降,以实现不同尺度模型集成运行的稳定性。实践中,也常常将模型进行松散化处理,即首先运行全局大模型或上游模型,将输出的结果人工处理后,赋给下游模型或局域小模型。以此实现不同模型之间的互动协作,满足全区域模型预测的目标(Li et al.,2014)。

鄱阳湖流域的水文、水动力、水质模型集成模拟如图 4.27 所示。WATLAC 模型完成流域的产汇流模拟(刘健 等,2009b),其输出结果以河道侧向通量和河道上游流量的方式赋予氮磷污染物产出和输移模型 HYPE(Jiang et al.,2019)。河口湿地生态水文过程和湖泊水动力与氮磷迁移过程分别由 HYDRUS(Xu et al.,2016)和 MIKE21(Li et al.,2014;Li et al.,2017)完成,两者接受流域模型提供的水量和物质通量作为上游边界的计算条件。这些模型的协作实现了对全鄱阳湖流域水文水动力和污染物通量变化的模拟,有效评估了流域人类活动和流域管理的水文和水环境效应。

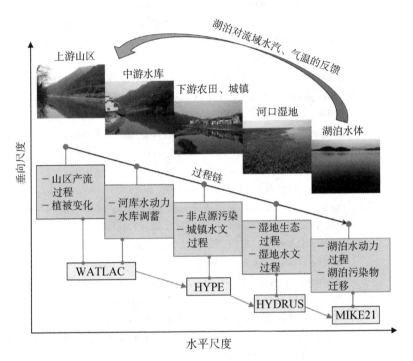

图 4.27　鄱阳湖湖泊—流域系统集成模拟框架图

【参考文献】

［1］HARBAUGH A W, 2005. MODFLOW-2005，the U. S. geological survey modular ground-water model-the ground-water flow process［R］. U. S. Geological Survey Techniques and Methods 6 – A16.

［2］JIANG L, LI Y, ZHAO X, et al, 2018. Parameter uncertainty and sensitivity analysis of water quality model in Lake Taihu, China［J］. Ecological modelling, 375：1 – 12.

［3］JIANG S Y, JOMAA S, BUETTNER O, et al, 2015. Multi-site identification of a distributed hydrological nitrogen model using Bayesian uncertainty analysis［J］. Journal of hydrology, 529：940 – 950.

［4］JIANG S Y, JOMAA S, RODE M, 2014. Modeling inorganic nitrogen leaching in nested mesoscale catchments in central Germany［J］. Ecohydrology, 7：1345 – 1362.

［5］JIANG S Y, ZHANG Q, WERNER A D, et al, 2019. Effects of stream nitrate data frequency on watershed model performance and prediction uncertainty［J］. Journal of hydrology, 569：22 – 36.

［6］JIANG S Y, ZHANG Q, WERNER A D, et al, 2020. Modelling the impact of runoff generation on agricultural and urban phosphorus loading of the subtropical

Poyang Lake（China）[J]. Journal of hydrology.

[7] JOHNSSON H，BERGSTRÖM L，JANSSON P E，et al，1987. Simulated nitrogen dynamics and losses in a layered agricultural soil[J]. Agriculture ecosystems and environment，18：333 – 356.

[8] LENHART T，ECKHARDT K，FOHRER N，et al，2002. Comparison of two different approaches of sensitivity analysis[J]. Physics and chemistry of the Earth，27(9)：645 – 654.

[9] LINDSTRÖM G，PERS C，ROSBERG J，et al，2010. Development and testing of the HYPE (Hydrological Predictions for the Environment) water quality model for different spatial scales[J]. Hydrology research，41，295 – 319.

[10] LIU X，ZHANG Q，LI Y，et al，2020. Satellite image-based investigation of the seasonal variations in the hydrological connectivity of a large floodplain (Poyang Lake, China)[J]. Journal of hydrology，585：124810.

[11] LI X，ZHANG Q，XU C Y，2012. Suitability of the TRMM satellite rainfalls in driving a distributed hydrological model for water balance computations in Xinjiang catchment，Poyang Lake basin[J]. Journal of hydrology，426 – 427：28 – 38.

[12] LI Y，ZHANG Q，CAI Y，et al，2019. Hydrodynamic investigation of surface hydrological connectivity and its effects on the water quality of seasonal lakes：insights from a complex floodplain setting (Poyang Lake，China)[J]. Science of the total environment，660：245 – 259.

[13] LI Y，ZHANG Q，YAO J，et al，2014. Hydrodynamic and hydrological modeling of the Poyang Lake catchment system in China[J]. Journal of hydrologic engineering，19(3)：607 – 616.

[14] LI Y，ZHANG Q，ZHANG L，et al，2017. Investigation of water temperature variations and sensitivities in a large floodplain lake system (Poyang Lake，China) using a hydrodynamic model[J]. Remote sensing，9(12)：1 – 19.

[15] Nanjing Institute of Geography and Limnology，2006. WATLAC：a water flow model for lake catchments[R]. Version 1.0. August 2006.

[16] TAN Z，WANG X，CHEN B，et al，2019. Surface water connectivity of seasonal isolated lakes in a dynamic lake-floodplain system [J]. Journal of hydrology，579：124154.

[17] THIERY W，DAVIN E L，PANITZ H-J，et al，2015. The Impact of the African Great Lakes on the regional climate[J]. Journal of climate，28：4061 – 4085.

[18] TRIGG M A，MICHAELIDES K，NEAL J C，et al，2013. Surface water connectivity dynamics of a large scale extreme flood[J]. Journal of hydrology，505：138 – 149.

[19] XU X，ZHANG Q，LI Y，et al，2016. Evaluating the influence of water table depth on transpiration of two vegetation communities in a lake floodplain wetland [J]. Hydrology research，47(S1)：293 – 312.

[20] YE X，ZHANG Q，BAI L，et al，2011. A modeling study of catchment discharge to Poyang Lake under future climate in China[J]. Quaternary international，244：221-229.

[21] ZHANG Q，LI L J，2009a. Development and application of an integrated surface runoff and groundwater flow model for a catchment of Lake Taihu watershed，China[J]. Quaternary international，208(1-2)：102-108.

[22] ZHANG Q，WERNER A D，2009b. Integrated surface-subsurface modeling of Fuxianhu Lake catchment，Southwest China[J]. Water Resources management，23：2189-2204.

[23] 赖锡军,姜加虎,黄群,等,2011.鄱阳湖二维水动力和水质耦合数值模拟[J].湖泊科学,23(6):893-902.

[24] 李丽娇,张奇,2008.一个地表—地下径流耦合模型在西苕溪流域的应用[J].水土保持学报,22(4):56-61.

[25] 李云良,姚静,李梦凡,等,2016.鄱阳湖水流运动与污染物迁移路径的粒子示踪研究[J].长江流域资源与环境(11):1748-1758.

[26] 李云良,张奇,李相虎,等,2013a.鄱阳湖流域水文效应对气候变化的响应[J].长江流域资源与环境,22(10):1339-1347.

[27] 李云良,张奇,姚静,等,2013b.鄱阳湖湖泊流域系统水文水动力联合模拟[J].湖泊科学,25(2):227-235.

[28] 梁擎,2013.基于MIKE21水动力水质模型的水环境容量计算研究[D].河北工程大学.

[29] 刘健,张奇,2009a.一个新的分布式水文模型在鄱阳湖赣江流域的验证[J].长江流域资源与环境,18(1):19-26.

[30] 刘健,张奇,左海军,等,2009b.鄱阳湖流域径流模型[J].湖泊科学,21(4):570-578.

[31] 芮孝芳,2004.水文学原理[M].北京:中国水利水电出版社.

[32] 姚静,张奇,李云良,等,2016.定常风对鄱阳湖水动力的影响[J].湖泊科学(01):225-236.

[33] 张奇,2007.湖泊集水域地表—地下径流联合模拟[J].地理科学进展,26(5):1-10.

[34] 张奇,2021.湖泊流域水文学研究现状与挑战[J].长江流域资源与环境,30(07):1559-1573.

[35] 张永祥,王磊,姚伟涛,等,2009.WASP模型参数率定与敏感性分析[J].水资源与水工程学报(5):28-30.

[36] 中国科学院南京地理与湖泊研究所.湖泊集水域水文模型软件[简称:WATLAC]V1.0:2009SR045430[P].2009-10-12.

第五章 鄱阳湖流域下垫面变化及极端水文事件模拟

5.1 土地利用变化对水文过程影响的模拟

5.1.1 概述

土地利用/覆被变化(LUCC,Land Use/Land Cover Change)研究是国际地圈生物圈计划(International Geosphere-Biosphere Project,IGBP)的两个核心科学问题之一。土地利用/覆被变化代表了一种人为的"系统干扰",是直接或间接影响水文过程的第二个主要边界条件。土地利用通过影响拦截、下渗和蒸散发等水文过程而影响径流的时间和空间变化,进而影响着流域的水文情势和产汇流机制,一直以来是水文科研工作者研究的热点问题之一。

特征变量时间序列法是选择较长时段上反映 LUCC 水文效应的特征参数(如径流系数、年径流变差系数、径流年内分配不均匀系数、蒸散发等),尽量剔除其他因素的作用,从特征参数的演化趋势上,评估 LUCC 的水文效应(李秀彬,2002)。这些表征水文效应的特征参数计算比较容易、操作简单、物理意义明确。因此,该方法是一种简单而有效的 LUCC 水文效应分析方法。

随着计算机技术、地理信息系统和遥感技术的发展,特别是研究时空尺度的扩大,LUCC 的水文响应更多采用水文模型的方法。通过水文模型来模拟不同下垫面条件下的径流时,不仅可以考虑流域综合因素对水文过程的影响,而且还能通过控制某些参数,找出控制和影响水文循环的土地利用变化的因素(袁飞,2006)。Hundecha 和 Bardossy(2004)应用 HBV 模型对莱茵河 95 个小流域的各种土地利用覆被情景下的水文响应进行模拟;邓慧平等(2003)采用 TOPMODEL 模型对长江上游源头梭磨河流域 4 种不同土地利用覆被情景下的水文响应进行了模拟,定量评估了土地利用变化对冠层截留、蒸散发和径流量等的影响。

本节介绍采用分布式流域水文模型,以鄱阳湖流域为对象,开展土地利用变化的情景模拟。

5.1.2 鄱阳湖流域土地利用类型划分与参数化

1949 年,鄱阳湖流域的森林覆盖率为 40.36%,后来由于人口迅速增长和经济发展等因素,流域的森林砍伐现象在 20 世纪 50—80 年代非常严重,森林覆盖率从 1949 年水平分别降至 60 年代的 37.3%、70 年代的 32.7% 和 80 年代初期的 31.5%。1983 年江西省开展了以山水综合治理为主的"山江湖工程",大量植树造林,森林覆盖率迅速提高到 1996 年的 54.6%。进入 21 世纪,森林覆盖率更是超过 60%(徐新玲,2020)。森林覆盖率的增加有效遏制了鄱阳湖流域的水土流失,涵养了水源,森林资源的生态功能得到充分发挥。

选用 1996 年鄱阳湖流域的土地利用类型作为基准条件。土地利用类型分类标准采用:耕地、草地、水体和建设用地,均按照一级分类标准;林地,按照二级分类标准和林地的郁闭度,将灌木林合并到有林地,将其他林地合并到疏林地;未利用地由于面积较小,将其合并到周边面积最大的类型当中。分类后鄱阳湖流域土地利用类型有耕地、有林地、疏林地、草地、水体和建设用地六类,分别占流域面积的 27.8%、48.7%、13.2%、4.0%、4.6% 和 1.7%(图 5.1)。

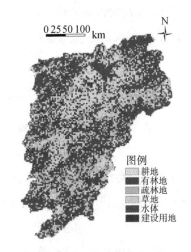

在模型模拟中,土地利用类型变化通过叶面积指数(LAI)、地面糙率(n)和根系最大深度(D_{EXT})等参数加以反映。具体描述如下:

图 5.1 鄱阳湖流域土地利用类型(1996 年)

(1) 植物冠层蓄水

大气降水经植被冠层拦截后到达地面，成为地面净降水。因此，地面净降雨一般小于大气降水。从时间段 t_{i-1} 到 t_i（时间间隔 $\Delta t = t_i - t_{i-1}$），植被拦截水量平衡方程可表示为

$$P(t_i) + S_c(t_{i-1}) = E_c(t_i) + P_g(t_i) + S_c(t_i) \tag{5.1}$$

式中，$P(t_i)$ 为时段 t_i 的降雨量（mm）；$S_c(t_{i-1})$ 为时段 t_{i-1} 的植被蓄水量（mm）；$E_c(t_i)$ 为时段 t_i 从植被蒸发的水量（mm）；$P_g(t_i)$ 为时段 t_i 的地面降雨量（mm）；$S_c(t_i)$ 为时段 t_i 的植被蓄水量（mm）。

引入潜在植被拦截水量（V_{pci}）概念，如下：

$$V_{pci}(t_i) = V_{mcs}(t_i) - S_c(t_{i-1}) \tag{5.2}$$

式中，V_{mcs} 为最大植被拦截量（mm），与土地利用类型有关，相同的月份数值不变；S_c 为植被冠层蓄水量（mm）；t_{i-1} 和 t_i 分别表示上一个时间步长和当前时间步长，本模型以日为时间步长。

假定 V_{mcs} 与土地利用类型的叶面积指数（LAI）相关，可由下式计算：

$$V_{mcs}(t_i) = \beta LAI(t_i) \tag{5.3}$$

式中，$LAI(t_i)$ 为 t_i 时段的叶面积指数。

当前时段植被实际拦截水量（V_{aci}）为降雨量和潜在植被拦截水量的最小值，如下式：

$$V_{aci}(t_i) = \min[V_{pci}(t_i), P(t_i)] \tag{5.4}$$

式中，$V_{pci}(t_i)$ 为当前时段的潜在植被拦截水量（mm）；$P(t_i)$ 为当前时段的降水量（mm）。

(2) 土地利用类型的糙率

不同类型的土地利用具有不同的地面糙率，由曼宁系数 n 表征在模型的汇流计算中。

坡面水流速度由曼宁公式计算：

$$v = (0.489 \cdot q^{0.25} \cdot l^{0.375}) / n^{0.75} \times 86.4 \tag{5.5}$$

式中,v 为水流速度(km/day);q 为流量(m³/s);l 是水流方向的坡度(m/m);n 为曼宁系数。

坡面径流从上游单元流向下游相邻单元的流量由下式计算:

$$Q = S_{sk}(t_i) \cdot [1 - \exp(-C_{lag} \cdot v^a)]\tag{5.6}$$

式中,S_{sk} 是模型单元 k 的储水量(mm/day);α 是无量纲参数,$0 \leqslant \alpha < 1$,该参数用于考虑流速的影响;C_{lag} 为径流滞后系数,该数值愈小,就表示较少的水量流入下游单元。

(3)土地利用类型对蒸散发的影响

潜在蒸散发量 E_P 可以通过蒸发皿的观测数据直接推算而来,也可以通过其他公式如彭曼公式计算得来。

植被冠层蒸散发量 E_{ace} 为当前时段植被蓄水量和潜在蒸散发量的最小值:

$$E_{ace}(t_i) = \min\{[S_c(t_{i-1}) + V_{aci}(t_i)], E_p(t_i)\}\tag{5.7}$$

式中,$S_c(t_{i-1})$ 为前一时段的植被蓄水量(mm);$V_{aci}(t_i)$ 为当前时段植被拦截量(mm);$E_p(t_i)$ 为当前时段潜在蒸发量(mm)。

未能满足的部分 E_G 由下式计算:

$$E_G = E_p - E_{ace}\tag{5.8}$$

式中:E_G 是土壤蒸散发(E_S)和地下水蒸散发(E_{GW})的总和。

引入植被根系最大深度 D_{EXT} 来计算分配土壤蒸散发和地下水蒸散发之比例:

$$E_S = E_G \cdot \frac{D_{WT}}{D_{EXT}}\tag{5.9}$$

$$E_{GW} = E_G \cdot \frac{D_{EXT} - D_{WT}}{D_{EXT}}\tag{5.10}$$

式中:D_{WT} 是地下水埋深,D_{EXT} 是最大植被根系深度,E_S 是土壤蒸散发量,E_{GW} 是地下水蒸散发量。

5.1.3　鄱阳湖流域土地利用变化模拟情景设置

上述计算方法在 WATLAC 中实施(该模型如第四章中介绍)。LAI 可以通过遥感图像的归一化植被指数 NDVI（Normalized Difference Vegetation Index）推求。NDVI 是表征流域内绿色植被覆盖密度的度量指数。NDVI 与冠层的分布密度和绿色叶面的比例成正比。本节数据采用 NOAA-AVHRR（National Oceanic and Atmospheric Administration-Advanced Very High Resolution Radiometer）卫星的 NDVI 资料反演研究区域 LAI 的空间分布。模型接受月尺度变化的 LAI，分析了 1995 年 1 月—1996 年 9 月、1999 年 10 月—2000 年 6 月共 240 幅 NDVI 遥感影像，得出该时段内不同土地利用类型的 LAI，如表 5.1 和图 5.2 所示。不同土地利用类型的糙率和最大根系深度计算条件如表 5.2 所示。

表 5.1　鄱阳湖流域不同土地利用类型各月叶面积指数

类型	1 月	2 月	3 月	4 月	5 月	6 月	7 月	8 月	9 月	10 月	11 月	12 月
耕地	0.46	0.46	0.93	1.21	3.14	3.77	3.89	3.49	1.71	1.60	0.60	0.60
有林地	1.51	1.79	1.89	3.54	4.14	4.51	5.06	4.40	4.00	3.03	1.80	1.86
疏林地	1.20	1.36	1.50	2.50	3.43	4.06	4.46	4.06	3.31	2.03	1.50	0.79
草地	0.43	0.57	0.60	1.21	1.50	1.63	2.46	1.77	1.40	0.89	0.74	0.57
水体	0.01	0.01	0.01	0.01	0.01	0.01	0.01	0.01	0.01	0.01	0.01	0.01
建设用地	0.07	0.07	0.07	0.07	0.07	0.07	0.07	0.07	0.07	0.07	0.07	0.07

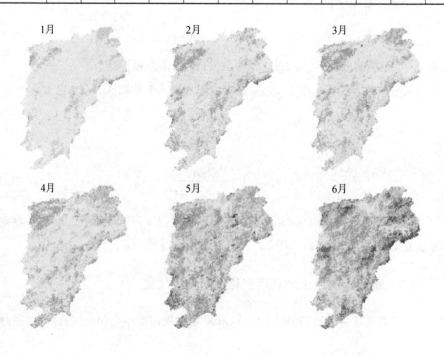

1月　　　2月　　　3月

4月　　　5月　　　6月

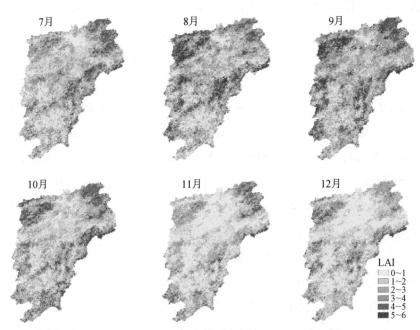

图 5.2　根据 NDVI 反演的鄱阳湖流域月叶面积指数（1995—2000 年）

表 5.2　土地利用类型根系深度和糙率取值

土地利用类型	根系深度（m）	糙率（—）
有林地	2.5	0.20
疏林地	2.0	0.12
耕地	1.2	0.08
草地	0.8	0.07
建设用地	0.0	0.05

　　基于 1996 年鄱阳湖流域土地利用水平，构建 4 种极端土地利用变化情景：第 1 种为水域和建设用地面积不变，其余面积全为耕地；第 2 种为其余面积全为有林地；第 3 种为其余面积全为疏林地；第 4 种为其余面积全为草地。

5.1.4　鄱阳湖流域土地利用变化模拟结果分析

5.1.4.1　植被冠层截留量变化

图 5.3 为 1991—2001 年鄱阳湖流域不同土地利用情景下各月平均降水量与植

被拦截水量示意图;表 5.3 列出了各种土地利用情景下各月平均植被拦截量占总降水量的百分比。可知,在有林地和疏林地情景下,植被拦截量要高于现状情景。其中有林地情景下,年平均拦截水量 228.9 mm,高出土地利用现状约 33.7 mm;疏林地情景年平均拦截水量 199.3 m,高出土地利用现状 4.1 mm。1—2 月份随着降水量的增加,植被拦截量也逐渐增加,其占降水量的百分比也升高,由 11% 左右上升到 12%;在 3 月降水量开始猛增,但是其间植被冠层拦截能力仍较低,所以,植被拦截量占降水量的百分比略下降,但拦截水量绝对值增加;4—5 月随着降水量的增加和植被叶面积指数的上升,植被拦截水量绝对值和占降水量的百分比也增加,有林地由 13% 增加到 14%,疏林地由 10% 增加到 12%;在 6 月份,虽然降水量和植被拦截量数量值仍增加,但是植被拦截量占降水量的百分比却降低,有林地和疏林地分别为 10.4% 和 9.8%,究其原因主要是 6 月份的降雨为全年中最强,植被拦截量的增加不及降水量的增加,并且该月降雨强度较前几个月要强,一般来说,急骤的短历时高强度降雨的拦截量要比间断性、长历时、低强度的降雨拦截量要小;7—12 月随着降水量的减少和植被叶面积指数的下降,拦截量也逐步减少。所以,植被拦截水量的多少不但与植冠拦截能力有关,而且和降雨量大小、降雨强度大小、历时长短等因素有关。

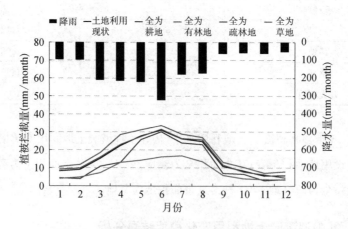

图 5.3　鄱阳湖流域各月平均植被截留量模拟值

表 5.3　不同土地利用类型鄱阳湖流域各月平均植被截留量占总降水量的百分比

| 月份 | 各土地利用下月平均植被拦截量占降水量的百分比（%） | | | | |
	土地利用现状	耕地	有林地	疏林地	草地
1	8.7	4.5	11.1	9.6	4.3
2	9.2	4.1	12.1	10.1	5.0
3	7.2	5.2	8.7	7.6	3.5
4	10.3	6.0	13.2	10.6	6.0
5	12.5	11.6	14.0	12.4	6.4
6	9.6	9.3	10.4	9.8	5.0
7	14.6	13.3	16.1	14.7	9.4
8	14.2	13.3	15.5	14.7	7.8
9	16.6	10.8	20.2	17.8	9.1
10	13.8	10.7	17.0	12.9	6.6
11	9.0	4.7	11.4	10.0	5.6
12	10.6	6.6	14.6	8.3	6.3
平均	11.4	8.3	13.7	11.5	6.3

耕地和草地情景，在相同的降雨条件下，由于其冠层拦截能力的影响，植被拦截水量均低于土地利用现状，耕地年拦截量约 155.4 mm，低于现状 39.9 mm；草地年拦截量约 107.1 mm，低于现状 88.1 mm。拦截量各月的变化和有林地、疏林地的趋势一致，原因相同。

5.1.4.2　蒸散发量变化

图 5.4 为鄱阳湖流域各种土地利用情景下各月平均蒸散发量。在各种土地利用情景下，年内蒸发均呈现单峰型变化，峰值出现在 7 月份，1—7 月份蒸发量逐渐增加，7—12 月逐渐减少。不同土地利用类型的蒸发量也各不相同，相比于土地利用现状，有林地情景蒸发量增加，而耕地、疏林地和草地情景均减少。由于鄱阳湖流域的土地利用类型以林地和耕地为主，所以耕地、有林地和疏林地情景下的蒸发量变化不大。在有林地情景下，年平均蒸散发量约为 683.6 mm，比土地利用现状增加 7.9 mm。1—4 月份，由于降水量不多，气温仍然较低，有林地地面郁闭度较大等因素影响了拦截蒸发、植被蒸腾和土壤蒸发量，使得该月段有林地的蒸发量均低于土地利用现状情景。从 5 月份开始，虽然植被郁闭度增加降低了土壤蒸发量，但是随着降水量的增多和气

温的逐渐升高,有林地情景下的植被拦截和蒸腾量也逐渐增加,特别是在温度较高的7月份,蒸发量达到101.6 mm,比土地利用现状下增加了3.8 mm,占全年总增加量的47%。到12月份,和1—4月相同的原因,使得有林地情景下的蒸发量再次低于土地利用现状。在耕地情景下,多年平均蒸发量为663.9 mm,比土地利用现状情景下低11.8 mm。各月和有林地刚好呈现相反变化,1—4月份,由于郁闭度较低,虽然拦截蒸发和蒸腾量都较低,但土壤蒸发要高于土地利用现状,故该月段要高于土地利用现状;从5月开始,随着气温的升高,虽然土壤蒸发增加,但植被拦截和蒸腾量的增加不及土地利用现状情景,故蒸散发量相应较低;在12月份耕地蒸散发量高于土地利用现状,原因同1—4月份。可能由于土地利用现状情景下各种类型的综合作用等同于疏林地情景,疏林地情景下蒸散发量变化最小,接近于土地利用现状。多年平均蒸发量为670.7 mm,比土地利用现状低5.0 mm。由于草地的LAI比耕地和疏林地要低,地表覆盖率较低,根系较浅,所以草地情景蒸散发量减少最多,多年平均为638.1 mm,比现状低37.6 mm,各月变化特征及其原因和耕地相同。

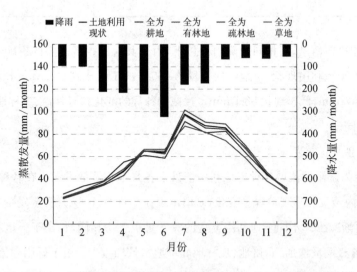

图5.4 各土地利用变化情景下鄱阳湖流域各月平均蒸散发量

5.1.4.3 洪峰流量变化

土地利用类型变化将引起覆盖植被特性、地表粗糙度、产汇流特性等要素发生变化,从而对洪水过程产生影响。1998年鄱阳湖流域发生特大洪水,选择1998年最大洪峰发生时段,以梅港水文站为例研究土地利用类型变化对洪峰流量的影响,如图 5.5 所示。四种极端土地利用类型对洪峰流量的影响可分为两种类型:全为有林地的情景下,洪峰流量较小,涨水较缓,退水较迟;而耕地、疏林地和草地的情景下,则洪峰流量较大,涨水迅速,退水也迅速。在这三种类型中,以草地的变化最大,洪峰流量最高,涨水和退水最快,其次为耕地,最小为疏林地。

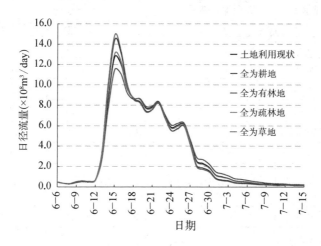

图 5.5 土地利用现状和极端土地利用下梅港站 9 806 次洪峰流量过程线比较

根据实测洪峰流量的大小,将梅港站 1991—2001 年各年的最大洪峰流量划分为 3 类:大洪水,即洪峰流量大于 10 亿 m³/day 的洪水过程,共有 2 次;中洪水,即洪峰流量介于 5 亿~10 亿 m³/day 的洪水过程,共有 6 次;小洪水,即洪峰流量小于 5 亿 m³/day 的洪水过程,共有 3 次。各种土地利用变化情景下梅港站的年最大洪峰流量比较列于表 5.4。由表可知,不同的土地利用变化对不同的洪峰流量的影响也不相同。在有林地情景下,所有的洪水流量均比土地利用现状情景下要小,其中大洪水洪峰流量平均减少 8.1%,中洪水平均减少 7.7%,小洪水平均减少 6.2%,可见有林地对大洪水的调节作用更明显。耕地、疏林地和草地情景下各场次洪水的洪峰流量均高于土地利用现状情景,具体表现为:耕地情景下大洪水流量平均增加 10.7%,中洪水平均增加 10.0%,小洪水平均增加 20.6%;疏林地情景下大洪水流量平均增加 2.6%,中洪水平均增加 1.9%,小洪水平均增加 9.6%;草地情景下大洪水流量平均增加 13.3%,中洪水平均增加 13.2%,小洪水平均增加 18.5%。因此将鄱阳湖流域现有土地利用类型转换成耕地、疏林地或草地将可能使洪峰流量增大,其中草地最大,耕地次之,疏林地最小。耕地、疏林地和草地情景下大洪水的洪峰流量增大比例小于小、中洪水,表明这三种土地利用变化对大洪水的洪峰流量的调节作用小于小、中洪水。

表 5.4　各土地利用变化情景下梅港站的年最大洪峰流量比较

级别	洪水号	土地利用现状情景下洪峰流量($\times 10^8$ m³/day)	与土地利用现状情景下的洪峰流量比较(%)			
			耕地	有林地	疏林地	草地
大洪水	9506	11.11	8.0	−6.2	2.6	10.0
	9806	12.78	13.4	−9.9	2.7	16.6
中洪水	9207	9.71	12.0	−8.5	2.8	14.9
	9305	6.38	9.4	−7.6	1.3	12.5
	9406	8.88	5.6	−4.8	1.1	6.8
	9707	5.81	10.1	−8.3	1.8	13.7
	9906	7.66	13.3	−9.7	2.9	18.0
	0006	7.90	9.4	−7.3	1.5	13.4
小洪水	9104	4.33	11.6	−9.1	1.3	12.9
	9607	3.09	30.6	−3.8	16.3	31.2
	0106	3.48	19.5	−5.7	11.1	11.4

注:洪峰流量偏差为负表示该极端土地利用情景下的洪峰流量小于土地利用现状情景下的洪峰流量;洪峰流量偏差为正表示该极端土地利用情景下的洪峰流量大于土地利用现状情景下的洪峰流量。

5.1.5　小结

运用鄱阳湖流域水文模型,在降水条件保持不变的情况下,采用基于空间配置法的极端土地利用法构建鄱阳湖流域土地利用变化情景,即水体和建设用地面积保持不变,其他流域面积分别全部被耕地、有林地、疏林地和草地单一覆盖。四种极端土地利用情景下的水文响应结果如下:

(1) 对植被拦截的影响:在有林地和疏林地情景下,植被拦截量要高于土地利用现状情景,并且有林地高于疏林地。耕地和草地情景下,植被拦截水量均低于土地利用现状,并且草地低于耕地,拦截量各月的变化和有林地、疏林地的趋势一致。

(2) 对蒸散发量的影响:在各土地利用情景下,年内蒸发均呈现单峰型变化,峰值出现在 7 月份。有林地情景下的年平均蒸散发量要高于土地利用现状。在耕地和草地情景下,多年平均蒸发量均低于土地利用现状,且草地低于耕地,各月的变化和有林地恰好呈现相反趋势。疏林地情景下的蒸散发量变化最小,非常接近土地利用现状,这可能由土地利用现状情景下各种类型的综合作用等同于疏林地情景造成的。

(3)对洪峰流量的影响:在有林地的情景下,相比于土地利用现状洪峰流量较小,涨水较缓,退水较迟;而耕地、疏林地和草地的情景下,则洪峰流量较大,涨水迅速,退水也迅速。在这三种类型中,以草地的变化最大,洪峰流量最高,涨水和退水最快,其次为耕地,最小为疏林地。通过对不同级别洪峰流量的分析发现,有林地对大洪峰的调节比中、小洪水明显;而耕地、疏林地和草地对中小洪水的调节作用要高于大洪水。

5.2　植被变化对流域蒸散发的影响

5.2.1　蒸散发的估算

蒸散发(ET)由三部分组成:植物冠层的蒸腾作用(T),土壤蒸发(E_s)和植被拦截的降水蒸发(E_i):

$$ET = T + E_s + E_i \tag{5.11}$$

研究中采用基于过程的 Penman-Monteith-Leuning 模型(PML),以计算植物冠层蒸腾量和土壤蒸发量($ET_{c,s}$)的总和(Leuning et al.,2008):

$$ET_{c,s} = \frac{1\,000}{\lambda\rho_w}\left[\frac{\varepsilon R_{n\_c} + 86\,400\left(\frac{\rho c_p}{\gamma}\right)D_a G_a}{\varepsilon + 1 + \frac{G_a}{G_c}}\right] + \frac{1\,000}{\lambda\rho_w}\left(\frac{f\varepsilon R_{n\_s}}{\varepsilon + 1}\right) \tag{5.12}$$

其中方程式右侧的第一项是植物冠层 T 的蒸腾量(mm·d^{-1}),第二项是土壤 E_s 的蒸发量(mm·d^{-1});λ 是汽化潜热(MJ·kg^{-1});ρ_w 是水的密度(kg·m^{-3});$\varepsilon = s/\gamma$,其中 γ 是湿度常数(kPa·℃$^{-1}$),s(kPa·℃$^{-1}$)是将饱和水蒸气压 VP_s(kPa)与气温 T_a(℃)相关的曲线的斜率;ρ 是空气的密度(kg·m^{-3});c_p 是恒定压力下的空气比热(MJ·kg^{-1}·℃$^{-1}$);D_a 是大气水蒸气压差(kPa),即 $D_a = VP_s - VP$,其中 VP 是实际

水蒸气压(kPa)。R_{n_c} 是树冠吸收的净辐射(MJ·m^{-2}·d^{-1}),可以使用比尔定律(Cheng et al.,2017)进行估算,即 $R_{n_c}=R_n\cdot(1-\exp(-k_A LAI))$,其中 R_n 和 k_A 分别是可用能量的净辐射和消光系数;R_{n_s} 是土壤吸收的净辐射(MJ·m^{-2}·d^{-1}),即 $R_{n_s}=R_n-R_{n_c}$;f 是土壤蒸发比,介于 0 和 1 之间;G_a 是空气动力学电导(m·s^{-1}),G_c 是冠层电导(m·s^{-1}),可通过以下公式计算:

$$G_a=\frac{k^2 u_m}{\ln[(z_m-d)/z_{om}]\ln[(z_m-d)/z_{ov}]} \tag{5.13}$$

$$G_c=\frac{g_{sx}}{k_Q}\ln\left[\frac{Q_h+Q_{50}}{Q_h\exp(-k_Q LAI)+Q_{50}}\right]\left[\frac{1}{1+D_a/D_{50}}\right] \tag{5.14}$$

其中 k 是冯·卡门常数;u_m(m·s^{-1})是高度 z_m(m)处的风速;d 为零平面位移高度(m);z_{om} 和 z_{ov}(m)是动量和水蒸气的粗糙度长度,通过 $z_{om}=0.123h$ 和 $z_{ov}=0.1z_{om}$ 估算,其中 h 是树冠高度(Allen et al.,1998);g_{sx} 是冠层顶部叶片的最大气孔导度(m·s^{-1});k_Q 是光合有效辐射(PAR)的消光系数;Q_h 是树冠顶部的 PAR(MJ·m^{-2}·d^{-1});Q_{50}(MJ·m^{-2}·d^{-1})是吸收的 PAR,D_{50}(kPa)是 D_a,气孔导度达到 $g_{sx}/2$。仅需校准一个参数 g_{sx}。

由于湿润地区的 E_i 是 ET 的重要组成部分,因此本研究通过基于水平衡的概念模型来估算 E_i(Bai et al.,2018;van Dijk et al.,2001)。冠层蓄水量(I_v)估算为冠层蓄水量(S_c)与拦截降水提供的水(I_c)的总和,然后 E_i 估算为 I_v 的最小值和饱和冠层(PET_s)的潜在蒸发量,可以写成:

$$I_v=S_c+I_c \tag{5.15}$$

$$E_i=\min(I_v,PET_s) \tag{5.16}$$

I_v 和 PET_s 都与 LAI 有关,详情可参见 Bai 等(2018)。

5.2.2　蒸散发变化的归因方法

(a) 数值实验方法

由于所采用的 ET 模型中有六个强迫因素,即气温、风速、水蒸气压力、净辐射、土壤蒸发率和 LAI,因此设计了一个控制实验和六个情景实验来将 ET 的变化归因。控制实验中的 ET 值是使用原始输入计算得出的,这些原始输入表示在气候和植被变化共同影响下的 ET 动态。每种情景实验中的 ET 值都是使用五个原始输入和一个去趋势的输入来计算的，它们表示在受去趋势的因素以外的五个因素影响下的 ET 动态。然后，通过将每个情景实验的 ET 模拟与对照实验的 ET 模拟进行比较来计算每个因素的贡献，可以写成（Sun et al.，2014）：

$$C_{NE}(x_i) = T_{ET} - T_{ET\_xi} \quad (1i \leqslant 6) \tag{5.17}$$

其中 $C_{NE}(x_i)$ 是基于数值实验的 x_i 对 ET 变化的贡献，x_i 表示第 i 个因子，T_{ET} 是基于线性回归控制实验的 ET 的斜率，T_{ET_xi} 是基于第一种控制实验的 ET 的斜率。采用的 ET 模型的六个因素可以分为两类：气候因素（T_a，U，VP，R_n，f）和地表因素（LAI）。

（b）敏感性分析法

根据微分方程，ET 的变化可写为

$$\frac{dET}{dt} = \sum_{i=1}^{N} \frac{\partial ET}{\partial x_i} \frac{dx_i}{dt} \tag{5.18}$$

其中 $\frac{dET}{dt}$ 是研究期 t 内 ET 的斜率（即 T_{ET}），$\frac{dx_i}{dt}$ 是 x_i 的斜率，$\frac{\partial ET}{\partial x_i}$ 是有关 x_i 的偏微分，N 是所选影响因素的数量（本研究中 $N=6$）。

然后，由 x_i 变化引起的 ET 的变化可以估算为（Zheng et al.，2009）：

$$C_{Sen}(x_i) = \frac{\partial ET}{\partial x_i} \frac{dx_i}{dt} \tag{5.19}$$

其中 $C_{Sen}(x_i)$ 是 x_i 对 ET 的贡献基于敏感性分析方法的变化。

此外，影响因素对 ET 变化的相对贡献可以估算为

$$RC_{NE}(x_i) = \frac{C_{NE}(x_i)}{\sum_{j=1}^{N} |C_{NE}(x_j)|} \times 100\% \tag{5.20}$$

$$RC_{Sen}(x_i) = \frac{C_{Sen}(x_i)}{\sum_{j=1}^{N} |C_{Sen}(x_j)|} \times 100\% \tag{5.21}$$

其中 $RC_{NE}(x_i)$ 和 $RC_{Sen}(x_i)$ 分别是使用数值实验和敏感性分析方法得出的相对贡献。

5.2.3　气候变量,潜在蒸散发,LAI 和蒸散发的变化

图 5.6 和图 5.7 给出了 1982—2016 年期间的气候变量,PET,LAI 和 ET 的动态格局。在 29 个流域中,28 个流域的气温显著升高($p<0.05$),仅有 1 个流域的气温呈现显著下降($p<0.05$)。在过去 35 年中,气温的变化趋势在 -0.016 至 0.16 ℃/yr 之间。风速在 27 个流域中呈现显著的下降趋势($p<0.05$),净辐射仅在 1 个流域呈现显著的下降趋势($p<0.05$),而水汽压在 25 个流域呈现显著的上升趋势($p<0.05$)。从 1982 年到 2016 年,降水量在 28 个流域呈现出增加的趋势,但这些增加趋势均不显著。潜在蒸散发在 23 个流域呈现出增加趋势、在 6 个流域呈现出减少趋势。在大多

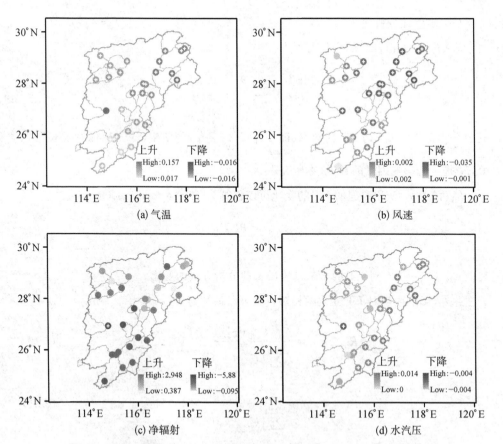

图 5.6　1982—2016 年(a) 气温(℃/yr),(b) 风速[m/(s·yr)],(c) 净辐射
[MJ/(m² · yr)],(d) 水汽压(kPa/yr)的变化趋势分布

注:白色十字标记表示趋势在 $p=0.05$ 时显著。

数的研究流域中,降水量和潜在蒸散发的变化趋势均不显著($p>0.05$)。降水量的变化幅度($-2.72\sim7.40$ mm/yr²)大于潜在蒸散发的变化幅度($-1.90\sim3.87$ mm/yr²)。至于影响因子 LAI,在 29 个流域中均呈现出显著的增加趋势($p<0.05$),其增加速率在每年 $0.008\sim0.015$。在气候变化和 LAI 增加的综合影响下,28 个流域的实际蒸发呈增加趋势,其增加速率在 $0.09\sim5.1$ mm/yr² 之间。

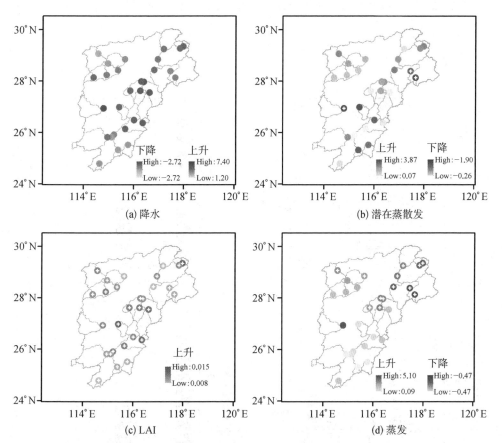

图 5.7 1982—2016 年间(a) 降水量(mm/yr²),(b) 潜在蒸散发(mm/yr²),
(c) LAI(yr⁻¹)和(d)实际蒸散发(mm/yr²)的趋势分布

注:白色十字标记表示趋势在 $p=0.05$ 水平上显著。

5.2.4 气候变化和植被恢复对蒸散发的影响

图 5.8 和图 5.9 分别显示了影响因素的相对贡献和主导因素对 ET 变化的空间格

局。根据数值实验归因方法,气温对 ET 变化的贡献量从－15.7％到 75.5％,并主导了 28 个流域的 ET 变化。水汽压的变化从－33.1％到 49.6％归因于 ET 的变化,并主导了 1 个流域 ET 的变化。风速和净辐射对 ET 变化的贡献分别为－2.8％至 5.4％和－25.4％至 8.3％。f 在大多数选定流域对 ET 的贡献接近 0,这表明在过去 35 年中 f 对 ET 的影响有限。LAI 的增加导致所有 110 个流域的 ET 增加,贡献率从 0.9％到 11.6％。如图 5.8(b)所示,基于敏感性方法的 ET 的属性与基于数值经验的 ET 的属性一致。

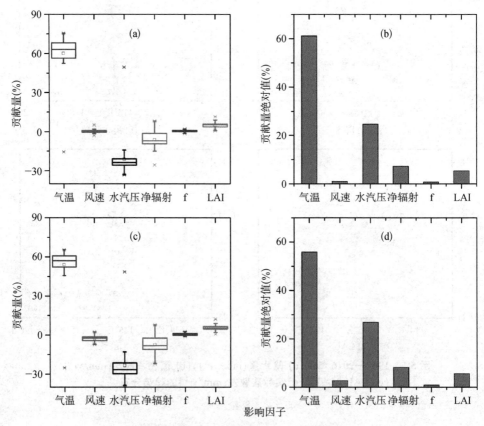

图 5.8　各影响因素对 ET 变化的贡献量

注:(a) 基于数值实验方法的影响因素对 ET 动态的相对贡献。在每个盒子上,中心线是中位数,正方形是平均值,盒子的边缘是 25％和 75％,晶须是最极限值。(b) 基于数值实验的六个影响因素对 ET 动力学的绝对相对贡献。(c) 基于敏感性分析法的各影响因素对 ET 动态的相对贡献。(d) 基于敏感性分析法的各影响因素对 ET 动态的绝对贡献。

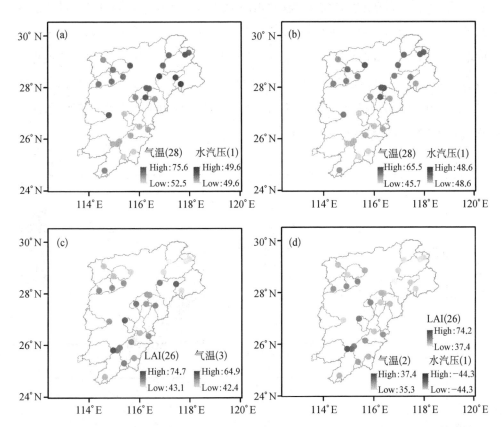

图5.9 1982—2016年期间,主要因素对ET(a和b)和T/ET(c和d)动态的相对贡献(%)
注:(a)和(c)基于数值实验方法,(b)和(d)基于敏感性分析方法。括号中的数字是ET和T/ET的变化由相应因子主导的流域数量。

从110个流域进一步对绝对相对贡献进行平均,以比较这6个因素在ET变化中的作用。使用数值经验方法,气温,风速,水蒸气压力,净辐射,f和LAI对ET变化的影响分别为61.1%,1.0%,24.6%,7.2%,0.7%和5.3%,并且使用敏感性方法的六个因素的影响分别为55.9%,2.7%,26.8%,8.2%,0.9%和5.6%。1982年至2016年期间,气温升高主导了研究区的ET变化。

5.2.5 气候变化和植被恢复对蒸散发组分的影响

鄱阳湖流域作为典型的湿润区,植被蒸腾在蒸散发过程中处于主导地位,因此进一步研究气候变化和植被恢复对植被蒸腾与蒸散发比例(T/ET)的影响。图5.10显示 T/ET 变化主要是由数值实验方法得出的 LAI 的变化引起的,对 T/ET 的增加贡献了 55.7%。敏感性方法对 T/ET 动力学的影响与数值实验方法一致,证实了 LAI 的增加,即植被绿化,控制了鄱阳湖流域的 T/ET 变化,这与植被恢复对 ET 变化的影响不同。气温升高是过去 35 年 T/ET 变化的第二个驱动因素,这两种方法分别导致 T/ET 升高 29.8% 和 26.6%。气温的升高导致空气动力学水传递的加速,从而导致冠层蒸腾作用的增强(Zhang et al.,2017)。

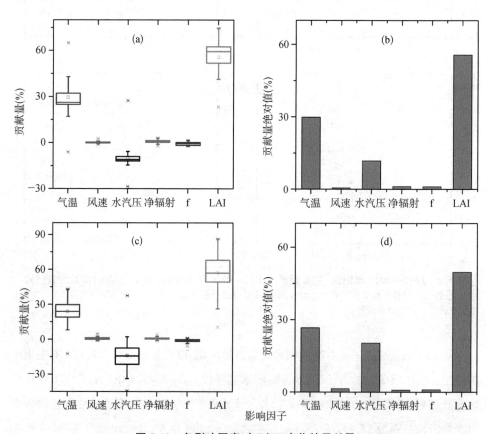

图 5.10　各影响因素对 T/ET 变化的贡献量

注:(a) 基于数值实验法的各影响因素对 T/ET 变化的相对贡献。(b) 基于数值实验法的各影响因素对 T/ET 动力学的绝对贡献。(c) 基于敏感性分析法的各影响因素对 T/ET 变化的相对贡献。(d) 基于敏感性分析法的各影响因素对 T/ET 变化的绝对贡献。

这项研究发现,植被绿化对 ET 变化的影响有限(5.3%~5.6%),但增加了湿润地区蒸腾量对 ET 的比例(49.8%~55.7%),这表明蒸腾作用对 LAI 变化更敏感,而 ET 对湿润地区的气候变化更敏感。基于 Budyko 的假设,由于在潮湿条件下有足够的水供应,ET 通常受到可用能量的限制(Budyko,1974;Fu,1981;Zhang et al.,2001)。由于可利用能量的限制,LAI 的增加导致可利用能量在冠层和土壤之间的重新分配,即冠层蒸腾消耗的能量更多,但土壤蒸发消耗的能量更少,然后导致 ET 组分的改变(Zeng et al.,2016)。

5.3　鄱阳湖流域旱涝急转特征分析

基于鄱阳湖流域五河 7 个主要入湖控制站 1960—2012 年的实测径流资料,通过短周期旱涝急转指数,结合 TFPW-MK 趋势检验法及集合经验模态分解法,分析了鄱阳湖流域旱涝急转事件的时空分布、演变趋势、强度及周期变化等,并探讨了旱涝急转指数的不确定性及旱涝急转事件的成因。

5.3.1　鄱阳湖流域旱涝急转事件发生频率的时空变化特征

鄱阳湖流域五河 7 个径流控制站不同强度旱涝急转事件发生频次的年内分布如图 5.11 所示。由图可知,五河旱涝急转事件在年内分布上具有较好的一致性,旱涝急转主要集中在 3—10 月,其中 3—6 月以"旱转涝"为主,7—10 月以"涝转旱"为主,"旱转涝"事件与"涝转旱"事件的发生频次基本相当;同时,旱涝急转事件均以轻度旱涝急转为主,占总数的 62.3%,其次为中度旱涝急转事件,占总数的 25.6%,而重度旱涝急转事件发生频率较低,主要集中在 6—8 月,且多以"涝转旱"事件为主。另外发现,五河之间旱涝急转事件的发生频次也存在一定的差异,其中信江的旱涝急转事件发生频次最多,修水北支最少;对于重度旱涝急转事件,则更易发生于抚河、信江和饶河流域,而赣江流域很少出现。

另外,不同年代旱涝急转事件在年内分布上存在一定的时空差异。如图 5.12 所示,五河"旱转涝"事件年内分布时段普遍较宽,但在部分年代其发生时段较为集中,如抚河"旱转涝"事件在 1970s 的 5 月,而在 1990s 和 2000s 则集中在 6 月,信江和饶河南支的"旱转涝"事件在 1990s 的 6 月发生频率最高;五河"涝转旱"事件在年内分布则相对集中,除赣江 1960s 的"涝转旱"事件集中分布在 6—7 月外,其余年代的"涝转旱"事件年内分布和抚河、信江及饶河基本一致,主要分布在 7—8 月,修水则在 1960s、1970s 的 7—8 月分布较集中。

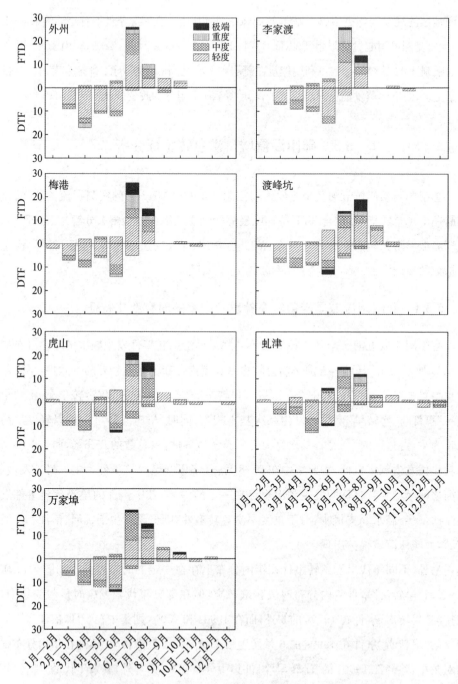

图 5.11　鄱阳湖流域五河 7 站旱涝急转事件发生频次的年内分布

注：FTD 为"涝转旱"事件，DTF 为"旱转涝"事件。

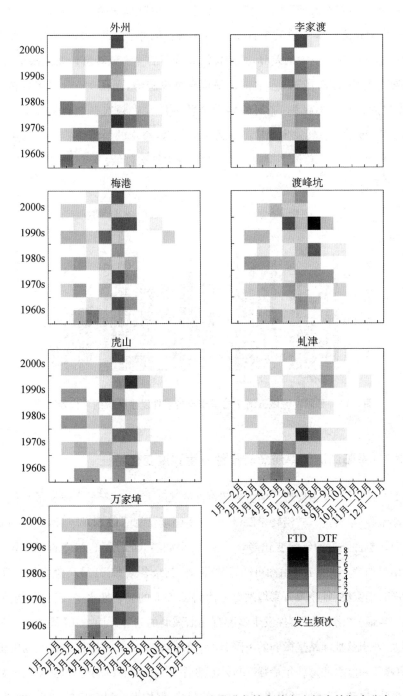

图 5.12　不同年代鄱阳湖流域五河 7 站旱涝急转事件发生频次的年内分布

不同年代鄱阳湖流域五河旱涝急转事件的发生频率如图 5.13 所示。由图可知，2000s 是鄱阳湖流域旱涝急转事件发生频次最少的年代，而 1990s 是相对最多的年代。但五河之间存在较大的差异，其中赣江和抚河的旱涝急转事件发生频次自 1960s 呈逐渐减少趋势，信江在 1990s 之前也呈逐渐减少趋势，而 1990s 旱涝急转事件大幅增加，之后又呈减小趋势，饶河的旱涝急转事件发生频次在 2000s 以前呈增加趋势，但在 2000s 旱涝急转发生频次减少为历史最低，修水的旱涝急转事件发生频次在不同年代间波动较大，总体上 1980s 和 2000s 发生频次较低。

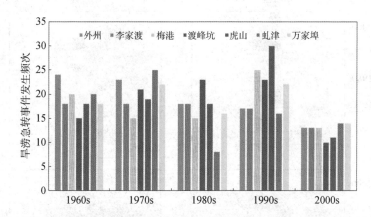

图 5.13　鄱阳湖流域五河 7 站旱涝急转事件发生频次的年代际变化

5.3.2　鄱阳湖流域旱涝急转事件发生强度变化特征

SDFI 的绝对值大小反映了旱涝急转事件的强度大小，其年最大值和最小值序列即代表了年最强"旱转涝"与"涝转旱"事件的发生强度，因此，以 SDFI 年最值序列分析最强旱涝急转事件强度的年际变化趋势特征，结果如图 5.14 所示，相应的 TFPW-MK 趋势检验结果如表 5.5 所示。由图可知，除饶河外，其余各站 SDFI 最小值均呈上升趋势，其中，外州、李家渡、虬津及万家埠站更是达到了 0.05 的显著性水平，表明除饶河外，鄱阳湖流域年最强"涝转旱"事件发生强度有逐渐减弱的趋势。而 SDFI 最大值序列波动程度不大，外州及虬津站呈微弱的下降趋势，渡峰坑、虎山和万家埠站呈微弱的上升趋势，表明赣江和修水北支的年最强"旱转涝"事件发生强度有减弱趋势，而饶河和修水南支的年最强"旱转涝"事件发生强度有增强的趋势，但均未达到 0.05 的显著性水平。

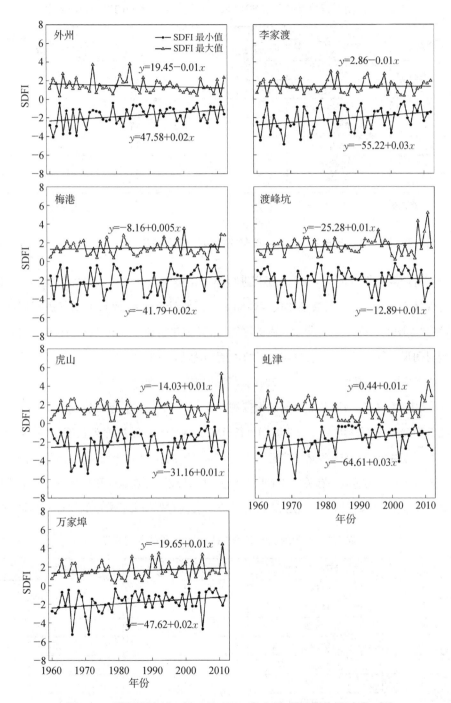

图 5.14　鄱阳湖流域五河 7 站 SDFI 最小值、最大值年际变化对比

表 5.5　鄱阳湖流域五河 7 站 SDFI 最小值与最大值序列的趋势检验结果

序号	径流控制站	TFPW-MK 统计量 SDFI 最小值	TFPW-MK 统计量 SDFI 最大值
1	外州	2.31*	−1.45
2	李家渡	2.28*	−0.07
3	梅港	1.32	0.28
4	渡峰坑	−0.02	0.56
5	虎山	−0.87	0.44
6	虬津	2.43*	−0.48
7	万家埠	2.41*	1.16

注：* 表示达到了 α=0.05 的显著性水平。

5.3.3　鄱阳湖流域旱涝急转事件的周期变化特征

对鄱阳湖流域五河 7 站 SDFI 序列进行集合经验模态分解（EEMD），并通过 0.1 的显著性检验得到了 2 个具有独立代表性的本征函数（IMF1 及 IMF2），对其进行周期分析，结果如图 5.15 和表 5.6 所示。由图可知，IMF 分量各自反映了 SDFI 序列中固有的不同时间尺度的振荡特征，各站 IMF1 的周期均为 1a，反映了 SDFI 序列的高频振荡特征。IMF2 代表了 SDFI 序列中较长时间尺度的周期变化特征，各支流之间也存在较大差异，其中，李家渡、梅港及虎山站的振荡周期在 21～26a，外州、渡峰坑和虬津站的振荡周期都为 35a，而万家埠站的振荡周期最长，IMF2 达 53a，与研究序列长度相同，为伪周期。除万家埠站外，其余各站旱涝急转具有 21～35a 的长周期特征，这可能与长江中下游地区梅雨的长周期振荡有关。EEMD 的趋势项（ST）显示，渡峰坑和虬津站呈先上升后下降趋势，表明渡峰坑和虬津站的 SDFI 在研究时段内有先增大后减小的趋势，但不明显。

表 5.6　鄱阳湖流域五河 7 站 IMF 分量的周期特征

序号	径流控制站	IMF1(a)	IMF2(a)
1	外州	1	35
2	李家渡	1	26
3	梅港	1	21
4	渡峰坑	1	35
5	虎山	1	21
6	虬津	1	35
7	万家埠	1	53

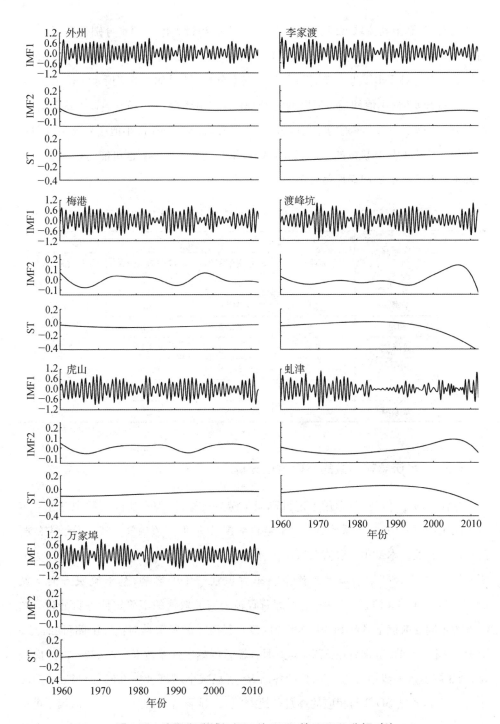

图 5.15　鄱阳湖流域五河 7 站 SDFI 的 EEMD 分解对比

同时,对鄱阳湖流域五河 7 站 SDFI 年最小值和最大值序列也分别进行 EEMD,得到 4 个本征函数,但仅 IMF1 通过了显著性检验,IMF2、IMF3 及 IMF4 均未通过检验。分别对各站 IMF1 进行周期和方差贡献率分析,结果如表 5.7 所示。由表可知,五河 7 站 SDFI 最小值和最大值序列的 IMF1 方差贡献率在 51.6%～79.8%之间,表明 IMF1 反映了 SDFI 序列的绝大部分信息,同时,各站 SDFI 最小值序列与最大值序列在周期变化上具有较好的一致性,均表现为 3a 左右的周期,这可能与长江流域夏季降水具有 2～3a 的周期振荡有关。

表 5.7 鄱阳湖流域五河 7 站 SDFI 最小值、最大值序列 IMF1 的周期特征

序号	径流控制站	SDFI 最小值		SDFI 最大值	
		周期(a)	方差贡献率(%)	周期(a)	方差贡献率(%)
1	外州	2.9	79.83	2.8	70.02
2	李家渡	2.8	74.96	3.3	74.95
3	梅港	2.9	58.76	2.9	61.73
4	渡峰坑	2.7	51.59	3.1	61.27
5	虎山	2.8	60.18	2.8	65.48
6	虬津	3.2	59.11	2.8	62.69
7	万家埠	2.8	62.46	2.9	64.31

5.3.4 旱涝急转指数的不确定性分析

旱涝急转指数已广泛运用于定量辨识旱涝急转事件,但在实际运用中存在一定的不确定性。其中,权重系数 α 是一个经验系数,其取值与流域气候特征及研究的时间尺度等有关。本章中 α 取值 1.5,而已有研究中也有 α 取值 1.8、2.0 及 3.2 等,为分析不同 α 取值对鄱阳湖流域旱涝急转事件识别产生的影响,基于流域五河 7 站 2000—2012 年的实测径流数据,通过逐月径流差对 α 取值的不确定性进行分析。图 5.16 为不同 α 取值下各站 SDFI 与相应的逐月径流差的相关性对比。由图可知,当 α 取值 1.8 和 2.0 时,五河各站 SDFI 与逐月径流差的确定性系数 R^2 在 0.67～0.94 间变化;当 α 取值进一步增大为 3.2 时,则各站 R^2 明显减小,为 0.43～0.63;但当 α 取值减小为 1.5 时,各站 SDFI 与相应的逐月径流差的 R^2 显著增大,为 0.90～0.96;当 α 进一步减小为 1.3 时,各站 R^2 变化存在差异,7 站中仅李家渡、虬津、万家埠站的 R^2 系数

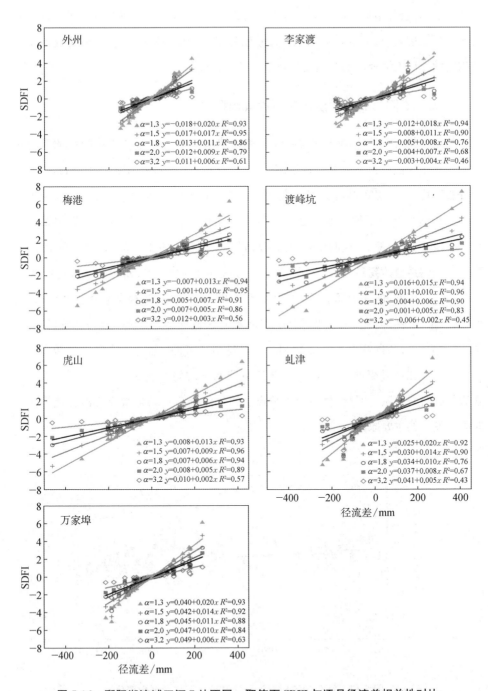

图 5.16 鄱阳湖流域五河 7 站不同 α 取值下 SDFI 与逐月径流差相关性对比

有所增加,其余各站呈不同程度的减小。因此,当 α 取值 1.5 时,鄱阳湖流域五河 7 站的 SDFI 与相应的逐月径流差的确定性系数达最大,其计算得到的 SDFI 更能准确反映鄱阳湖流域五河径流的丰枯变化及旱涝急转状况。

5.3.5 鄱阳湖流域旱涝急转事件成因探讨

气候变化与人类活动是影响流域旱涝急转事件时空分布及变化趋势的重要因素。降水作为流域径流的主要补给源,其年内分布直接影响径流的年内分布,降水年内分布不均匀、极端降水频发,更容易引发旱涝急转事件。图 5.17 为鄱阳湖流域五河 1960—2012 年降水不均匀系数的年际变化。由图可知,五河的降水不均匀系数在 1960s、1990s 普遍偏高,说明该时段内流域降水年内分配极不均匀,如赣江在 1962 年降水不均匀系数达到最大值 1.06,其对应年份发生了 1 次重度"涝转旱"事件和 2 次中度"旱转涝"事件,信江的降水不均匀系数在 1967 年达 1.14,其对应年份也发生 1 次重度"涝转旱"事件,而在 1995 年,信江、饶河和修水流域降水不均匀系数均达到最大值,其对应年份各自发生 1 次、3 次和 2 次旱涝急转事件。而 1990s 旱涝急转事件多发、2000s 旱涝急转事件发生较少,也与流域降水不均匀系数在 2000s 表现为减小存在很好的对应关系。因此,鄱阳湖流域降水的年内分布不均是造成五河径流旱涝急转事件发生的主要原因。

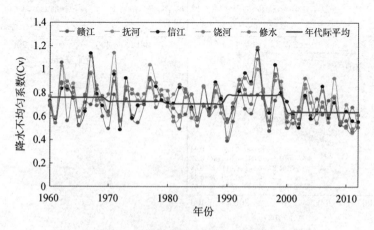

图 5.17 鄱阳湖流域五河子流域降水不均匀系数变化

　　此外,强烈的人类活动,如水库建设、河流调控和大面积植树种草等对鄱阳湖流域旱涝急转事件的发生也具有一定的影响。据统计,鄱阳湖流域大、中型水库数量及总库容随时间变化呈阶梯状增加。截止到 2007 年,鄱阳湖流域已修建各类水库近万座,其中大中型水库 179 座,总库容达 113.6×10^8 m^3。水库"削洪补枯"的调控机制可有效减少洪旱灾害的可能性。同时,水库调蓄能明显影响河流基流,唐国华等(2017)选取鄱阳湖流域 3 座大型水库定量分析水库调蓄对五河入湖基流的作用机制,发现这 3 座水库运行使基流每年平均增加 89 m^3/s。另外,鄱阳湖流域由于过度开发,水土流失严重,在 1983 年,其森林覆盖率为 34.73%,从 1985 年开始全面实施国家水土流失重点治理工程,森林覆盖率在 2010 年达到 63.1%。鄱阳湖流域森林覆盖率增加可减少地表径流并延长汇流时间、坦化地表径流过程、增加河流基流,使枯水期径流系数增大,年径流过程平坦化。鄱阳湖流域水利工程调蓄和植被改善等能增加河道基流,使河道径流过程平坦化,对旱涝急转等洪旱灾害的发生具有缓解作用。由此可见,强烈的人类活动在一定程度上减少了鄱阳湖流域旱涝急转事件的发生。

5.4　鄱阳湖湖区地下水动态变化模拟

5.4.1　背景

　　鄱阳湖是长江中下游典型的浅水型湖泊和国际重要湿地,受流域来水及长江洪水的双重影响,年内年际水位变幅较大,在这种独特的水文节律下形成近 3 000 km^2 干湿交替的洲滩湿地。近年来,随着气候变化和水利工程等人为因素的影响,洪水和干旱极端水文事件频发,湖水位的波动影响着地下水位以及淹水时间的提前和推迟。目前已有学者针对鄱阳湖地下水开展了一定的工作,主要集中在地下水与湖水的相互作用(李云良 等,2016;李云良 等,2017),环鄱阳湖浅层地下水水化学特征及影响因素(胡春华 等,2011;胡春华 等,2013)以及典型洲滩湿地地下水位、土壤水与植被分布的互馈关系方面(许秀丽 等,2014;许秀丽 等,2018)。这些研究对认识鄱阳湖湿地地下水的变化规律奠定了基础。然而,针对鄱阳湖湖区地下水分布特征的研究比较缺乏。地下水数值模型可定量揭示地下水动态变化过程(朱君妍 等,2019),精细刻画地下水流场分布与动态变化。总的来说,通过数值模型研究地下水动态变化及埋深规律能够更好地反映实际水文地质条件,对于地下水预测和水资源的可持续利用至关重要。

　　地下水数值模拟是定量研究地下水动态变化和评价地下水资源量的重要手段[7],MODFLOW是由美国地质调查局(USGS)开发的国内外都比较认可的用来模拟地下水流和污染物迁移等特性的计算机程序。鄱阳湖湖区作为环湖区重要的水文缓冲带,其地下水动态变化及分布对鄱阳湖至关重要。因此本章以鄱阳湖湖区为研究对象,利用MODFLOW建立地下水流数值模型,首先建立地下水稳定流模型,揭示研究区地下水流场与埋深分布规律;通过地下水非稳定流模型来分析研究区典型丰枯水年地下水位动态变化,揭示不同时间尺度下地下水与湖泊之间的水量交换;最后量化分析洪泛区地下水对湖泊蓄水量变化的影响,为湿地的保护和恢复以及区域的水资源管理提供更为科学的依据。

5.4.2　研究区概况

　　鄱阳湖位于长江中下游南岸,是我国最大的天然吞吐型、季节性淡水湖泊(图3.13),其汇纳赣江、抚河、信江、饶河、修水五大河来水,最终经湖盆调蓄后由湖口注入长江。鄱阳湖丰、枯水期水位差可达 15 m,湖水面积在 1 000~3 000 km² 之间变化,呈现"洪水一片,枯水一线"的独特洪泛特征(Feng et al., 2012)。鄱阳湖流域主要由赣江、抚河、信江、饶河、修水五大子流域和湖区平原区构成,集水域面积 16.2×10⁴ km²,约占长江流域总面积的9%。研究区指流域五河七口水文观测站点(赣江外州站、抚河李家渡站、信江梅港站、修河虬津站、饶河渡峰坑站、万家埠站、虎山站)以下的集水域,具有独立于上游五河七口水文站且无法观测的特点,总面积为24 023.6 km²,约占鄱阳流域总面积的15%(图3.13)。研究区陆地范围随鄱阳湖丰枯季节变化而变化,丰水期陆地面积占五河七口以下流域总面积的75%,而枯水期陆地面积占五河七口以下流域总面积的95%。研究区兼有山地、丘陵、平原、盆地等不同地貌类型,地势整体上呈南高北低的趋势,其中平原占94.7%,丘陵占4.8%,山地占0.5%。地带性土壤分为红壤(39.9%)、水稻土(39.6%)、潮土(17.1%)、黄壤(1.9%)及其他类型土壤(1.5%)。土地利用类型以耕地为主(44.6%),其次是林地(29.9%),水体(17.0%),居民用地(4.9%)和草地(3.6%)(图5.18)。鄱阳湖流域地属亚热带湿润季风气候,年平均气温约17~19℃,降水丰富,年平均降雨量约1 500~2 000 mm。

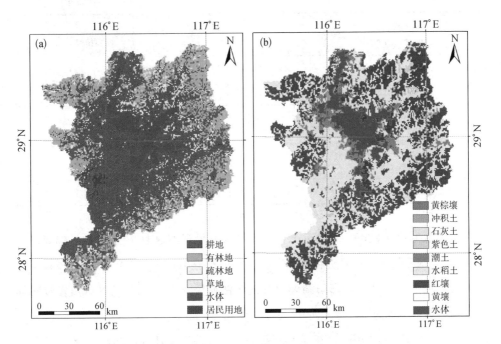

图 5.18　a）研究区土地利用类型与 b）土壤类型空间分布

5.4.3　野外观测与数据获取

湖水位的观测数据（康山、棠荫、都昌和星子水文站）来源于江西省水文局和长江水利委员会。鄱阳湖湿地地势整体由上游丘陵地区向下游湖区倾斜，依据鄱阳湖湿地高程变化，选择上游南矶、康山及下游沙湖、蚌湖洲滩湿地布置 8 个地下水观测井（表 5.8）。于 2014—2018 年连续观测地下水位变化，采用加拿大生产的 Solinst Levelogger 水位仪自动观测，并设定每隔 1 小时自动采集一个地下水位数据。

表 5.8　鄱阳湖典型洲滩湿地地下水观测井布置

观测井点 Observation wells	位置 Location	井深 Depth of wells(m)
沙湖 1# SH 1#	29.17°N、115.95°E	11
沙湖 2# SH 2#	29.18°N、115.94°E	10

观测井点 Observation wells	位置 Location	井深 Depth of wells(m)
蚌湖 1# BH 1#	29.21° N、116.01° E	14
蚌湖 2# BH 2#	29.19° N、115.95° E	11
蚌湖 3# BH 3#	29.19° N、115.95° E	3
南矶 NJ	28.93° N、116.34° E	14
康山 1# KS 1#	28.92° N、116.51° E	13
康山 2# KS 2#	28.92° N、116.47° E	13

气象数据包括 2009—2018 年日降水量和蒸发量观测数据,降水量数据选取研究区内 10 个国家气象站逐日资料。蒸发量数据来源于 3 个国家气象站逐日资料,星子站蒸发数据由中国科学院鄱阳湖湖泊湿地观测研究站 20 cm 口径器皿蒸发资料提供。所有数据均通过 95% 置信度均一性检验。

研究区 DEM 数据由 1∶25 万地形等高线图插值生成,网格大小为 1 km×1 km,湖区 DEM 来源于江西省水文局,分辨率为 5 m。将湖区 5 m DEM 数据重采样为 1 km DEM,并根据 ArcGIS 软件进行栅格计算替换研究区的 1 km DEM 数据,结合生成的 1 km DEM 作为模型输入的下垫面数据。

5.4.4 模型构建

5.4.4.1 水文地质概念模型

水文地质概念模型是对研究区水文地质条件的合理概化,概念模型包括研究区含水层结构、边界条件和地下水源汇项三个方面的内容。

研究区内地下水埋深较浅,含水层主要为第四系松散层孔隙水,潜水含水层间无稳定隔水层,且水力联系紧密,因此模型可概化为均质各向同性潜水含水层。根据近湖区地下水观测井建设资料,含水层岩性主要以细砂、中砂为主,一般厚度为 7～16 m,导水性良好,渗透系数可达 2～300 m/d(兰盈盈 等,2015)。研究区地貌形态包括山地、丘岗、平原和河谷等,五河下游地区在河流的侵蚀、搬运、堆积作用下,形成冲积平原,地势平缓,一般高程为 13～20 m(兰盈盈 等,2015)。

　　研究区边界与鄱阳湖主湖区距离较远,能有效降低模型边界效应所带来的影响。为降低模型边界不确定所带来的影响,本研究将模型侧边界概化为隔水边界,即第二类零流量边界。鄱阳湖在丰枯水变化过程中始终存在永久水体,因此,地下水稳定流模型中根据湖区地形高程提取枯水期永久水体边界,按照湖水位由上游到下游降低的趋势,将水体分为 8 段并依据上下游水位依次给定相应的水头值。地下水非稳定流模型中依据逐月 MODIS 影像来表示鄱阳湖水面边界的变化,因此鄱阳湖水体可设置为第一类定水头边界。模型区域上边界为地面,地面高程采用 ArcGIS 软件将研究区与湖区分辨率分别为 1 km 和 5 m 地形重采样后结合生成,使研究区的地面高程更加准确可靠,概化为垂向渗透边界,接受大气降水入渗及地表水体的补给,以潜水蒸发的形式排泄。底部边界与第四系含水层水力联系较弱,可概化为隔水边界。

　　模型中的源汇项是指单位时间内垂向上的流入(补给)或流出(排泄)的水量(秦欢欢 等,2018)。研究区内地下水补给主要来源于大气降水入渗补给。大气降水入渗补给采用入渗系数法估算,应用 ArcGIS 软件对研究区内 10 个国家气象站多年平均降雨进行插值计算,将结果置入相应的单元格中,根据对研究区的水文地质条件分析可知,降水入渗系数取值范围 0.06~0.1(兰盈盈 等,2015),并在模型率定中进行调试。排泄项主要以潜水蒸发与枯水期地下水向湖泊排泄为主。模型将研究区 4 个蒸发站点多年实测蒸发量置入相应的单元格。

5.4.4.2　地下水流数学模型

　　采用 MODFLOW2000(陈耀登 等,2007)建立三维非稳定流模型,通过对研究区水文地质条件的分析,将研究区浅层地下水概化为服从渗流的连续性方程和达西定律的浅层地下水三维非稳定平面流运动模型,数学模型描述如下:

$$
\begin{cases}
\dfrac{\partial}{\partial x}\left(K_{xx}\dfrac{\partial H}{\partial x}\right)+\dfrac{\partial}{\partial y}\left(K_{yy}\dfrac{\partial H}{\partial y}\right)+\dfrac{\partial}{\partial z}\left(K_{zz}\dfrac{\partial H}{\partial z}\right)+W=S_s\dfrac{\partial H}{\partial t} & (x,y,z)\in\Omega,t\geqslant0 \\[2mm]
h(x,y,z,t)\Big|_{t=0}=H_0(x,y,z) & (x,y,z)\in\Omega,t\geqslant0 \\[2mm]
h(x,y,z,t)\Big|_{S_1}=H_1(x,y,z,t) & (x,y,z)\in S_1,t>0 \\[2mm]
K\dfrac{\partial H}{\partial n}\Big|_{S_2}=q(x,y,z,t) & (x,y,z)\in S_2,t>0
\end{cases}
$$

$$(5.22)$$

131

式中:Ω 为整个研究区域;K_{xx}、K_{yy}、K_{zz} 分别为 x、y、z 方向渗透系数(m/d);W 为流入汇或源项的水量;S_s 为储水系数;t 为时间变量(d);$h(x,y,z)$ 为地下水待求水位(m);$H_0(x,y,z)$ 为含水层的初始水位(m);$H_1(x,y,z)$ 为第一类边界水位值(m);K 为渗透系数;n 为边界面的法线方向;$q(x,y,t)$ 为第二类边界的单宽流量(m^3/d);S_1 和 S_2 为第一类定水头边界和第二类零流量边界。

5.4.4.3 模型的识别与验证

在概念模型的基础上,将包含研究区在内的矩形区域在水平方向上剖分成 190 列×233 行网格单元,每个单元格代表 1 km×1 km 的区域,去除研究区外的无效单元,有效单元共计 24 020 个。依据研究区 2014—2018 年的地下水位连续观测数据分析,其中 2016 年观测资料较全,且枯水期 12 月地下水埋深较大,年际变化较稳定。因此,选择 2016 年 12 月枯水期建立稳定流数值模型,对模型进行率定和验证。降雨和蒸发数据采用泰森多边形法将研究区内的降水量和蒸发量输入模型,模拟分析不同水文年地下水动态变化规律。均以每天(1 d)为一个应力期,每个应力期离散为 1 个时间步长。

在稳定流基础上建立非稳定流地下水模型,将 2016 年作为模型的识别和验证阶段,选择 2010 年、2011 年分别作为典型丰、枯水年模拟地下水动态变化规律及其与湖泊水量交换特征。从湖泊入湖和出湖的年径流量看,2010 年入湖径流量约为 1 741 亿 m^3,出湖径流量约为 2 217 亿 m^3,对应的频率分别为 10.8%、6.3%,根据河川径流划分标准,2010 年水情属于特丰水年;2011 年入湖径流量和出湖径流量分别为 730 亿 m^3、969 亿 m^3,对应的频率分别为 96.9%、90.6%,属于特枯水年。从湖泊水位来看,2010 年均水位约为 14.4 m,2011 年均水位约为 11.8 m,两者对应的频率分别为 23.9%、98.5%,按河川径流划分标准,2010 年属于偏丰水年,2011 年属于特枯水年(表 5.9)。可见,根据河川径流量与湖泊水位划分丰枯水年的结果基本一致,但略有差异,表现为 2010 年的入湖、出湖流量为特丰水年水平,但湖水位偏低,可能是春夏季入湖流量较大,但秋冬季出湖流量较大导致湖泊水位持续降低。

表 5.9　典型水文年径流和水位特征

	入湖径流 （×10⁸ m³）	频率 （%）	出湖径流 （×10⁸ m³）	频率 （%）	湖泊水位 （m）	频率 （%）
2010 年	1 741	10.8	2 217	6.3	14.4	23.9
2011 年	730	96.9	969	90.6	11.8	98.5

　　图 5.19 绘制了 2010 年、2011 年和多年平均的湖泊水位过程。2010 年 1—6 月湖泊水位呈现阶段性上涨，水位比多年均值更高，尤其是 7 月的湖泊水位高于 17 m，持续时间较长，9—10 月湖泊水位依旧比多年均值更高。2011 年 1—5 月湖泊水位比多年平均值偏低，6—7 月水位低于 18 m，且 8—12 月湖泊水位也比多年平均值偏低，最大差值约 6 m。因此，结合湖泊入湖、出湖年径流量，湖泊年均水位以及水位过程，2010 年作为典型的丰水年、2011 年作为典型的枯水年是符合湖泊水文情势客观规律和已有研究共识的。

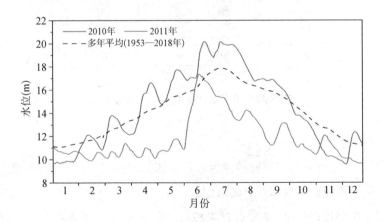

图 5.19　典型丰水年（2010）和枯水年（2011）水位过程

（1）稳定流地下水模型

　　将模型的水文地质参数、边界条件和源汇项输入 MODFLOW，采用试错法进行参数率定，使地下水位模拟结果与观测井实测水位拟合程度达到最好（陈耀登 等，2007）。模型率定后的渗透系数为 175 m/d，与美国农业部给出的相应土质参数参考范围基本一致（邵明安 等，2006）。降雨入渗系数为 0.08。研究区属于地势平坦的冲积平原区,地下水动态年内变化主要受源汇项的影响,渗透系数对其影响并不显著。分别选取沙湖、蚌湖、南矶和康山洲滩的代表性观测井,其地下水位的模拟值与实测值对比结果如图 5.20,沙湖、蚌湖、修水、南矶、康山洲滩观测井模拟值与实测值决定系数 R^2 为 0.62,标准误差 SD 为 1.39 m,均方根误差 RMSE 为 1.19 m,地下水观测点模拟计算的水位与实际观测的趋势较一致,模型能够准确可靠地模拟地下水位,可以用来预测未来水位的变化情况。

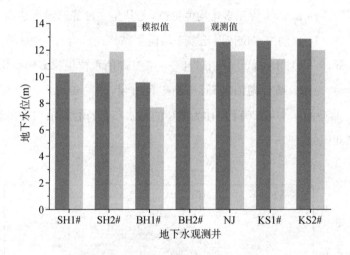

图 5.20 地下水位模拟值与观测值比较

(2) 非稳定流地下水模型

选择 2016 年地下水实测资料作为非稳定流数值模型识别数据,非稳定流模型的初始流场采用稳定流模拟计算的水位值。在模型的校准阶段,同样采用"试错法"对非稳定流模型进行校准,主要通过对模型中的给水度和储水系数进行适当的调整,观测井的实测水位和计算水位拟合程度不断提高,从而使建立的模型能够更为准确地反映研究区的水文地质条件。模型率定后的给水度为 0.12。典型观测井的地下水模拟水位和观测水位拟合对比曲线见图 5.21,总体上模拟地下水水位反映了观测水位的变化趋势。对比分析可知,拟合误差均小于 1 m,R^2 均大于 0.88,E_{ns} 均大于 0.95。总体上看,各观测井过程曲线模拟效果良好,能反映出研究区地下水的变化趋势。

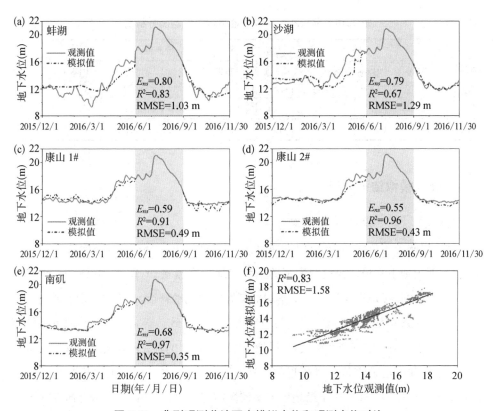

图 5.21　典型观测井地下水模拟水位和观测水位对比

（3）地下水均衡分析

地下水系统的均衡要素是指其补给项和排泄项,他们之间的均衡性决定了地下水系统可持续发展的状况,如果系统的补给量小于排泄量,即出现负的均衡,就会导致地下水储存量的减少和水位的下降;反之若出现正均衡,则说明系统的补给量大于排泄量,地下水含水层的储存量就会增加,地下水位相应的升高。

表 5.10 是研究区典型水文年的水均衡统计,结果显示,丰水年(2010 年)和枯水年(2011 年),研究区内地下水年平均补给量约为 $41.7×10^8 \text{ m}^3$、$29.5×10^8 \text{ m}^3$,年平均排泄量约为 $41.4×10^8 \text{ m}^3$、$29.2×10^8 \text{ m}^3$,收支相当,水位保持一定的稳定性。在模型的各补给项中,降水入渗补给是最大的补给来源,丰水年(2010 年)大气降水入渗约占总补给量的 91.6%,枯水年(2011 年)为 86.3%。地下水的主要排泄项为潜水蒸发,丰水年(2010 年)和枯水年(2011 年)分别占排泄量的 80.9%,89.4%。

表 5.10　鄱阳湖湖区浅层地下水水量均衡分析表

时间	补给项				排泄项				补排差 (×10⁸ m³)
	降水 (×10⁸ m³/a)	比例 (%)	湖泊流入 (×10⁸ m³/a)	比例 (%)	蒸发 (×10⁸ m³/a)	比例 (%)	湖泊流出 (×10⁸ m³/a)	比例 (%)	
2010	38.2	91.6	3.5	8.4	33.5	80.9	7.9	19.1	0.3
2011	25.5	86.3	4.0	13.7	26.1	89.4	3.1	10.6	0.3

5.4.5　模拟结果分析

5.4.5.1　地下水流场及埋深分布

地下水水位等值线图能够直观地反映区域尺度地下水分布及地下水流运动的一般情况,湿地地下水稳定流模型模拟的枯水期地下水流场如(图 5.22a)所示,研究区地下水由周边丘陵地区向地势相对平坦的湖区方向流动补给,地下水位由上游向下游地区呈减小趋势,表明该地区潜水面与地形高程变化一致。研究区上下游地下水位等值线稀疏,中游地下水等值线密集,表明地下水与湖水之间存在明显的水力梯度。研究区上下游之间的地下水位相对高程差可达 6 m,中下游之间地下水位相对高程差为 3 m,表明该地区地下水在上下游地区流动较慢,而在中游流动较快。结合研究区地形高程不难发现(图 3.13b),地下水位及流速大小的空间分布主要与地形起伏密切相关,这与已有研究认为地下水流动规律主要受地形控制结果一致(Liu et al.,2007)。

根据研究区地形高程与模拟的地下水位,应用 ArcGIS、Surfer 软件计算插值生成枯水期鄱阳湖最大淹没区域的地下水埋深分布(图 5.22b)。湖区地形为四周高中心低,地下水埋深空间分布与湖区地形变化基本一致,湖区地下水埋深变幅 0～10 m,平均地下水埋深为 2.07 m,最大地下水埋深出现在湖区的四周,尤其是西部和南部区域。整体来看,沿着洲滩湿地断面高程存在明显的地下水埋深梯度,由远湖区至近湖区,地下水埋深不断减小。

5.4.5.2　地下水位时空变化特征

典型丰枯水年地下水位分布范围分别为 2～58 m 和 2～46 m(图 5.23)。研究区西部、东部和南部边界的丘陵地区地下水位较高,地下水位总体上与地形变化方向一致。地下水向湖泊方向运动,邻近湖泊的地下水位不超过 25 m。此外,研究区东部的地下水位下降速度较西部快,这可能由于东部的地形较西部区域高。沿着河流方向,地下水位等值线呈凹形,表明地下水以基流形式向河流补给。不同时期(枯、涨、丰、退水期)湖泊周边区域地下水位等值线差异显著,表明地下水与湖水之间存在明显的水力梯度。

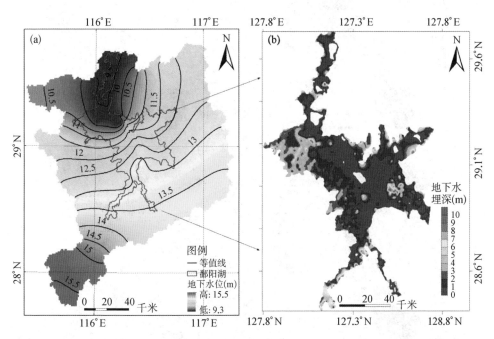

图 5.22　(a) 模型区域地下水水位等值线;(b) 鄱阳湖最大淹没区域地下水埋深空间分布

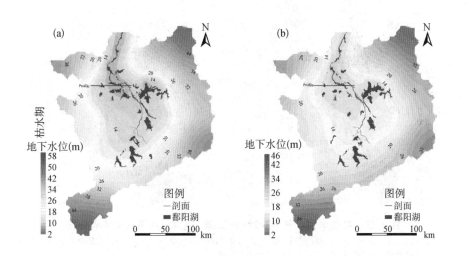

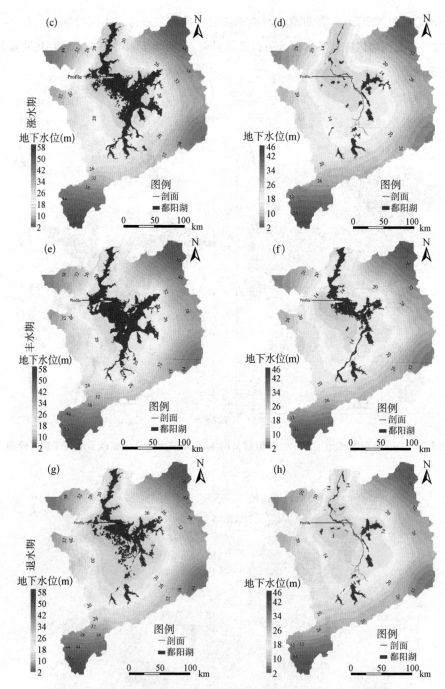

图 5.23 典型丰枯水年不同时期（涨、丰、退、枯）地下水位空间分布

注：a) 17/1/2010, b) 17/1/2011；c) 15/4/2010, d) 19/5/2011；e) 12/6/2010, f) 12/6/2011；g) 16/10/2010，h) 16/10/2011。红线表示剖面位置。

　　不同时期（涨、丰、退、枯水期）地下水位空间剖面图反映了湖泊与邻近含水层地下水之间的水力梯度特征（图 5.24）。地下水与湖泊水力梯度在邻近湖泊的区域最大。枯水期湖水位分别为 9.86 m、10.52 m，湖水位与地下水位存在正向水力梯度，即地下水向湖泊排泄。涨水期湖水位上升速率较地下水位快，地下水与湖泊呈现负水力梯度关系，表明湖泊补给地下水。丰水年的丰水期地下水与湖水位水力梯度为正向，由于湖水位超过 19 m 时，地下水位在砂质沉积物中升高，并向湖泊方向下降，导致这一时期周边地下水仍然高于湖水位。但枯水年湖水位上涨至 15.44 m 时，导致湖泊周边地下水低于湖水位，形成负向水力梯度，湖泊向地下水排泄。退水期湖水位下降至与涨水期相同的水位时，地下水与湖泊之间的水力梯度为正向，即地下水补给湖泊，与涨水期相反。

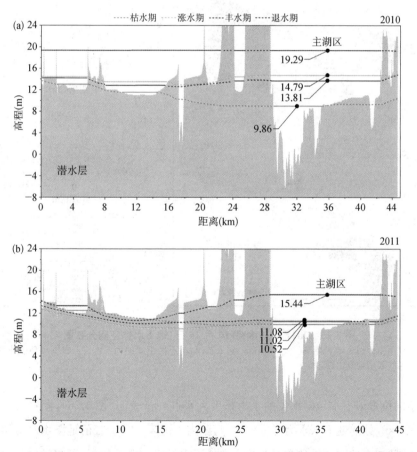

图 5.24　典型丰水年（2010）和枯水年（2011）枯、涨、丰、退时期地下水位与湖水位空间分布
注：实线表示湖泊水面，虚线表示地下水位。

图 5.25 表明湖泊与洪泛区地下水之间水量交换方向存在空间异质性特征。枯水年退水期地下水与湖水在湖泊上游、中游和下游分别存在不同方向的水量交换。即湖泊下游区域(剖面 AA′),主湖区湖水位最低,洪泛区地下水由周边地形较高的区域向湖泊排泄。湖泊中游区域(剖面 BB′),主湖区湖水位适中,洪泛区地下水由一侧向湖泊排泄,而另一侧由湖泊向地下水补给。湖泊上游区域(剖面 CC′),主湖区湖水位最高,湖泊分别向两侧的地下水含水层补给。湖泊上下游之间水位差异显著,湖泊与地下水之间交换通量方向的差异表明,两者之间的水力梯度是决定洪泛区地下水补给和排泄方向的主要因素。

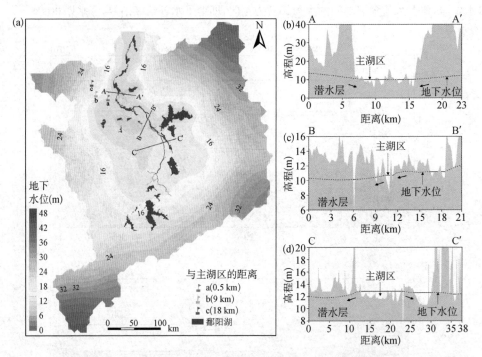

图 5.25 2011 年退水期(10 月 16 日)地下水位空间分布图

注:剖面图分别表示下游(AA′)、中游(BB′)和上游(CC′)不同空间的地下水位。右图黑色虚线表示地下水位,实线表示地表水位。

不同位置地下水与湖水位的水力梯度大小进一步表明(图 5.26),湖水与距离主湖区 0.5 km 处的地下水水力梯度较大,与距离主湖区 18 km 处的地下水水力梯度相对较小,即湖水位波动导致湖水与近岸点地下水的水力联系较强,而与远岸点地下水的水力联系较弱。另外,地下水位峰值出现时间较湖水位峰值晚 1 个月。由于湖水位变化较快,而地下水位变化较慢,涨水期湖水位与地下水位呈负向水力梯度(湖水补给地下水),退水期则相反。因此,当湖水位上升或下降至相同水位时,相较于涨水期,地下水位在退水期较高,地下水位与湖水位呈逆时针迟滞关系(图5.26)。

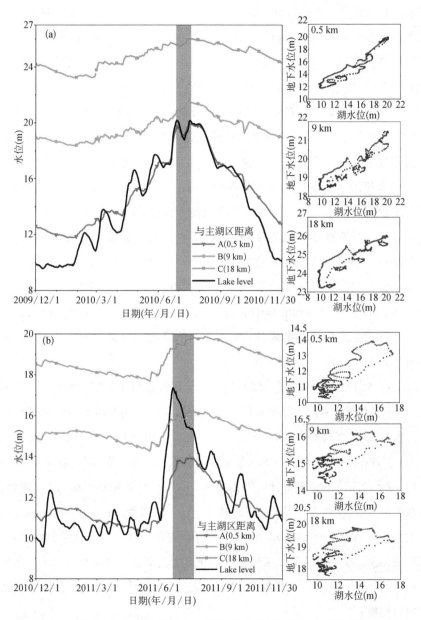

图5.26　典型丰水年(2010)和枯水年(2011)地下水位与湖水位时间变化序列

注:右图中颜色代表湖泊水文阶段;湖水位上升至最大值(红色)和湖水位下降至最小值(蓝色)。

5.4.5.3   地下水与湖泊水量交换

降雨、湖泊水位、地下水—湖泊交换通量的年内变化趋势表明湖泊与洪泛区含水层地下水之间存在双向交换规律(图 5.27)。两者之间的相互作用强度和方向在日尺度上具有瞬时可变的特征。在非汛期(9—次年 5 月),丰枯水年地下水向湖泊的最大排泄率分别为 0.20 mm/d 和 0.16 mm/d,而汛期(6—8 月)湖泊对地下水的最大补给率分别为 0.37 mm/d 和 0.24 mm/d。其中,丰水年 5 月和枯水年 3 月,湖泊与地下水之间相互作用基本平衡。退水期和枯水期(9—次年 2 月),地下水位继续下降并向湖泊排泄。随着涨水期湖水位升高(3—5 月),洪泛平原上降雨入渗增加,湖泊开始补给地下水。丰水期由于降雨的增加导致湖泊补给地下水量增加,其速度超过了由地下水和湖泊水位差控制的地下水排水量,导致地下水位开始上升。丰枯水年的丰水期日湖泊入渗率分别高达 0.37 mm 和 0.24 mm。然而,在枯水年的丰水期(7—8 月),当湖水位下降到地下水位以下时,出现地下水向湖泊排泄。就丰水年净交换通量的幅度而言,地下水渗漏率比湖泊入渗率高 2.2 倍,且丰水年湖泊入渗补给地下水的量是枯水年的 1.3 倍。因此,在不同水文年洪泛区地下水系统补排比例差异显著。模拟结果表明,年尺度上,丰枯水年湖泊对地下水的补给量分别为 14.6 mm 和 16.8 mm,地下水向湖泊的排泄量分别为 32.8 mm 和 13.0 mm。当丰枯水年结束时,2010 年湖泊净增加通量为 18.2 mm,2011 年湖泊净排出约 3.8 mm。

地下水与湖泊的交换通量与降雨量之间呈现较强的相关性。年内降水主要集中在 3—6 月,3 月湖水对地下水的补给量开始增加,丰枯水年湖水对地下水补给量最大值均出现在 6 月。降雨、湖水位与地下水—湖水交换通量变化动态响应过程一致。其中,3—7 月在降雨的影响下,湖水位上升时湖泊补给地下水(RWLG,图中蓝色阴影部分)与湖水位下降时地下水排向湖泊(FWGL,图中红色阴影部分)之间频繁转换。丰枯水年的 RWLG 表现为不同的量级和频率。该阶段受降雨影响,丰枯水年峰值范围分别为 0.37 mm 和 0.24 mm。但丰水年降雨峰值出现较湖水入渗地下水峰值早,枯水年则相反。这是由于枯水年湖水位上升速度较快会导致湖水入渗地下水峰值时间提前。在 3—7 月期间,RWLG 与 FWGL 之间的转换导致了湖水与地下水之间交换方向的转换。

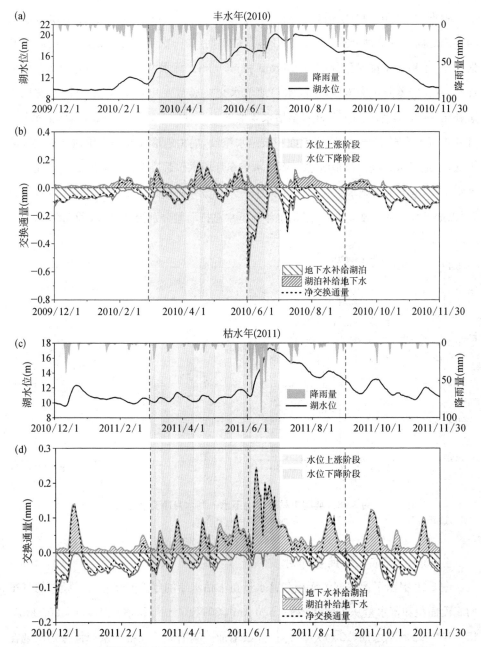

图 5.27　典型丰枯水年降雨、湖水位、地下水—湖水交换通量时间变化序列

注：(a, c)典型丰枯水年星子、都昌、康山、棠荫站平均湖水位和降雨变化，(b, d)2009 年 12 月 1 日至 2011 年 11 月 30 日模拟的地下水—湖水交换通量即湖泊补给量、地下水排泄量和净交换通量(湖泊补给为正值，地下水排泄为负值)。蓝色阴影表示水位上涨期湖泊补给地下水(RWLG)；红色阴影表示水位下降期地下水向湖泊排泄(FWGL)。灰色虚线分别表示枯水期(12—次年 2 月)、涨水期(3—5 月)、丰水期(6—8 月)和退水期(9—11 月)。下同。

根据湖水位的四个阶段（枯、涨、丰、退水期）描述不同时期洪泛区地下水含水层与湖泊之间的季节性交换规律（图5.28）。枯水期（12—次年2月）以地下水向湖泊排泄为主，丰枯水年排泄量分别为4.6 mm和4.5 mm。涨水期（3—5月），降雨量开始增加，湖水位随着降雨频繁波动，湖水与地下水交换通量变化较快，主要以湖水向地下水补给为主。丰水期（6—8月），丰枯水年地下水与湖泊交换方向差异显著，丰水年7月湖水位上升至21 m，洪泛区大面积被湖水淹没，周边地形较高的区域地下水位逐渐上涨，以地下水向湖泊排泄为主。而枯水年6月湖水位最高为17 m，洪泛区未完全被湖水淹没，地下水与湖水之间形成负水力梯度，以湖水补给地下水为主。退水期（9—11月）以地下水向湖泊排泄为主，丰枯水年地下水总排泄量分别为7.6 mm和5.8 mm。

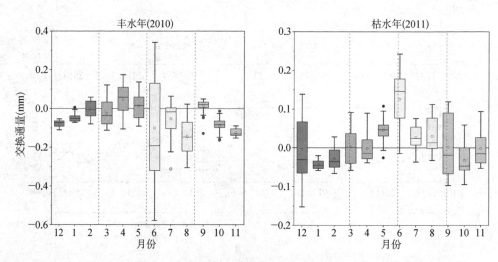

图5.28　典型丰枯水年地下水—湖水月净交换通量
注：正值表示湖泊补给地下水，负值表示地下水向湖泊排泄。

5.4.5.4　地下水的调蓄作用

图5.29揭示了鄱阳湖的面积和蓄水量在丰枯水年的年内变化趋势。湖泊的日平均淹没面积和蓄水量从丰水年（约1 500 km²，20×10⁸ m³）和枯水年（约1 200 km²，15×10⁸ m³）的枯水期（12—次年2月）开始增加。湖泊面积和蓄水量峰值分别出现在2010年7月（约3 200 km²，166×10⁸ m³）和2011年6月（约2 000 km²，90×10⁸ m³），随后开始减小至2010年（约2 000 km²，25×10⁸ m³）和2011年（约1 000 km²，10×10⁸ m³）10月。图5.29进一步量化了洪泛区地下水含水层对湖泊蓄水量变化的季节

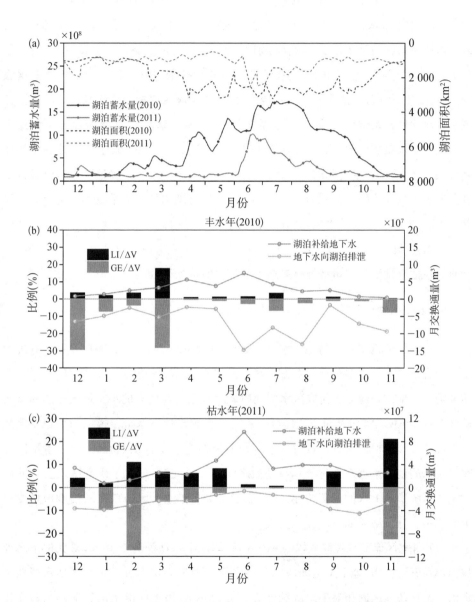

**图 5.29　典型丰枯水年鄱阳湖水面积、蓄水量动态变化及
地下水—湖泊交换通量占湖泊蓄水量变化的比例**

注：(a) 湖泊面积及蓄水量日变化趋势；(b,c) 地下水出流与湖泊入流与湖泊蓄水量变化的比例以及鄱阳湖洪泛区地下水—湖泊月交换通量变化。

性贡献。丰枯水年 12—次年 2 月地下水月平均排泄量占湖泊蓄水量变化的 13.3%、13.7%，其中地下水排泄比例最大值分别出现在 12 月和 1 月。丰枯水年 1 月和 2 月地下水排泄占湖泊蓄水量变化比例分别为 10%、27% 和 7%、4%。丰水年 3 月降雨量增加，地下水与湖水相互作用增强，两者之间的交换量与湖泊蓄水量变化比例增大（28.2%）。4—10 月湖泊蓄水量变化增大，地下水与湖水交换量占比减小，而 11 月地下水排泄比例开始增大，占湖泊蓄水量变化的 7.7%。枯水年 3—8 月湖水补给地下水占湖泊蓄水量变化的 4.4%，而地下水补给量占比 2.8%。9—11 月地下水排泄量比例增大，占湖泊蓄水量变化的 11.3%。在年尺度上，丰枯水年平均地下水排泄量分别占湖泊蓄水量变化的 0.3% 和 0.4%，可见，地下水对湖泊的贡献量在年尺度上并不显著。然而，在枯水年的枯水期（2 月），地下水排泄量占湖泊蓄水量变化的比例高达 30%。因此，在计算季节性尺度上的湖泊水量平衡时应考虑洪泛区地下水的贡献，已有研究在估算湖泊月水量平衡时忽略了地下水的贡献量，可能会产生一定的误差。

5.4.6　小结

地下水数值模型在进行地下水动态研究、地下水资源评价、预测以及科学管理中是一种有效的工具。本节通过对鄱阳湖平原区的地质、环境、水文地质资料分析，并结合野外实地调查建立了研究区水文地质概念模型。在建立的水文地质概念模型的基础上利用 MODFLOW 对研究区分别建立了稳定流地下水数值模拟与非稳定流地下水数值模拟。根据实测资料对地下水数值模型进行了校正和验证，评估了不同时间尺度下的地下水动态变化及其与湖泊之间的水量交换，量化了研究区内复杂的湖泊洪泛系统中地下水的调蓄功能，比较了不同水文年地下水通量在湖泊蓄水量变化中的作用。分析结果如下：

（1）研究区地下水埋深变幅 0~10 m，平均地下水埋深为 2.07 m，最大地下水埋深出现在湖区四周，地下水位的空间分布主要与地形起伏有关。研究区枯水期地下水由上游丘陵地区向相对平坦的湖区方向流动补给，该地区潜水面与地形高程变化一致。研究区地下水在上下游地区流动较慢，而在中游流动较快。

（2）对比典型丰水年（2010 年）和枯水年（2011 年）地下水位变化，开始和结束的水头值没有明显变化。丰水年（2010 年）整体地下水位高于枯水年（2011 年），随着降水量的增加，地下水位上升幅度增大显著，降水量是影响地下水位的主要驱动因子之一。

(3) 鄱阳湖与地下水交换通量在日、月、季节尺度上呈现出显著的时间变化,这取决于不同时期地下水与湖泊水位之间的水力梯度。此外,在日尺度的湖水位上升和下降两个水文阶段,湖泊水文与地下水位之间存在双向交换。模拟结果揭示了湖水位上升时存在负向水力梯度(湖泊补给地下水),湖水位下降时存在正向水力梯度(地下水补给湖泊)。在空间上,枯水年的退水期湖泊—地下水交换存在异质性特征,湖泊的上中下游呈现不同的交换方向。地下水位与湖水位呈现逆时针滞后响应。

(4) 年尺度上,丰枯水年平均地下水排泄通量分别占湖泊蓄水量变化的 0.3% 和 0.4%,地下水对湖泊的贡献量在年尺度上并不显著。然而,在枯水年的枯水期,地下水排泄通量占湖泊蓄水量变化的比例高达 30%。

5.5 基于卫星降水的水文过程模拟及水量平衡分析

降水是水文循环中最重要、最活跃的物理过程之一,同时也是水文模型最基本的输入资料。但区域降水在时空分布上具有很大的不均匀性,受站点位置、站网密度等限制,地面观测不能准确把握降水的空间分布和强度变化,传统的站点观测降雨在进行空间雨量插值时也会带来较大的不确定性,进而对模拟结果产生影响。近年来,随着地理信息系统(GIS)、全球定位系统(GPS)和遥感(RS)技术的日渐成熟及其在水文气象等领域的广泛应用,资料匮乏地区及遥远偏僻地区气象和水文规律的研究有了可靠的技术支持,尤其是卫星遥感测雨能够实现对降水的大范围连续观测,并且微波遥感能够穿透云体,利用云内降水粒子和云粒子与微波的相互作用对云、雨进行更为直接的探测,可以迅速、大面积、多时相地获取降水信息,为研究降水提供了一种新的手段和更为稳定的平台。特别是自 1997 年热带测雨卫星 TRMM(Tropical Rainfall Measuring Mission)成功发射以来,已向陆地发回了多种高时空分辨率的探测数据,为与降水有关的研究提供了新的数据支撑。随着卫星测雨技术的成熟及精度的进一步提高,其应用范围也趋于多元化,包括水文过程模拟、降水分布特征分析、天气过程分析、潜热分析以及侵蚀力计算等。

近些年,国内外诸多学者针对 TRMM 降水数据的精度问题做了大量验证工作,取得了较好的成果。鄱阳湖流域地形复杂、地势垂直变化显著,近年来又旱、涝灾害频发,其作为我国重要的战略水源地,准确把握降水的空间分布和强度变化对长江中下游的防洪安全十分重要。本研究基于 TRMM 3B42 降水数据分析鄱阳湖流域降水时空分布特征,并利用 40 个气象站观测日降雨数据对 TRMM 数据在不同子流域、不同降雨强度及不同季节里的精度进行了对比分析,在此基础上,分析了其在流域旱涝分布、水文过程模拟及水量平衡分析中的适应性,为 TRMM 降水数据广泛应用于该流域的水文预报、水文过程模拟及水资源评价等方面提供了可靠的科学依据。

5.5.1 基于 TRMM 数据的降水时空分布特征及精度评价

基于 TRMM 数据和雨量站观测数据的鄱阳湖各子流域降水统计特征对比如表 5.11 所示。由表可见,TRMM 数据的降雨日面平均雨量在饶河流域最大,为 8.72 mm,其次为信江流域 7.67 mm,赣江流域最小,为 5.04 mm,地面观测雨量的统计结果与 TRMM 结果在数量上有一定差别,各子流域降雨日面平均雨量在 6.14～ 10.03 mm 之间,但区域分布一致,饶河流域最大,其次为信江流域,赣江流域最小;TRMM 数据最大 1 日雨量出现在信江流域 157.5 mm,其次为修水流域 152.9 mm,赣江流域最小,为 92.9 mm,而雨量站结果为修水流域最大 157.2 mm,其次为信江流域 145.1 mm,赣江流域依旧最小,只有 68.8 mm。而对于最大 5 日雨量,TRMM 数据与站点数据在空间分布上较为一致,都是在信江流域和饶河流域出现最大值,赣江流域最小,但在绝对值上 TRMM 数据较站点数据普遍偏小。从最大 1 日雨量与最大 5 日雨量的统计对比发现,雨强较大的降水易出现在鄱阳湖流域北部地区修水、信江和饶河流域,同时,TRMM 与观测数据的差异也表明 TRMM 对大雨强降雨的探测能力不足。

表 5.11 TRMM 降水与雨量站观测降雨统计对比

子流域	降雨日面平均雨量 (mm/d)		最大 1 日雨量 (mm/d)		最大 5 日雨量 (mm/5d)		年降雨量 (mm/y)	
	TRMM	站点	TRMM	站点	TRMM	站点	TRMM	站点
修水	7.55	8.75	152.9	157.2	280.5	289.2	1 762	1 642
赣江	5.04	6.14	92.9	68.8	171.4	155.2	1 642	1 631
抚河	6.67	8.43	113.4	99.5	268.7	300.5	1 770	1 793
信江	7.67	8.99	157.5	145.1	320.8	453.7	1 880	1 901
饶河	8.72	10.03	143.1	134.1	320.7	371.6	1 894	1 747

　　图5.30为TRMM日降水与站点观测日降雨发生率及雨量贡献率分布对比,图中柱状图为两种降雨数据不同雨强的发生频率。由图可看出,TRMM数据的无雨日发生率一般在30%~40%,赣江流域较小,仅为10%,而站点雨量统计结果显示各子流域无雨日在40%~50%,赣江流域也较小,不到30%,平均比TRMM结果高10%;对于0~3 mm小降水事件的发生率,TRMM数据统计结果又比站点数据平均偏大10%左右,这主要是由于TRMM卫星探测日降水小于1 mm的微小降水事件能力较强,而站点数据由于观测精度等限制,将微小降水都归为无降水所致,同时发现,对于无雨日和0~3 mm降水的总发生率,TRMM数据与站点数据具有较高的一致性。对

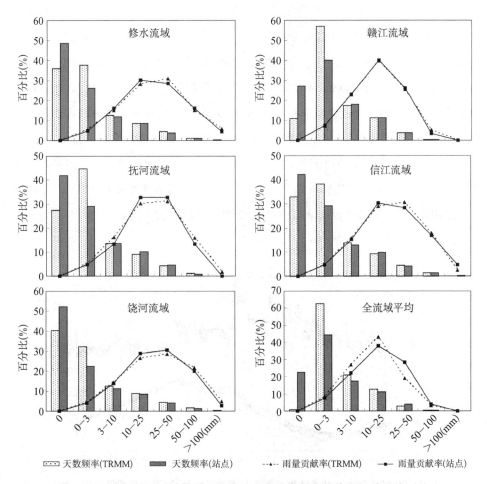

图5.30　TRMM日降水与站点观测日降雨发生率及雨量贡献率分布对比

于各子流域大于 3 mm 以上降水的发生率,TRMM 数据与站点数据统计结果基本一致,3～10 mm 以及 10～25 mm 的降水占主体,大于 50 mm 的降水发生率在各子流域都很低。图 3 中折线图为两种降雨数据不同雨强的降雨对总降雨量的贡献率,由图可看出,TRMM 与站点数据统计结果很相似,0～3 mm 降水虽然发生频率很高,但由于每次雨量较小,因此对总降雨量贡献也较小,相比之下 10～25 mm 以及 25～50 mm 的降水贡献率最大,二者总和占到总降雨量的 60% 左右,大于 50 mm 的降水虽其每次雨量较大,但发生频率很低,因此雨量贡献率也不高。

图 5.31 为 10 年平均 TRMM 降水和站点降雨数据 5 日滑动平均对比以及平均日雨量差积曲线。由图 5.31(a)可看出,TRMM 降水数据 5 日滑动平均雨量在年内出现较大差异,1—6 月降雨量在波动中从 1 mm/d 逐渐增大,其中 6 月增幅较明显,至 6 月末最大达到 14 mm/d 左右,之后降雨量猛然降低至 4 mm/d 左右,在波动持续 2 个月之后,9 月上旬则再次降低,维持在 2 mm/d 左右波动变化直至 12 月末;站点雨量数据所反映的年内变化过程基本和 TRMM 数据结果一致,仅在部分时段出现微小差别。图 5.31(b)中,TRMM 降水差积曲线反映了年内鄱阳湖流域干旱与湿润期变化,1—3 月中旬为干旱少雨期,3 月下旬—9 月初为湿润多雨期,但其中 7—8 月基本为平水期,可视为湿润向干旱的转折期,之后 9—12 月再次进入干旱少雨期;站点观测雨量的差积曲线与 TRMM 数据结果相似,二者揭示的鄱阳湖流域降水年内变化特征是一致的。

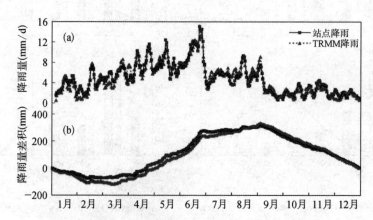

图 5.31　TRMM 降水与站点降雨数据 5 日滑动平均(a)和平均日雨量差积曲线(b)

在月尺度上，由鄱阳湖流域内各子流域 TRMM 与站点月降雨量散点图（图 5.32）可看出，各子流域的散点分布基本呈一直线形，确定性系数 R^2 都在 0.88 以上，在抚河流域更是高达 0.93，全流域平均 R^2 为 0.883，表明月尺度的 TRMM 降水数据与站点观测数据具有很高的相关性。同时，各子流域 TRMM 雨量与站点观测雨量的逐月偏差如图 5.34 所示，由图可见在鄱阳湖流域北部地区的修水与饶河子流域，TRMM 降水量除在个别月份外大部分时间都高于站点观测值，从而使这两个子流域的 TRMM

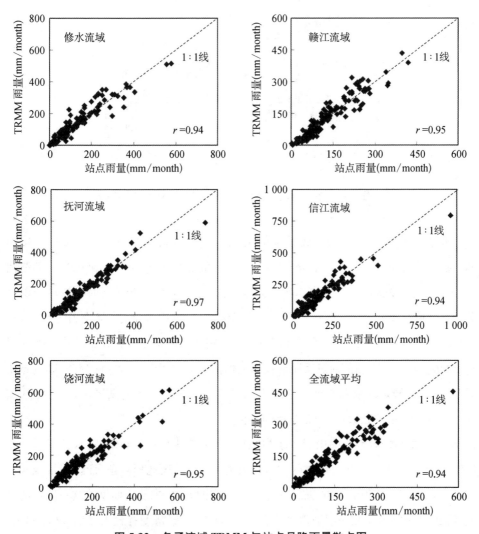

图 5.32　各子流域 TRMM 与站点月降雨量散点图

年降水量偏高(见表5.11),这主要是因为鄱阳湖流域雨强较大的降水易出现在北部地区的修水、饶河子流域,而暴雨易导致雷达信号衰减,使TRMM对大雨强降雨的探测出现较大偏差。对于流域中部的抚河和信江子流域,TRMM降水表现出在7—10月偏高而11—次年6月偏低的情形,在南部赣江子流域,则是TRMM降水在3—10月较站点观测雨量偏高,11—次年2月较站点观测值偏低,这可能是由于不同季节降水温度及雷达反射率的变化所造成。

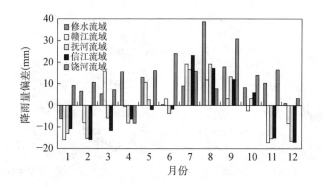

图5.33 各子流域TRMM与站点月降雨量偏差分布

　　基于TRMM和站点观测数据的鄱阳湖流域平均年降雨量空间分布如图5.34所示。由图可看出,TRMM降水分布在空间上存在较大差异,鄱阳湖流域东北部饶河和信江子流域及抚河子流域南部年降雨量最大,超过2 000 mm,同时在流域西部部分地区年降雨量也较大,而在鄱阳湖湖区及赣江流域南部地区,年降雨量较低,在1 200 mm左右,整个鄱阳湖流域年降雨量分布呈东、西部大,中部小的格局。作为对比,分析了由站点观测值通过反距离权重法插值得到的年降雨量空间分布,其分布格局与TRMM降水结果基本相同,只是流域西部高降雨区范围有所减小,这种空间差异可能源于雨量站点数量、分布及空间插值方法产生的不确定性。同时,在赣江流域南部山区,虽然二者都为降雨量较小的区域,但在绝对值上TRMM降水较观测值小300~400 mm,这些差异可能由两方面原因造成:① 山区地形复杂,而降雨量观测站点稀少,受地形、高程的影响,观测雨量存在一定的误差,未能全面反映这一区域的真实降雨情况;② 有研究表明坡度和高程对TRMM数据精度有较大影响,坡度越大,数据精度越低,高程的影响小于坡度,而赣南山区河谷深切,山峰耸立,高程落差巨

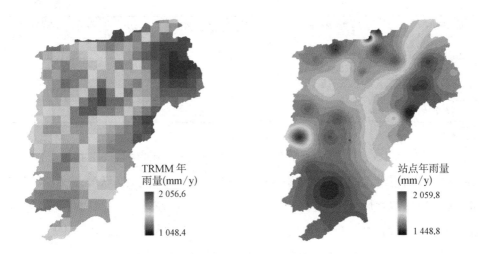

图 5.34　TRMM 降水与站点观测年平均雨量空间分布对比

大,使 TRMM 在这一区域对降水的探测精度出现较大偏差。

5.5.2　基于卫星降水的鄱阳湖流域旱涝分析

（1）基于 TRMM 降水的旱涝等级时间变化特征

基于鄱阳湖流域 TRMM 月降水数据逐栅格计算了 1998 年 1 月—2010 年 12 月的 Z 指数变化过程,同时作为对比,用同样方法分别计算了流域内雨量站点同时期观测数据的 Z 指数变化过程。其中 Z 指数为"正"表示该时段的降水量比整个时间序列的平均降水量偏大,为"负"则表示该时段的降水量比平均降水量偏小,而 Z 指数的绝对值越大,说明其降水量较平均值的偏差也就越大,实际发生旱涝的程度也就愈严重。旱涝等级可根据 Z 指数的大小划分为 7 个范围,分别对应大涝、中涝、轻涝、正常、轻旱、中旱和大旱 7 个等级,各等级 Z 指数取值范围及累计频率如表 5.12 所示。

表 5.12　基于 Z 指数值的旱涝等级划分

等级	累积频率	Z 值	类型
1	＞95%	Z＞1.64	大涝
2	85%～95%	1.04＜Z≤1.64	中涝
3	70%～85%	0.52＜Z≤1.04	轻涝

等级	累积频率	Z 值	类型
4	30%～70%	$-0.52<Z\leqslant0.52$	正常
5	15%～30%	$-1.04<Z\leqslant-0.52$	轻旱
6	5%～15%	$-1.64<Z\leqslant-1.04$	中旱
7	<5%	$Z\leqslant-1.64$	大旱

图 5.35 为南城和吉安站与他们所在 TRMM 栅格在相同时段的 Z 指数变化过程对比。由图可看出，基于 TRMM 降水的 Z 指数以 0 为中心呈锯齿状增大减小交替变化，其中 1998 年 6 月、2010 年 4—6 月等月份 Z 值很大，超过 2.0，这与实际发生的洪涝灾害很一致，而 2003 年 7—12 月及 2007 年秋季 Z 值持续在 -1.7 左右，也与这一时期实际发生的干旱相吻合。同时，与两个雨量站点的 Z 值变化相比来看，基于 TRMM 降水的 Z 值与雨量站结果在变化过程和趋势上具有很好的一致性，相关系数分别达到 0.896 和 0.914，仅在个别月份的极大极小值估算上存在一定的偏差，这可能主要因为 TRMM 降水量为各栅格区域内的平均值，而雨量站观测值为点降雨量，二者存在一定的差异。

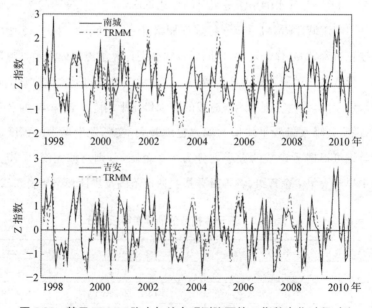

图 5.35　基于 TRMM 降水与站点观测降雨的 Z 指数变化过程对比

基于 TRMM 降水的 Z 指数按表 5.12 的分类标准确定鄱阳湖流域 1998 年 1 月—2010 年 12 月的旱涝等级变化,图 5.36 所示为南城和吉安站所在 TRMM 栅格各等级旱涝的发生频率与雨量站结果的对比情况。由图可看出,1998—2010 年,流域旱涝在 7 个等级内均有分布,其中属于正常的月份最多,占到 40% 左右,而大涝和大旱的发生次数最少,基本都在 5% 左右,这与区域旱涝灾害发生频率的分布状况是一致的。同时,TRMM 降水评估结果与雨量站结果十分接近,说明基于 TRMM 降水确定的流域旱涝等级具有一定的准确性,能够有效反映区域旱涝程度。

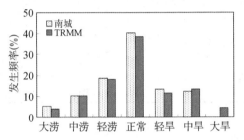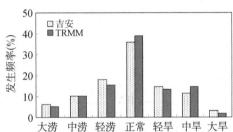

图 5.36　基于 TRMM 降水与站点观测降雨的旱涝等级统计对比

为进一步分析鄱阳湖流域旱涝事件在不同月份的分布,将大涝、中涝和轻涝都归为洪涝,将轻旱、中旱和大旱都归为干旱。同样以南城和吉安站及他们所在的 TRMM 栅格为例,1998—2010 年旱涝发生次数如表 5.13 所示。由表可看出,基于 TRMM 降水的统计结果与雨量站结果很相近,洪涝事件主要发生在 4—6 月,占总次数的 60% 左右,这一时期也是鄱阳湖流域的主汛期,降水最为集中,最易引发洪涝灾害;而干旱主要发生在 9 月—翌年 1 月。这与鄱阳湖流域降水的年内分布特征是一致的,也进一步说明 TRMM 降水应用于区域旱涝分析具有较高的可靠性。

表 5.13　基于 TRMM 降水与站点观测降雨的旱涝年内分布对比

月份	涝次数				旱次数			
	南城	TRMM	吉安	TRMM	南城	TRMM	吉安	TRMM
1	1	1	1	1	5	6	5	5
2	2	1	2	0	3	3	4	4

月份	涝次数				旱次数			
	南城	TRMM	吉安	TRMM	南城	TRMM	吉安	TRMM
3	7	6	8	5	0	1	0	1
4	10	10	10	8	0	0	0	0
5	10	11	10	10	0	0	1	1
6	11	10	9	12	0	0	0	0
7	5	3	2	4	2	2	2	2
8	3	4	6	4	1	0	2	1
9	1	0	3	0	5	5	6	6
10	2	2	2	2	9	11	10	11
11	0	2	1	1	7	9	6	6
12	1	0	0	1	8	9	10	10

(2) 基于 TRMM 降水的旱涝空间分布特征

与地面雨量站相比,基于卫星降水的流域旱涝分析能够时时反映旱涝的空间分布。研究中以出现洪涝的 2010 年 4 月和发生干旱的 2007 年 11 月为例,分析评判基于 TRMM 降水的旱涝空间分布的准确性。图 5.37 和图 5.38 分别为两个时期通过反距离权重法插值得到的鄱阳湖流域观测雨量的空间分布和基于 TRMM 降水的旱涝等级空间分布。由图可看出,观测的降雨量在空间分布上差异较大,2010 年 4 月最大降雨集中在流域中部,横贯东、西部,而赣南山区及流域北部地区降雨量不是很大,Z 指数的空间分布也很好地反映了这一分布特点,流域南部和北部地区 Z 指数都较小,在 0~1.0 之间,属于轻涝或正常水平,而在流域中部地区,Z 指数大都大于 1.64,甚至在 2.0 以上,属于大涝。2007 年 11 月的降雨总体很少,主要分布在流域北部地区,同时期 Z 指数空间分布显示,流域北部基本为轻旱或中等干旱,而南部部分地区 Z 指数很小,在 -2.0 左右,表明这些区域发生了较严重的干旱。图 5.37 和图 5.38 说明,基于 TRMM 降水反映的流域旱涝等级与降雨量的空间分布基本是一致的,TRMM 降水能够用于流域旱涝的空间分布监测。

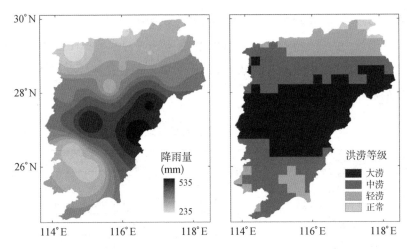

图 5.37　鄱阳湖流域 2010 年 4 月降雨量与旱涝等级空间分布对比

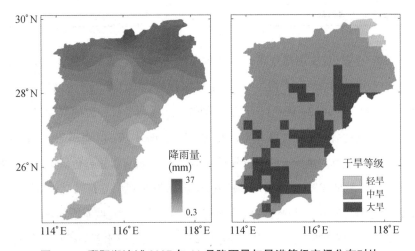

图 5.38　鄱阳湖流域 2007 年 11 月降雨量与旱涝等级空间分布对比

5.5.3　基于 TRMM 降水的水文过程模拟及水量平衡分析

（1）基于 TRMM 降水的流域径流过程模拟

利用 TRMM 卫星降雨数据驱动 WATLAC 水文模型进行水文过程模拟，并通过参数自动率定算法 PEST 与 WATLAC 模型耦合链接，实现 WATLAC 水文模型参数的自动优化。研究中选取马斯京根法蓄量常数 k、流量比重因子 e、地下水补给参数 β_1、壤中流出水参数 β_2 以及地面蓄水下渗参数 β_3 进行参数自动优化，分别以站点观测降水数据为输入(情景 1)和以 TRMM 降水数据为输入(情景 2),以流域出口径流量模拟的误差最小为目标函数进行参数优化,再对两种降水数据模拟径流的精度进行对比评估。参数自动优化结果如表 5.14 所示,模拟的日径流过程如图 5.39 所示,模拟精度的对比评估如表 5.15 所示。

表 5.14　不同情境下模型参数自动优化结果

参数	参数说明	初始值	下限	上限	优化值	
					情景 1	情景 2
e	马斯京根法流量比重因子	0.107	0.05	0.5	0.138±0.049	0.081±0.022
k	马斯京根法蓄量常数	1.329	0.5	2.0	1.44±0.082	1.756±0.075
β_1	地下水补给参数	0.753	0.01	10.0	0.387±0.098	0.928±0.211
β_2	壤中流出流参数	0.884	0.01	10.0	0.828±0.148	0.184±0.089
β_3	地面蓄水下渗参数	0.081	0.01	10.0	0.117±0.004	0.019±0.007

由表 5.15 可看出,使用常规站点降水数据的模型在情景 1 中总体上拟合精度较高,E_{ns} 在 0.81 到 0.96 之间,平均为 0.93,径流深相对误差 DE 均小于 8%(除 2003 年外),R^2 值也较高,在 0.83～0.96 间,说明模型较好地模拟了日径流的变化过程。然而,对 TRMM 降水数据的模拟结果并不理想,除 1998 年外,E_{ns} 值均小于 0.74,R^2 也在 0.50～0.83 之间,尤其对洪峰段的模拟普遍偏小,造成径流总量误差也较大,径流深相对误差在 -21.33%～26.36%,整体模拟日径流过程的精度较低。在情景 2 中,基于 TRMM 降水数据的模型模拟精度有所提高,E_{ns} 在 0.48～0.81 之间,R^2 也略有增加,径流深相对误差 DE 也比情景 1 有所减小。与此同时,情景 2 中基于站点降水数据模型的模拟精度仍然较好,模拟期总的 E_{ns} 达 0.92,R^2 为 0.91,径流深相对误差 DE 也仅为 0.49%。

表 5.15　TRMM 降水与站点观测降水模拟日径流过程精度对比

年份	情景 1						情景 2					
	站点雨量			TRMM 降雨			站点雨量			TRMM 降雨		
	E_{ns}	$DE(\%)$	R^2	E_{ns}	$DE(\%)$	R^2	E_{ns}	$DE(\%)$	R^2	E_{ns}	$DE(\%)$	R^2
1998	0.96	-4.33	0.96	0.80	-17.37	0.83	0.96	-1.68	0.96	0.81	-16.45	0.84
1999	0.92	-4.93	0.92	0.49	-16.59	0.50	0.90	-4.59	0.91	0.48	-16.78	0.49
2000	0.89	-1.87	0.91	0.64	-21.33	0.67	0.87	7.01	0.89	0.66	-12.62	0.68

续   表

年份	情景1						情景2					
	站点雨量			TRMM 降雨			站点雨量			TRMM 降雨		
	E_{ns}	$DE(\%)$	R^2	E_{ns}	$DE(\%)$	R^2	E_{ns}	$DE(\%)$	R^2	E_{ns}	$DE(\%)$	R^2
2001	0.81	−7.64	0.83	0.53	5.86	0.68	0.78	−4.81	0.81	0.56	6.34	0.70
2002	0.89	2.23	0.90	0.74	17.6	0.76	0.89	−2.65	0.90	0.75	12.23	0.74
2003	0.87	17.41	0.92	0.43	26.36	0.70	0.87	16.41	0.91	0.51	23.61	0.71
1998—2003	0.93	−0.97	0.92	0.70	−3.97	0.70	0.92	0.49	0.91	0.71	−3.66	0.71

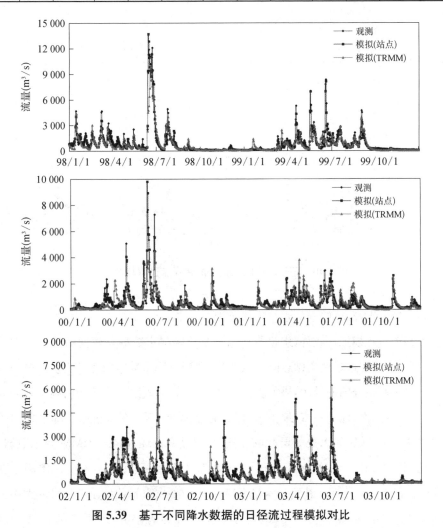

图 5.39   基于不同降水数据的日径流过程模拟对比

在月尺度上,模型模拟的月径流过程如图5.40所示,模型的模拟精度如表5.16所示。由表可看出,利用TRMM卫星降水数据模拟的月流量过程与实测值匹配得很好,E_{ns}和R^2为0.86,径流深相对误差DE为-4.1%。从图5.40也可看出,模拟的月径流过程与观测值基本吻合,对季节变化的描述也较好。总体来说,TRMM降水数据用于月尺度径流过程模拟是可行的,对于数据匮乏或缺资料流域,它可提供有效的数据补充。

表5.16　TRMM降水与站点观测降水模拟月径流过程精度对比

	E_{ns}	$DE(\%)$	R^2
站点降水数据	0.97	-0.89	0.97
TRMM降水数据	0.86	-4.1	0.86

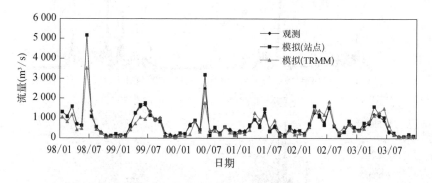

图5.40　基于不同降水数据的月径流过程模拟对比

（2）基于TRMM降水的水量平衡分析

除径流过程模拟比较外,水量平衡结果是检验降水数据有效性的另一个重要指标。因此,本研究通过使用站点降水数据和TRMM降水数据的月径流模拟进一步研究了水量平衡组分的差异,结果如表5.17所示。在模型中,水量平衡将降水划分为冠层截留、土壤蒸发、地表径流、地下水补给（包括基流）等。在基于站点降水数据的模拟计算中,10.5%的降水被冠层截取,用于冠层蒸发消耗,而在TRMM降水数据中,这一比例为11.3%。在站点降水和TRMM降水情况下,土壤蒸发所占比例分别为22.7%和23.8%。地下水补给是水量平衡中很大的一部分,决定了基流量的大小。虽然模型中站点降水数据与TRMM降水数据存在显著差异,年平均降水量分别为

2 049 mm/y 和 1 930 mm/y,但地下水补给量估算值却很接近,分别为 434 mm/y 和 451 mm/y。从径流总量来看,基于站点降水数据模拟的径流量为 1 222 mm/y,比基于 TRMM 降水模拟的径流量(1 182 mm/y)更多,而这种差异主要由模拟的地表径流量的差异所引起。

表 5.17　不同降水数据模拟的水量平衡分析

组分	站点雨量模型			TRMM 降水模型		
	总量 (mm/y)	占降雨百分比(%)	占径流量百分比(%)	总量 (mm/y)	占降雨百分比(%)	占径流量百分比(%)
降雨	2 049			1 930		
植被截留	216	10.5		218	11.3	
土壤蒸发	466	22.7		460	23.8	
地下水补给	434	21.2		451	23.4	
径流量	1 222	59.6		1 182	61.2	
地表径流	840		68.7	774		65.5
基流	382		31.3	408		34.5

5.5.4　小结

基于 TRMM 降水数据分析了鄱阳湖流域降水的时空分布特征,并利用站点观测数据对 TRMM 数据在不同子流域、不同降雨强度及不同季节里的精度进行了对比分析,在对 TRMM 降水数据的精度进行评判的基础上,基于 TRMM 降水通过 Z 指数方法对鄱阳湖流域旱涝的时空分布进行分析,最后利用分布式水文模型 WATLAC,模拟检验了 TRMM 降水数据用于流域水文过程模拟及水量平衡分析的适用性。结果显示:

(1)TRMM 和站点数据反映的最大 1 日雨量和最大 5 日雨量发生区域基本一致,都显示在鄱阳湖流域北部地区修水、信江和饶河流域较易出现暴雨洪水,但在降雨量绝对值上 TRMM 数据较站点数据普遍偏小,表明其对大雨强降雨的探测能力不足;TRMM 数据的无雨日发生率一般在 30%～40%,赣江流域较小,站点雨量统计结果比 TRMM 结果高 10%,而 TRMM 数据中 0～3 mm 小降水事件的发生率比站点数据平均偏大 10% 左右;两种数据揭示的各子流域大于 3 mm 以上降水的发生率基本一致,3~10 mm 以及 10~25 mm 的降水占主体,大于 50 mm 的降水其发生率在各子流域都很低;流域内 10~25 mm 以及 25~50 mm 的降水其贡献率最大,二者总和占到总降雨量的 60% 左右。

(2)月尺度的 TRMM 降水数据与站点观测数据具有很高的相关性,但在流域北部地区的修水与饶河子流域,较多的暴雨导致雷达信号衰减,使 TRMM 对大雨强降雨的探测出现较大偏差,而对于中南部地区,可能受降水温度及雷达反射率的影响,TRMM 在不同季节表现出不同的偏差。TRMM 数据显示鄱阳湖流域多年平均降雨量空间分布呈东、西部大,中部小的格局,其分布与站点雨量基本一致,但在赣江流域南部山区 TRMM 降雨较观测雨量低 300~400 mm,表明 TRMM 对山区降水的探测能力具有一定的局限性。

(3)基于 TRMM 降水数据反映的鄱阳湖流域洪涝事件主要发生在 4—6 月,占全年的 60% 左右,而干旱主要发生在 9 月—翌年 1 月,其与鄱阳湖流域降水的年内分布特征是一致的;以 2010 年 4 月和 2007 年 11 月为例,分析了基于 TRMM 降水的旱涝空间分布的准确性,发现 TRMM 降水反映的流域旱涝等级与降雨量的空间分布基本一致,TRMM 降水能够用于流域旱涝的空间分布监测。

(4)利用 TRMM 卫星降水数据进行日径流过程模拟,其结果不理想,NSE 效率系数 E_{ns} 在 0.48~0.81 之间,水量误差也较大,表明 TRMM 降水数据尚不能满足日水文过程模拟的精度要求。但在月时间尺度上,利用 TRMM 卫星降水数据模拟的月径流过程与实测值匹配得较好,整体模拟精度较高,可应用于月尺度上水文过程模拟。另外,TRMM 降水数据与站点降水数据,其模拟的水量平衡分析结果主要差别在于地表径流与基流的分配,其余各组分较为接近,差别不大。

【参考文献】

[1] ALLEN R G, PEREIRA L S, RAES D, et al, 1998. Crop evapotranspiration: guidelines for computing crop water requirements[R]. Irrigation and Drainage Paper No. 56, Rome.

[2] BAI P, LIU X, ZHANG Y, et al, 2018. Incorporating vegetation dynamics noticeably improved performance of hydrological model under vegetation greening[J]. Science of the total environment, 643: 610-622.

[3] BUDYKO M I, 1974. Climate and life[M]. Academic Press.

［4］ FENG L，HU C，CHEN X，et al，2012. Assessment of inundation changes of Poyang Lake using MODIS observations between 2000 and 2010［J］. Remote sensing of environment，121：80－92.

［5］ FU B,1981. On the calculation of the evaporation from land surface［J］. Chinese journal of atmospheric sciences，5(1)：25－33 (in Chinese).

［6］ HUNDECHA Y，BARDOSSY A，2004. Modelling of the effect of land sue changes on the runoff generation of a river basin through parameter regionalization of a watershed model［J］. Journal of hydrology，292：281－295.

［7］ LEUNING R，ZHANG Y Q，RAJAUD A，et al，2008. A simple surface conductance model to estimate regional evaporation using MODIS leaf area index and the Penman-Monteith equation［J］. Water resources research，44：W10419.

［8］ LI H L，CHEN X，BAO A M，et al，2007. Investigation of groundwater response to overland flow and topography using a coupled MIKE SHE/MIKE 11 modeling system for an arid watershed［J］. Journal of hydrology，347(3－4)：448－459.

［9］ LI X H，YAO J，LI Y L，et al，2016. A modeling study of the influences of Yangtze River and local catchment on the development of floods in Poyang Lake, China［J］. Hydrology research，47，102－119.

［10］ LI X H，ZHANG Q，XU C Y，et al，2015. The changing patterns of floods in Poyang Lake，China：characteristics and explanations［J］. Natural hazards，76(1)：651－666.

［11］ LI Y，ZHANG Q，YAO J，et al，2014. Hydrodynamic and hydrological modeling of the Poyang Lake catchment system in China［J］. Journal of hydrology，19：607－616.

［12］ SUN S，et al，2014. On the attribution of the changing hydrological cycle in Poyang Lake Basin，China［J］. Journal of hydrology，514：214－225.

［13］ URBANO L D，PERSON M，HANOR J，2000. Groundwater-lake interactions in semi-arid environments［J］. Journal of geochemical exploration，69－70：423－427.

［14］ VAN DIJK A，BRUIJNZEEL L A，2001. Modelling rainfall interception by vegetation of variable density using an adapted analytical model. Part 1. Model description［J］. Journal of hydrology,247(3－4)：230－238.

［15］ YAO J，ZHANG Q，LI Y，et al，2016. Hydrological evidence and causes of seasonal low water levels in a large river-lake system：Poyang Lake，China［J］. Hydrology research.

［16］ ZENG R，CAI X,2016. Climatic and terrestrial storage control on evapotranspiration temporal variability：analysis of river basins around the world［J］. Geophysical research letters，43(1)：185－195.

［17］ ZHANG L，CHENG L，BRUTSAERT W，2017. Estimation of land surface evaporation using a generalized nonlinear complementary relationship［J］. Journal of geophysical research-atmospheres，122(3)：1475－1487.

［18］ ZHANG L，DAWES W R，WALKER G R，2001. Response of mean annual evapotranspiration to vegetation changes at catchment scale［J］. Water resources research，37(3)：701－708.

[19] ZHENG H，LIU X，LIU C，et al，2009. Assessing contributions to pan evaporation trends in Haihe River Basin, China[J]. Journal of geophysical research atmospheres，114：D24105.

[20] 陈耀登，高玉芳，2007.MODFLOW2000 在沿海地区地下水模拟中的应用[J].人民黄河(6)：35－36＋43.

[21] 邓慧平，李秀彬，陈军峰，等，2003.流域土地覆被变化水文效应的模拟——以长江上游源头区梭磨河为例[J].地理科学，58(1)：53－62.

[22] 胡春华，童乐，万齐远，等，2013.环鄱阳湖浅层地下水水化学特征的时空变化[J].环境化学，32(6)：974－979.

[23] 胡春华，周文斌，夏思奇，2011.鄱阳湖流域水化学主离子特征及其来源分析[J].环境化学，30(9)：1620－1626.

[24] 兰盈盈，曾马苏，靳孟贵，等，2015.基于 GMS 鄱阳湖拟建枢纽对地下水影响探讨[J].水文，35(6)：37－41＋56.

[25] 李均力，胡汝骥，黄勇，等，2015.1964—2014 年柴窝堡湖面积的时序变化及驱动因素[J].干旱区研究，32(3)：417－427.

[26] 李秀彬，2002.土地覆被变化的水文水资源效应研究——社会需求与科学问题[C]//中国地理学会自然地理专业委员会.土地覆被变化及其环境效应论文集.北京：星球地图出版社：1－6.

[27] 李云良，张奇，李淼，等，2015.基于 BP 神经网络的鄱阳湖水位模拟[J].长江流域资源与环境，24(2)：233－240.

[28] 李云良，张小琳，赵贵章，等，2016.鄱阳湖区地下水位动态及其与湖水侧向水力联系分析[J].长江流域资源与环境，25(12)：1894－1902.

[29] 李云良，赵贵章，姚静，等，2017.湖岸带地下水与湖水作用关系——以鄱阳湖为例[J].热带地理，37(4)：522－529.

[30] 秦欢欢，2018.北京平原地下水流的数值模拟情景分析[J].科学技术与工程，18(16)：262－270.

[31] 邵明安，王全九，黄明斌，2006.土壤物理学[M].北京：高等教育出版社：22－23.

[32] 唐国华，许闻婷，胡振鹏，2017.森林植被改善对鄱阳湖流域径流和输沙过程的影响[J].水利水电技术，48(2)：12－21.

[33] 王容，李相虎，薛晨阳，等，2020.1960—2012 年鄱阳湖流域旱涝急转事件时空演变特征[J].湖泊科学，32(1)：207－222.

[34] 徐新玲，2020.山江湖工程的实施[J].党史文苑，7：54－55.

[35] 许秀丽，李云良，谭志强，等，2018.鄱阳湖湿地典型植被群落地下水—土壤—植被—大气系统界面水分通量及水源组成[J].湖泊科学，30(5)：1351－1367.

[36] 许秀丽，张奇，李云良，等，2014.鄱阳湖典型洲滩湿地土壤含水量和地下水位年内变化特征[J].湖泊科学，26(2)：260－268.

[37] 袁飞，2006.考虑植被影响的水文过程模拟研究[D].南京：河海大学.

[38] 朱君妍，李翠梅，贺靖雄，等，2019.GMS 模型的水文水质模拟应用研究[J].水文，(1)：12.

第六章 鄱阳湖湿地水文连通与
生态水文模拟分析

6.1 鄱阳湖湖泊湿地地表水变化遥感监测

水文连通性是指以水为介质的物质、能量及生物在水文循环各要素内或各要素之间的传输过程。地表水文要素在时间上持续变化或周期变化的动态过程,特别是洪水泛滥的时机、范围、程度、持续时间及其变异性是湖泊湿地水文连通性研究的数据基础。由于湖泊湿地范围广,甚至难以到达,变化程度和频率具有高度异质性,如何提高湿地水文要素监测的时空分辨率和准确性是湿地生态水文研究一直以来所面临的挑战。

得益于免费遥感图像资源、计算能力的提高和先进的图像分类技术,地表水遥感制图在很大程度上填补了偏远地区和落后地区的观测空白。由于缺乏长期(数十年)合成孔径雷达(SAR)数据,陆地卫星和中分辨率成像光谱仪(MODIS)等光学传感器通常用于捕捉数十年来大型浅水水体的地表水动态。许多开创性的研究尝试使用Landsat MSS/TM/ETM/OLI 以及 MODIS、ENVISAT 以及中国的环境卫星数据等进行鄱阳湖地表水或景观制图,然而,由于数据可用性的限制,如何以高时空分辨率捕捉地表水的快速变化仍然是一个挑战。为了解决上述局限性,Chen 等提出了一种分层时空自适应融合模型(HSTAFM),以生成用于地表水测绘的合成 NDVIs。融合NDVIs(2000—2014)的重访频率为 16 天,空间分辨率为 30 米。基于融合图像的比较,HSTAFM 比 STARFM 和 FSDAF 更精确,但 HSTAFM 监测地表水动态的可靠性有待于面积较小的碟形湖和狭窄河道上进行验证。此外,尽管 Li 等和 Zhang 等证实模拟的地表水面积与遥感监测结果之间表现出良好的相关性,但二者在空间分布上，尤其是针对小型水体的模拟（反演）结果可能存在较大差异。对模型模拟和遥感反演差异在时间、地点和方式上的认知空白可能阻碍模型或遥感的实际应用。

通过整合 Landsat 和 MODIS 数据生成新的地表水分布时间序列来填补这一空白：重建 2000 年至 2016 年 30 米和 8 天分辨率的地表水序列，用于监测鄱阳湖地表水的快速变化，尤其是在涨水和退水时期。该研究将为地表水文过程研究提供了一个新的视角，预计可推广至其他由大面积漫滩组成的，具有剧烈水位波动特征的类似洪泛系统。

6.1.1 鄱阳湖湿地洪泛特征

鄱阳湖受东亚季风的控制，呈现相当大的季节性水位变幅（10 m），形成了广泛的湿地生态系统。为了防洪，在湖泊周围修建了一个复杂的堤防系统（约 6 400 km）。在旱季，湖泊被裸露的漫滩分成许多连通的或相互独立的地理单元，形成了 77 个碟形湖（图 6.1）。这些湖泊面积从 1 km² 到 71 km²，总地表水面积 767 km²，平均面积

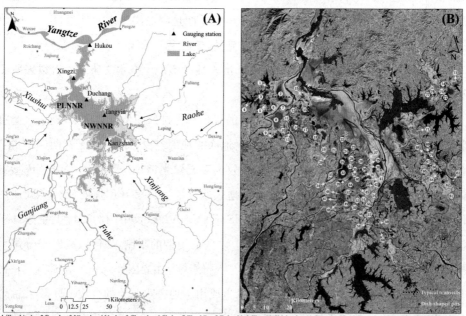

1.Zhoubianhu; 2.Banghu; 3.Niuyahu; 4.Nanhu; 5.Changhu; 6.Shahu; 7.Zhushihu; 8.Dahuchi; 9.Jihu; 10.Chizhouhu; 11.Changhuchi; 12.Zhonghuchi; 13.Xianghu; 14.Dongjiahu; 15.Meixihu; 16.Dachahu; 17.Candouhu; 18.Xiaotanhu; 19.Dawuhu; 20.Chayegang; 21.Fanhu; 22.Caoyujiaohu; 23.Xiaduanhu; 24.Shangduanhu; 25.Mingxihu; 26.Nihu; 27.Xiabeijia; 28.Hongxinghu; 29.Zhuhu; 30.Shangbeijia; 31.Bianhu; 32.Dashafanghu; 33.Liufanghu; 34.Shuanglinghu; 35.Dachehuang; 36.Beishenhu; 37.Nanshenhu; 38.Changhu; 39.Zhanbeihu; 40.Sanniwan; 41.Baishahu; 42.Sihhu; 43.Donghu; 44.Sanhu; 45.Donghu; 46.Linchonghu; 47.Xihu; 48.Sanshuihu; 49.Ershuihu; 50.Nanhu; 51.Chengjiachi; 52.Liuliaohu; 53.Caowanhu; 54.Duzhouhu; 55.Jiyuhu; 56.Wangluohu; 57.Beikouwan; 58.Shatangchi; 59.Shangshuiwan; 60.Kanxianhu; 61.Wanhu; 62.Beichahu; 63.Panhu; 64.Qijinhu; 65.Dalianzihu; 66.Beijiaohu; 67.Yunhu; 68.Siwanghu; 69.Beikouhu; 70.Nankouhu; 71.Shangganghu; 72.Jiaochahu; 73.Chatanghu; 74.Qihu; 75.Xuehu; 76.Dayehu; 77.Taiyanghu.

图 6.1 鄱阳湖 77 个主要碟形湖空间分布

10 km²。鄱阳湖国家级自然保护区（PLNNR）和南矶湿地国家级自然保护区（NWNNR）80%的面积被这些碟形湖所覆盖，为80%以上的候鸟提供了广泛的栖息地。由于上游5条支流（修水、赣江、抚河、信江和饶河）和鄱阳湖主湖体在春末夏初（5月和6月）集中提供水源补给，碟形湖的水位在这一时段持续上升。大多数碟形湖在7月至9月初长江达到最高水位时连成一片。9月下旬，鄱阳湖又开始退水，大部分碟形湖断开连接，整个冬季（从12月到次年2月）呈现相对独立的水位波动特征。漫滩暴露/淹没的时机和持续时间影响湿地植物的退化和恢复周期、水质和水鸟的存活。

近年来，受人类活动和气候变化的影响，鄱阳湖水文情势发生了显著变化。2003年开始蓄水的三峡大坝（TGD）对长江水流和泥沙状况的影响最大。自TGD投入运行以来，泛滥平原湿地栖息地的淹没模式和分布发生了巨大变化，水情变化进而又对鱼类栖息地和水鸟的生态功能产生了不利影响。湖泊水情变化是降水、蒸散和出湖流量综合影响的结果。然而，对于动态变化剧烈的广泛分布的碟形湖的地表水文过程尚不清楚。

6.1.2 多源遥感数据融合

6.1.2.1 MODIS数据及预处理

2000—2016年250米分辨率8天合成MOD13Q1数据（图号h28v06）来自美国国家航空航天局（NASA）地球观测系统数据和信息系统（EODIS）（网址：https://lpdaac.usgs.gov/data_access/data_pool）。该数据设计了约束视角最大值合成（CV-MVC）和双向反射分布函数（BRDF）算法，以过滤仪器校准、太阳角度差、地形、云层阴影和大气条件的影响。此外，数据采用了运行中值、平均值、最大运算、终点处理和汉宁窗（RMMEH）平滑法来降低NDVI剖面的残余噪声，并重建高质量的NDVI时间序列。然后将数据集与Landsat卫星图像融合，以生成高时频高精度的NDVI时间序列。数据列表如图6.2。

6.1.2.2 Landsat数据及预处理

从美国地质调查局（USGS）下载了129幅无云Landsat TM、ETM＋和OLI（空间分辨率为30米）图像（网址：http://www.usgs.gov/）。利用元数据文件中的辐射定标系数，首先将这些图像转换为大气层顶辐射率（ToA）。然后，利用ENVI5.1软件中

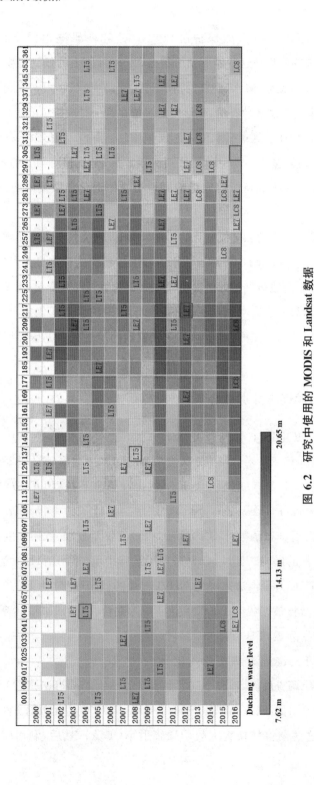

Duchang water level

7.62 m   14.13 m   20.65 m

图 6.2　研究中使用的 MODIS 和 Landsat 数据

的 FLAASH 模块生成地表反射率数据。Scaramuzza 等开发的三角测量方法被用于填补 2003 年 5 月 31 日之后 ETM＋图像中的空白。最后，利用反射率数据计算 NDVI 和归一化差异水指数（NDWI）。

6.1.2.3　遥感影像融合

Chen 等提出的 HSTAFM 模型被应用于本研究。与其他融合模型相比，HSTAFM 的特点是引入了初始预测，并将该初始预测集成到层次化的相似像素选择策略中。改进后的方法可以在有限的前/后向 Landsat-MODIS 图像对和目标 MODIS 图像范围内最有效地捕捉地表变化。实施 HSTAFM 方法遵循了五个步骤。首先，根据 Landsat 对 MODIS 数据进行重投影和重采样。其次，利用直接倍增法得到初始预测的高分辨率图像。再次，一个基于分层策略的"相似像素"被用来识别之前（或之后）和预测日期的 NDVI。复次，（Ⅰ）Landsat-MODIS 图像对的 NDVI 之间的光谱差异（s_{ij}）和（Ⅱ）相邻像素和中心像素之间的空间欧几里德距离（d_{ij}），为每个相似像素分配权重 W_{ij}［等式（6.1）］。最后，利用公式（6.1）中的算法计算中心像素的 NDVI 值：

$$F_2(x_{\omega/2}, y_{\omega/2}, b) = \sum_{i=1}^{\omega} \sum_{j=1}^{\omega} W_{ij} \times P_{ij} \times [L_1(x_i, y_j, b) + M_2(x_i, y_j, b) - M_1(x_i, y_j, b)]$$

$$(6.1)$$

$$W_{ij} = \frac{1/(s_{ij} \times d_{ij})}{\sum_{i=1}^{\omega} \sum_{j=1}^{\omega} 1/(s_{ij} \times d_{ij})} \tag{6.2}$$

$$s_{ij} = \frac{P_{ij} \times |L(x_i, y_j) - L(x_{\omega/2}, y_{\omega/2})|}{\sum_{i=1}^{\omega} \sum_{j=1}^{\omega} P_{ij} \times |L(x_i, y_j) - L(x_{\omega/2}, y_{\omega/2})|} \tag{6.3}$$

$$d_{ij} = 1 + \sqrt{(x_i - x_{\omega/2})^2 + (y_j - y_{\omega/2})^2} / (1 + \omega) \tag{6.4}$$

式中，ω 表示移动窗口的大小；W_{ij} 是根据公式（6.2）～（6.4）由光谱和距离差确定的组合权重。P 是由二进制矩阵表示的相似像元集。关于 HSTAFM 算法的更详细的描述可以参考 Chen 等已发表的两篇论文。在这项研究中，选择了最相似的地表信息的同期 MODIS 和 Landsat 图像组成一对。都昌站水位资料作为参考。如果不符合同期标准，则选择上一年或下一年水位和物候期最接近的陆地卫星图像作为替代。

6.1.2.4　自动阈值法

鄱阳湖基本上全部被茂密的植被所覆盖，因此我们可以利用 NDVIs 将鄱阳湖湿地分成水体与非水体。本研究中,Jenks Nature Breaks 被用于自动判别水面提取的阈值。Jenks Nature Breaks 是一种数据聚类方法,用于查找现有的值组,然后将这些值组合并在一起,以识别数据中的自然差距。分类标准是:输入的数据被划分为不同的组,根据组内差异最小化和组间差异最大化的标准来确定类与类之间的界限。为了实现 Jenks Nature Breaks,我们遵循了三个主要步骤:第 1 步,计算"数组均值的偏差平方和"(SDAM)。第 2 步,对于每一种组合下的数组,计算"类平均值的方差平方和"(SDCM_ALL),并找到最小的一个。SDCM_ALL 很像 SDAM,但使用类平均值和偏差。找出最小的 SDCM_ALL,使其"最佳范围"内的变化最小化。第 3 步,计算"方差拟合优度"(GVF),定义为(SDAM-SCDM)/SDAM。GVF 的范围从 1(完美配合)到 0(非常适合)。较高的 SDCM_ALL(类内变异较大)表明 GVF 较低。

6.1.3　水体分布及精度评价

研究基于时空融合的 NDVIs 和 Jenks Nature Breaks 阈值判别法建立了高频高精度的鄱阳湖洪泛区地表水数据集。为了验证地表水解译结果的可靠性,使用统一采样策略在 PLNNR 和 NWNNR 中对不同水文时段进行了目视判读(图 6.3)。2016 年 10 月 31 日(DOY:305)没有可用的 Landsat 图像,由 2016 年 12 月 16 日(DOY:353)获得的图像代替。基于像元融合的 30 m 地表水系列准确识别了两个国家保护区内的小型水体。由于 MODIS 的空间分辨率较低,浅水区可能会被错误分类并与淤泥质沉积物混淆。如图 6.3 所示,融合的 NDVIs 得到的地表水在监测碟形湖的边界方面表现更好。同时,在融合影像地表水分布图上保持了狭窄河流的空间连续性,特别是在低水位时期。

融合的 NDVIs 得到的地表水面积数据与 Landsat NDWI 的地表水面积数据具有很高的相关性($R^2=0.92$),表明前者与高空间分辨率图像具有相似的精度(图 6.4)。两个序列的均方根误差(RMSE)为 208 km²,平均绝对误差(MAE)为 136 km²。鄱阳湖及其碟形湖的地表水体具有较强的季节性。

全湖年最大地表水(3 153 km²)出现在 2016 年 7 月 19 日(DOY:201),最小地表水(555 km²)出现在 2004 年 1 月 17 日(DOY:017)。对于所有碟形湖,2016 年 7 月 27 日发现最大地表水(760 km²)(DOY:209),2004 年 1 月 1 日发现最小地表水(59 km²)(DOY:001)。整个湖泊的年最大/最小地表水比率为 2.0～4.9,所有碟形湖的年最大/最小地表水比率为 2.8～9.2。与历史时期相比,整个鄱阳湖在三峡前期(2000—

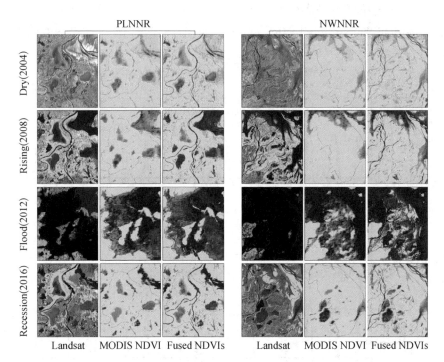

图 6.3　Landsat5‑4‑3 波段合成影像、MOD13Q1 产品与融合遥感提取水体空间分布比较

注：比较日期为：February 18，2004（DOY：49），May 16，2008（DOY：137），August 4，2012
（DOY：217）and December 16，2016（DOY：353）。

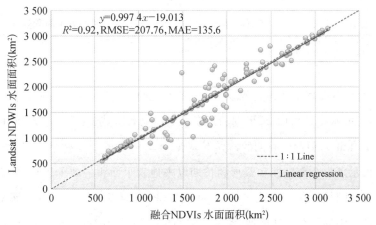

图 6.4　融合 NDVIs 和 Landsat-NDWIs 的水面面积关系

注：实线表示两个数据集之间的最佳拟合，1∶1 虚线是表示完美匹配的对角线。

2002 年,水文年)的平均地表水面积为 2 105±595 km²,在三峡后期(2003—2016 年,水文年)减少了 389 km²,至 1 716±716 km²(见图 6.5)。两个时期的差异有统计学意义(ANVOA,$p < 0.05$)。

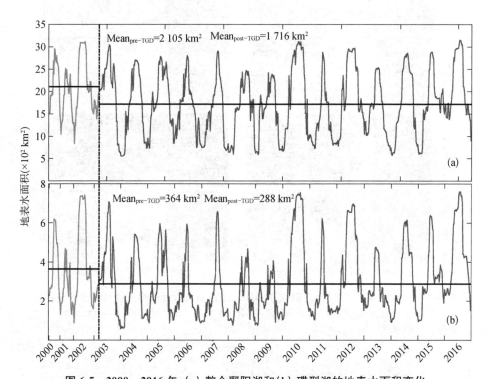

图 6.5 2000—2016 年,(a) 整个鄱阳湖和(b) 碟型湖的地表水面积变化

注:绿线表示 TGD 蓄水前的地表水面积,红线表示 TGD 蓄水后的地表水面积。黑色实线表示每个时期(水文年)的平均地表水面积。

TGD 蓄水后地表水面积显著减少的结论与之前的研究一致(Feng et al.,2013)。相比之下,三峡水库蓄水后,碟形湖的地表水面积也有所减少(从 364±190 km² 减少到 288±173 km²),但两个时期的差异不显著($p > 0.05$)。每年枯水期持续时间的变化进一步揭示了整个鄱阳湖和碟形湖长期以来地表水面积的减少趋势(图 6.6)。枯水期的持续时间是根据 2000 年至 2015 年间旱季(12 月至次年 2 月)平均地表水面积以下的景数得出的。在三峡前期,整个湖泊的枯水期持续时间较短,为 0～8 天(1×8 天),碟形湖的枯水期持续时间为 0～24 天,均显示出长期的干旱形式,但二者差异并不显著(3.12 天/年和 0.16 天/年)。此外,2007 年观测到全湖(144 天)和季节性孤立湖(144 天)具有最长枯水期。值得注意的是,整个鄱阳湖和碟形湖的萎缩主要是旱季开始日期提前造成的。由于枯水期开始日期早,结束日期晚,湖水严重萎缩。

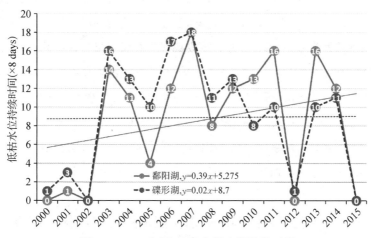

图 6.6　2000 年至 2015 年枯水期持续时间

注:标记数字表示枯水期地表水面积小于平均值的影像数量。一景代表 8 天。

6.1.4　不确定性分析

像鄱阳湖这样的大型湖泊通常形成广阔的漫滩,被季节性孤立的湖泊、堤坝、河流和湿地所占据。湖泊或湿地的淹没面积与附近河流水位波动之间的相关性可以推定为河流干流与其周围漫滩之间的水文连通性。水文连通性不仅对河漫滩的形态发生和系统维持具有重要意义,而且对生物群之间的养分循环也具有重要意义。监测水文连通性需要更连续(包括空间和时间)地记录漫滩上发生的洪水动态。时空融合技术作为一种经济有效的方法,在物候学动态监测中已被证明是有用的。然而,一些新出现的问题仍然存在。例如,类似 STARFM 的方法无法处理瞬时扰动或土地覆盖变化情况,因为这些方法假设"土地覆盖类型在基线和预测日期之间不会发生变化"。在本研究中,改进的 HSTAFM 方法能更好地捕捉到前后期遥感数据与预测值之间的总体变化,为三角洲洪泛系统地表水的动态监测提供了一种有效的工具,特别是对季节性小湖泊和狭窄河道的动态监测。

虽然遥感方法在本研究中的表现优异,但利用光学遥感,尤其是融合模型的能力和挑战还需要进一步讨论。遥感方法存在一定的局限性。例如,植被覆盖下的水体很容易被错分。遥感监测淹没漫滩的一个挑战是识别植被覆盖层下的水的能力,包括挺水和漂浮的大型植物冠层。淹水植被和土壤形成了水体、淹水湿地植被、旱地植被和裸露地表土壤之间的混合像元过渡区,出现在开阔水域的边缘。要了解漫滩的时空淹没模式,首先必须了解淹没植被年际和季节变化。因此,长波长(Lband)合成孔径雷达(SAR)数据已成为首选数据源,因为 L 波段数据具有探测某些树冠下水的能力。微波(L 波段 SAR)和光学(Landsat TM 5)卫星数据的融合为我们监测湿润区洪泛过程提供了一种新的视角。Karimet 等发现基于遥感的地表水制图对模型校准非常有用。此外,Ticehurstet 等成功利用水动力学模型的信息,改进了基于 MODIS 数据和最大似然算法反演开放水域的逐日洪水事件。我们相信,在不久的将来,水动力模型和遥感技术的结合将为评估洪水流量和湿地连通的持续时间和频率提供一种有用的方法。

6.2　南矶保护区湿地—水文连通性变化特征与模拟

鄱阳湖在长江中下游众多湖泊湿地中极具代表性,是一个高度开放、特色突出的洪泛区系统,除了在维护鄱阳湖湿地生物多样性和生态系统完整性上起到十分重要的作用,也对高变幅变化的湖泊水位过程起到过渡和缓冲作用。鄱阳湖洪泛系统具有完整的水文周期,其独特的来水脉冲影响了主湖区、洪泛区、河网水系以及碟形湖群等重要地貌单元的水情变化,促进了湿地水文过程的发生、发展、演替与消亡,对揭示洪泛区湿地生态水文机制有重要作用。本节围绕鄱阳湖国家级自然保护区湿地和南矶保护区湿地,主要从水文连通性的时空变化特征、动态过程与影响因素以及湿地植物根系效应等方面开展分析研究。

6.2.1　水文连通性计算原理

鉴于洪泛区具有下垫面异质性、水情动态性及干湿交替明显等特征,加之水动力模型和遥感数据产品能够提供相对高频的时空数据,本研究首先应用 MATLAB 软件 bwlabel 函数识别水体的连通区,bwlabel 函数使用两次扫描法按列优先的次序标记连通区,函数的输入项为二值图像的二维数组,函数的输出为与原二维数组同等大小的连通区标记矩阵。本研究拟基于地统计学原理和方法构建水文连通性评估函数,分析水流空间路径、不同水体单元的连通情况以及连通概率的变化等。通过判断空间水位、水深数据或流速数据,设定不同干湿阈值,创建二值化文件(例如 1 和 0),计算任何方向(D8)、不同距离上,多个点位区域 n 的水文连通性 Pr 超过阈值 z_c 的概率值 CF(Trigg et al.,2013):

$$\mathrm{CF}(n;z_c)=Pr\left\{\prod_{j=1}^{n}I(u_j;z_c)=1\right\} \qquad (6.5)$$

上式中,$I(u_j;z_c)$ 代表变量 $Z(u_j)$ 在位置 u_j 处超过阈值 z_c 的指示因子,定义为:如果 $Z(u_j)>z_c$,$I(u_j;z_c)=1$,否则,$I(u_j;z_c)=0$;Ⅱ表示乘积算子。

6.2.2 湿地水文连通性变化特征

对于南矶保护区湿地,因其整体处于河口三角洲位置,涨水期和退水期通常是该湿地水文和生态变化较为敏感的典型时期,本节主要从这两个时期加以详细讨论。图 6.7 为基于水文连通性函数计算的鄱阳湖涨水期洪泛湿地地表水文连通变化结果,将纵向连通度和横向连通度的平均值作为洪泛湿地的地表水文连通性。总体上,各年涨水期水文连通性变化较大,年际动态变化特征差异显著。涨水初期(3 月 1 日)的水文连通性在 0.1~0.4,但涨水末期(5 月 31 日)的水文连通性降至 0.2~1。除 2000 年、2001 年、2007 年和 2011 年外,涨水末期的水文连通性均大于 0.6,表明涨水期是洪泛湿地水文连通的关键阶段。2000 年与 2007 年涨水期水文连通性变化特征相似,表现为双峰形,对应洪泛湿地两次显著的涨水—退水过程;2002—2003 年、2005 年、

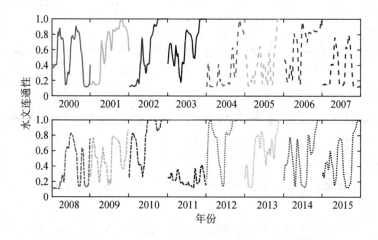

图 6.7 2000—2015 年涨水期(3—5 月)水文连通性变化

2010年、2012—2015年涨水期水文连通性变化特征相似,表现为脉冲式增强后保持较强的连通性,主要原因是各年涨水期湖泊水位上涨较快,尤其是水位较高(大于14 m)、持续时间较长,淹没范围和面积较大。

洪泛湿地水文连通性的变化速率图(图6.8)显示,各年涨水期均出现水文连通性增强—减弱事件,但出现次数和持续时间存在显著差异。比如2000年出现2次典型的水文连通性增强—减弱过程,水文连通性的变化速率小于0.2,单次事件持续时间长达1个月,2007年、2008年与其相似;2002年仅出现1次主要的水文连通性减弱过程,其涨水期主要以水文连通性增强为主,2010年、2012年与2002年相似;2004年涨水期则出现多次的水文连通性增强—减弱事件,单次事件持续时间较短,2005年、2006年、2009年与2004年相似。总体来看,水文连通性的增强—减弱与湖泊水位和淹没面积的动态变化相关,水位上涨引起淹没面积增加,淹没水体的空间布局重新组织,水体之间的连通性增强,反之亦然。但由于湖泊水位与淹没面积的非线性关系和响应特征,水文连通性与水位、淹没面积之间也可能是非线性响应。

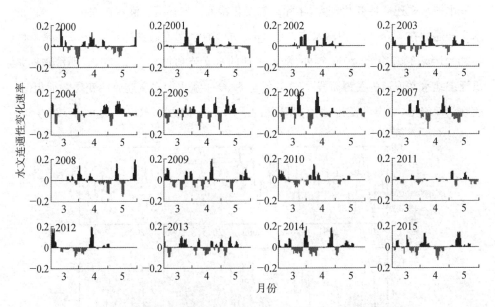

图6.8　2000—2015年涨水期(3—5月)水文连通性变化速率

图6.9和图6.10分别为水位—水文连通性、淹没面积—水文连通性的分布关系散点图。各年涨水期的水位—水文连通性的关系复杂多变,尽管总体上两者是呈正

相关的,但水文连通性对水位的响应特征在不同年份差异较为显著。部分年份(比如
2002 年、2003 年、2005 年)涨水期两者的关系主要以非迟滞特征为主,水位对水文连
通性的响应基本上属于单值关系。但多个年份涨水期水位—水文连通性的关系仍旧
以迟滞特征为主,主要是同一水位条件下涨水过程的水文连通性强于该水位条件下
的退水过程,比如 2000 年、2007 年、2008 年、2012 年等,这与水位—淹没面积的线性
特征尤为相似。从水位—水文连通性的曲线变化形状而言,典型枯水年如 2007 年、
2008 年的水位—水文连通性的散点图为下凹形,即涨水初期水位增长并未导致水文
连通性的快速增加,而典型丰水年如 2010 年、2012 年等,水位—水文连通性的散点图
为上凸形,反映其水位上涨导致水文连通性的快速响应。总体而言,涨水期水位与水
文连通性呈正相关,但两者的关系存在显著的非线性特征。水位和淹没面积都是水
文连通性的主要影响因素,其中水位既影响淹没面积,又与水文连通性存在显著相关
性。图 6.10 绘制了各年涨水期淹没面积—水文连通性的相关图。由图可知,淹没面
积与水文连通性存在较好的线性关系。可见涨水期水位、淹没面积、水文连通性三者
是相互联系的,水位是后两者动态变化的主导因素,但这种主导作用受空间位置、洪
泛湿地地形以及洪水传播等影响而呈现一定的非线性特征。

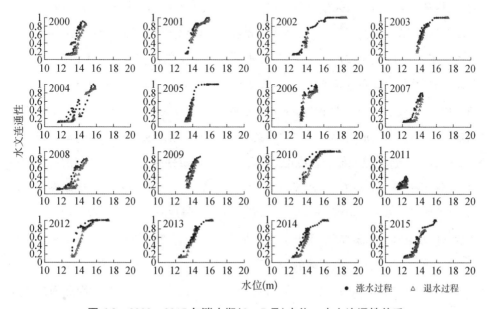

图 6.9 2000—2015 年涨水期(3—5 月)水位—水文连通性关系

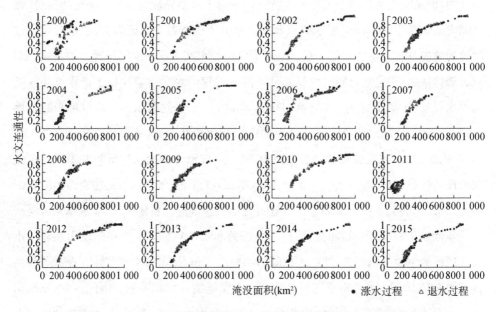

图 6.10　2000—2015 年涨水期(3—5 月)淹没面积—水文连通性关系

　　水文连通性包括横向水文连通(垂直于主流方向)和纵向水文连通(沿主流方向)。尽管上文分析了涨水期水位、淹没面积、水文连通性的动态变化,但横向水文连通度与纵向水文连通度是否存在显著差异,以及这种差异是否随着时间而变化尚不清楚。图 6.11 绘制了 2000—2015 年涨水期横向水文连通度和纵向连通度的变化。总体来看,涨水期随着水位涨落,横向水文连通与纵向水文连通均表现出一定程度的动态调整,但两者的相对大小以及对水位的响应程度有显著的差异。比如 2004 年涨水期 3—4 月纵向连通度出现两次脉冲式增长,最大纵向连通度达 0.6,而横向连通度仅维持在 0.1 左右,这与湖泊水位的两次上涨—下降事件相对应。此期间洪泛湿地淹没范围略微扩张,赣江中支三角洲与主湖水体连通,鄱阳湖东河右岸滩地淹没范围增加,显著增强了纵向连通度,但由于鄱阳湖东河右岸滩地淹没水体与赣江中支三角洲淹没水体缺乏地表水流路径,因此此期间横向水文连通度始终较低。2011 年涨水期的水位持续偏低,虽有 4 次明显的涨水—退水过程,但湖泊水位低于 13 m,鄱阳湖东河与赣江中支三角洲以及右岸滩地淹没区均缺乏横向水文连通路径,因此横向连通度变化较小,纵向连通度变化更为明显。纵观各年涨水期横向连通度和纵向连通度的动态变化,在中低水位时期(<14 m),纵向连通度对水位的响应比横向连通度的响应更迅速、更强烈,也就是纵向连通度在中低水位时期的变异性更大。

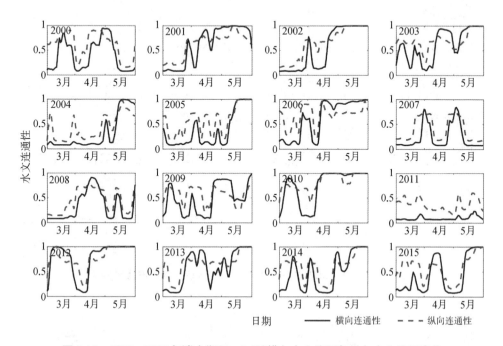

图 6.11　2000—2015 年涨水期(3—5 月)横向水文连通与纵向水文连通变化

图 6.12 和图 6.13 分别是 2000—2015 年涨水期水位—横向连通度、水位—纵向连通度的散点图。由图可知,在涨水期的中低水位时期(<14 m),除个别年份外(比如 2006 年、2009 年),横向连通度基本上低于 0.2,而且变化极其微弱;而同等情况下的纵向连通度变化范围为 0.2~0.8(比如 2000 年、2004 年),表现出极大的变异性。涨水期的中高水位时期(>14 m),横向连通度突然增强(>0.6),此时纵向连通度也维持在较高程度。

通过图 6.14 可知,各年退水期水文连通性以减弱为主,但退水期内出现一定的波动变化。大部分年份退水初期(9 月 1 日)的水文连通性在 0.8~1,但退水末期(11 月 31 日)的水文连通性锐减为 0.1~0.2。除 2006 年、2011 年、2013 年外,退水期最高值均达到 1,而最低值为 0.1,表明退水期水文连通性从高到低的普遍规律,这个时期是水文连通性由强到弱的关键阶段。2006 年、2011 年、2013 年退水期水位偏低,因此退

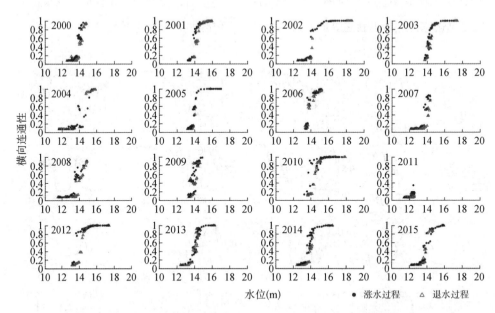

图 6.12　2000—2015 年涨水期(3—5 月)水位—横向连通度关系

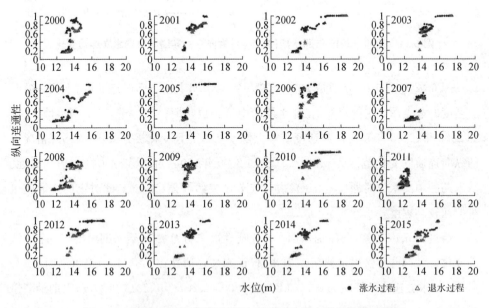

图 6.13　2000—2015 年涨水期(3—5 月)水位—纵向连通度关系

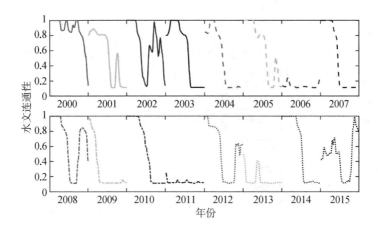

图 6.14　2000—2015 年退水期(9—11 月)水文连通性变化

水期水文连通性较弱、变化幅度较小。各年退水期的水文连通性的动态变化表现出
一定的差异。2007 年、2009 年、2010 年、2014 年退水期的水文连通性表现为显著而
单一的锐减特征,2001 年、2002 年、2008 年、2012 年、2015 年退水期的水文连通性则
表现为退水后期水文连通性显著增强。

　　退水期洪泛区水文连通性的变化速率图(图 6.15)显示,各年退水期水文连通性
主要以减弱为主,但偶尔伴有水文连通性增强过程。比如 2003 年、2004 年、2007 年、
2009 年、2010 年、2014 年退水期水文连通性表现为持续减弱,水文连通性最大变化速
率达到 0.2,2002 年、2008 年、2012 年、2015 年退水期后期的水文连通性出现一次增
强过程。可见水文连通性动态变化特征与水位、淹没面积极为相似。从各年退水期
的水位—水文连通性散点图看(图 6.16),水位与水文连通性以线性单值关系为主
(2001 年、2008 年、2012 年除外),退水过程导致水文连通性降低,涨水过程则水文连
通性显著增强,导致部分年份的水位—水文连通性表现为一定程度的非线性特征。
淹没面积—水文连通性散点图显示(图 6.17),两者具有良好的线性单值关系,即淹没
范围涨退与水文连通性的强弱密切相关。因此,退水期的水位、淹没面积、水文连通
性三者的相互联系表现为水位下降导致淹没面积萎缩、水文连通性减弱,而且由于大
部分年份退水期的水位以下降为主,下降—上涨过程偏少,造成水位—面积—水文连
通性三者的关系表现为线性单值关系。

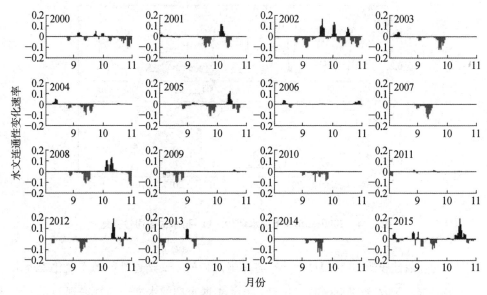

图 6.15　2000—2015 年退水期(9—11 月)水文连通性变化速率

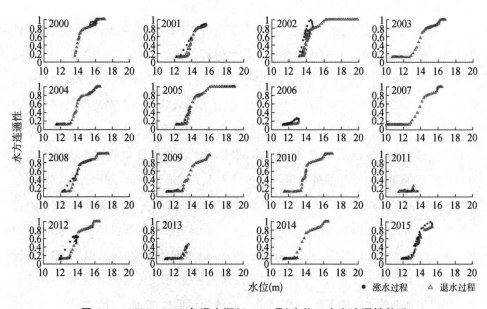

图 6.16　2000—2015 年退水期(9—11 月)水位—水文连通性关系

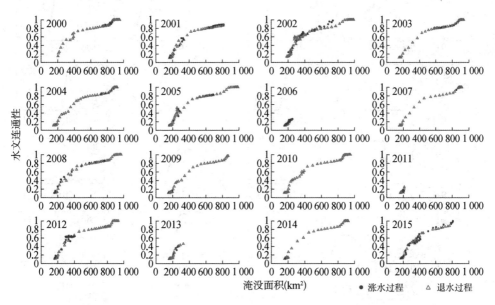

图 6.17　2000—2015 年退水期(9—11 月)淹没面积—水文连通性关系

同上文涨水期分析,图 6.18 绘制了 2000—2015 年退水期横向水文连通度和纵向连通度的变化。总的来看,退水期随着水位涨落,横向水文连通与纵向水文连通均表现出一定程度的动态调整,但两者的相对大小以及对水位的响应程度有显著的差异。比如典型枯水年 2006 年、2011 年退水期的纵向连通度比横向连通度更强,对水位变化的响应也更敏感,2006 年退水期纵向连通度出现两次增强,与水位的两次上涨过程对应。大部分年份横向水文连通度的变化更为迟缓,比如 2003 年 10 月月初的纵向水文连通度已开始减弱,而横向水文连通度维持在最高值附近,直到 10 月中下旬,两者均锐减至 0.2 左右,类似情况出现在多个年份,比如 2004 年、2005 年、2007 年等。纵观各年退水期横向连通度和纵向连通度的动态变化,纵向连通度对水位的响应比横向连通度的响应更迅速、更强烈,也就是纵向连通度在中低水位时期的变异性更大。

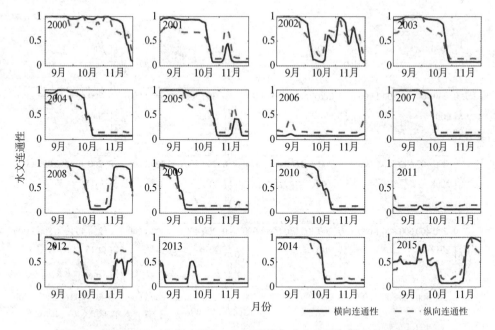

图 6.18　2000—2015 年退水期(9—11 月)横向水文连通与纵向水文连通变化

6.3　国家级自然保护区湿地—水文连通性变化特征与模拟

　　鄱阳湖国家级自然保护区湿地主要包括永久性淹没水体、碟形湖(季节性子湖)以及漫滩(例如天然堤、沼泽湿地和沙丘),同时也是鄱阳湖洪泛系统的主要构成单元,这里称之为连通体。这些连通体在洪水脉冲的影响下如何相互作用对湿地植被演替及水质演变具有重要意义。特别是对于蓄水量较小的碟形湖而言,水质对其地表水文连通性变化的响应更为敏感。

　　基于以上背景,本研究通过融合 2000—2016 年覆盖鄱阳湖湖区的 MODIS 和 Landsat 影像获取了鄱阳湖国家级自然保护区 8 天间隔 30 米空间分辨率的水面变化(Tan et al.,2019)。在此基础上,通过 Trigg 等(2013)提出的基于地统计的地表水文连通性函数(见 6.2.1 小节)定量评价了研究区的地表水文连通状况及其对水文过程的影响。本节主要目的是通过地表水文连通性评价确定不同水文年连通体之间的水流路径,量化湖泊、河流和碟形湖之间连通的时机及持续时间,揭示地表水文连通性对碟型湖涨退水过程的影响程度,旨在为研究高度动态的复杂河湖—洪泛系统的地表水文连通性提供科学的评价方法,服务于湿地生态环境效应评估与保护等。

6.3.1 湿地地表水文连通性动态变化

基于遥感融合数据获取的干湿二值数据集,本研究通过地统计连通性分析创建了一系列连通性函数曲线,用于描述一个完整洪水事件研究区地表水文连通性的动态变化(图 6.19)。为了利于分析不同水文年的地表水文连通变化,本研究选取典型枯水年(2006 年 1 月 17 日至 2007 年 1 月 1 日)、代表性平水年(2009 年 1 月 17 日至 2010 年 1 月 9 日)和典型丰水年(2010 年 1 月 9 日至 2011 年 2 月 18 日)的水文连通性函数曲线进行比较分析。对于单个水位年来说,最高地表水文连通性均发生在洪峰过境期间。对于典型干旱年而言,洪峰周围的最小连通性函数值≥0.50,平水年≥0.65,而典型丰水年≥0.89。此外,低水位时期连通性函数曲线的急剧下降表明所研究的洪泛区内水体的连通性较差。在典型枯水年和平水年,低水位时期的最大连通距离为 10～15 km,而在典型丰水年最大连通距离能够达到 15～20 km。在典型丰水年的涨水期和退水期有更多的连通性函数曲线在高值区富集,表明与典型枯水年和平水年相比,典型丰水年的高水位持续时间更长(约为 176 天)。

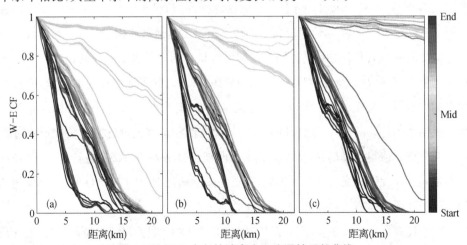

图 6.19 W-E 方向的地表水文连通性函数曲线

注:从蓝色到红色依次代表典型水文年初期、中期和末期的地表水文连通性函数曲线。(a) 典型枯水年:连通性函数曲线开始于 2006 年 1 月 17 日(DOY 17),结束于 2007 年 1 月 1 日(DOY 1);(b) 代表性平水年:连通性函数曲线开始于 2009 年 1 月 17 日(DOY 17),结束于 2010 年 1 月 9 日(DOY 9);(c) 典型丰水年:连通性函数曲线开始于 2010 年 1 月 9 日(DOY 9),结束于 2011 年 2 月 18 日(DOY 49)。

从图 6.19 还可以看出,在一个完整的洪水事件中,地表水文连通性函数曲线似乎受一些重要的阈值影响而相互分离,形成不同的连通水平。在相似的连通水平内,函数曲线表现出一定的聚集效应,这种现象在洪峰附近尤为显著。我们之前的研究证实,当星子站水位达到 14 m 时,大多数碟形湖会与主湖连通而形成同一片水体(Tan et al.,2016)。我们推测在两种情况下洪泛区地表水文连通性不会随着水位波动发生太大变化:一种是涨水阶段深水河道和低洼滩地的填充过程;另一种是退水阶段随着淹水深度的减小碟形湖逐渐排干的过程,此时洪水的空间范围基本保持不变。所以,当水位上升或下降超过 14 m(星子水位)时洪水会漫过堤坝或回归到深水洼地,地表水文连通性就会发生剧烈转变。

6.3.2 关键连通体的时空分布和连通过程

地表水文连通性函数可用于揭示连通体与洪水脉冲之间如何相互作用以产生地表径流、连接地表水流以及在洪泛区进行地表水的输移。为了进一步获取研究区水流的路径及主要连通体之间的输水方式,图 6.20、图 6.21 和图 6.22 分别展示了典型枯水年、平水年和典型丰水年连通体的时空分布。在典型枯水年(图 6.20),地势较低的大汊湖首先于 2 月 10 日(DOY 41)通过漫滩流的方式与其他水体进行连通,此时主湖水位为 9.05 m(星子水位,下同)。与大汊湖不同,当星子水位达到 14.58 m 时,梅西湖于 5 月 25 日(DOY 145)通过狭窄的深水河道与其他水体相连。蚌湖与赣江—修水干流之间的水力联系导致周边湖与沙湖更容易受到主湖洪水脉冲的影响。对于典型枯水年而言,洪峰发生在 6 月 18 日(DOY 169),此时除了地势较高的长湖,所有的碟形湖均被洪水淹没。与涨水期的连通顺序相反,退水期朱市湖首先与修水断开连接。大约半个月后的 7 月 12 日(DOY 193),大湖池和象湖因洪泛区的快速退水过程而相互分离。值得注意的是,梅西湖在退水时期通过另外一条路径进行排水,与补水路径不同。在大汊湖成为独立水体后,所有的碟形湖在 12 月 17 日(DOY 321)均与其他水体断开地表连通,对应星子水位为 9.15 m。

对于代表性平水年而言(图 6.21),2 月 10 日(DOY 41),星子水位从 7.61 m 逐渐升高。与典型枯水年相反,位于地势较高的中湖池与周边水体连通的时间和大汊湖几乎相同。值得注意的是,中湖池首先与修水连通,却与主湖保持着最后的地表水力联系,直到 6 月 26 日(DOY177)与主湖脱离。长湖在平水年和典型枯水年始终保持

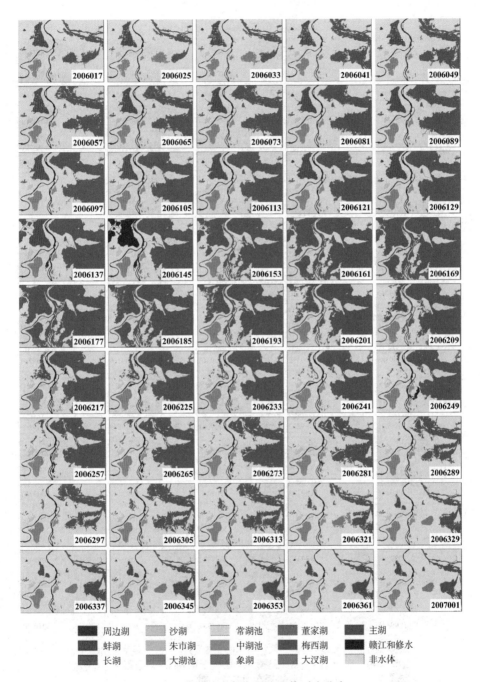

周边湖	沙湖	常湖池	董家湖	主湖
蚌湖	朱市湖	中湖池	梅西湖	赣江和修水
长湖	大湖池	象湖	大汊湖	非水体

图 6.20　典型枯水年主要连通体时空分布

注:图中鄱阳湖国家级自然保护区及其周边最大的 12 个碟形湖及主湖、赣江和修水干流分别用不同的底色进行标注。

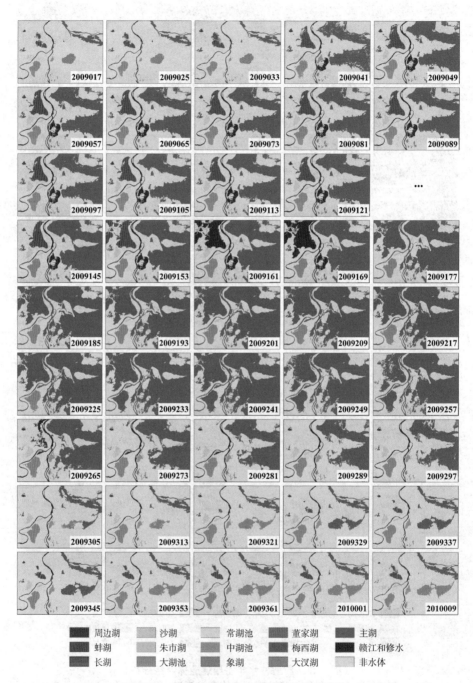

图 6.21　代表性平水年主要连通体时空分布

独立的状态。沙湖与蚌湖脱离地表水力联系后,其水体大小保持相对稳定。但由于河道的排空作用,从 10 月 8 日(DOY 281)到 11 月 9 日(DOY 313),蚌湖几乎从地图上消失了。11 月 17 日(DOY 321)之后蚌湖水面的扩张可能是由当地降雨和地下水补给引起。

在典型丰水年的初期,大汊湖与主湖的一部分保持着地表水力连通,该连通体与主湖之间的狭窄缝隙可能是遥感影像水面提取误差所致(图 6.22)。蚌湖在与赣江—修水干流和主湖连通之前就开始水面扩张,并通过漫滩流的方式于 4 月 24 日(DOY 113)补给沙湖。梅西湖通过两个方向相反的河道几乎同时接受赣江—修水干流和主湖的地表水补给。从 5 月 1 日(DOY 121)到 10 月 16 日(DOY 289),典型丰水年的高水位时期持续超过 160 天。与典型枯水年和平水年相比,典型丰水年的高水位开始时间早,而结束时间晚。另一个明显的差异是,长湖在典型丰水年的高水位阶段与主湖保持长时间连通,连通期间对应的星子水位介于 15.87 m 和 20.02 m 之间。蚌湖从 10 月 24 日(DOY 297)与赣江—修水干流和主湖断开连接后,水面范围受蒸发和渗漏影响持续缩小。虽然象湖和董家湖在退水阶段始终保持连通,但其水面并无明显变化。这种差异可能是由于湖底沉积物透水性差异和人类活动干扰。

6.3.3 湿地水文连通性的持续时间和频率分析

图 6.23 呈现了 12 个主要碟形湖、赣江—修水干流和主湖之间的地表水文连通的持续时间。大汊湖与主湖之间的连通时间最长,在典型枯水年、平水年和丰水年连通时间分别达到 288 天、288 天和 344 天。长湖是典型丰水年连通时间最短的碟形湖(120 天)。在典型枯水年和平水年,主湖与地势较低的碟形湖(如大汊湖和梅西湖)的连通时间比主湖与地势较高的碟形湖(如大湖池和朱市湖)的连通时间长。相比之下,在典型丰水年,主湖与除大汊湖和长湖之外的其他碟形湖的连通时间存在一定差异,这主要是由丰水年快速的涨退水过程引起的。

为了确定研究区重要水体之间潜在的补排路径,本研究分析了研究区内面积最大的四个碟形湖(蚌湖、大汊湖、大湖池和沙湖)与周边其他地理单元之间的连通频率(图 6.24)。蚌湖最有可能通过位于其东北部的排水渠与赣江—修水干流相连。位于蚌湖西北的狭长的深切河道促进了其与周边湖之间的水量交换。此外,蚌湖的水动力及水化学过程很可能随着赣江—修水干流的涨水而影响常湖池。与预想的不同,

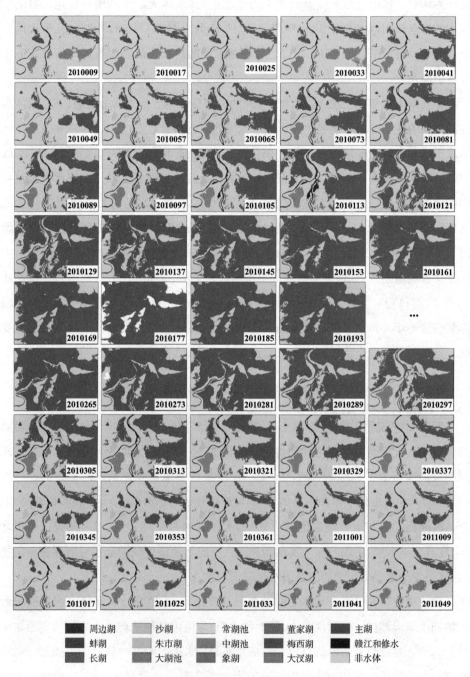

图 6.22　典型丰水年主要连通体时空分布

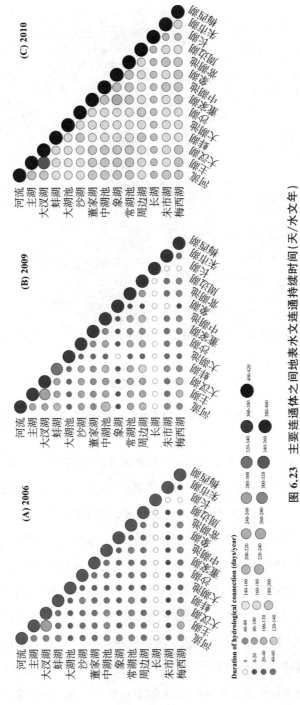

图 6.23　主要连通体之间地表水文连通持续时间（天/水文年）

注：(A) 典型枯水年，(B) 代表性平水年，(C) 典型丰水年。

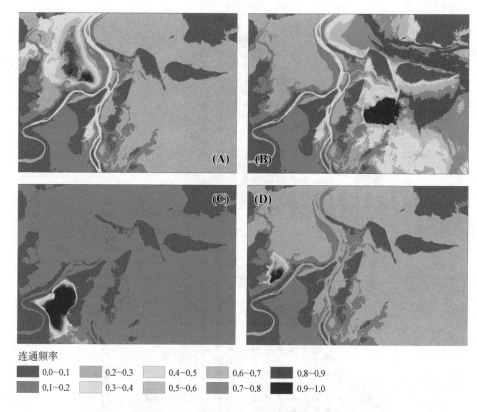

连通频率

■ 0.0~0.1	■ 0.2~0.3	■ 0.4~0.5	■ 0.6~0.7	■ 0.8~0.9
■ 0.1~0.2	■ 0.3~0.4	■ 0.5~0.6	■ 0.7~0.8	■ 0.9~1.0

图 6.24　重要碟形湖与其他地理单元之间的地表水文连通频率

蚌湖与沙湖之间的水力联系并没有蚌湖与其他低洼区域碟形湖(如大汊湖、梅西湖和
朱市湖)之间的水力联系更频繁。另外,大汊湖与主湖之间的联系最为频繁。即使在
低水位时期,大汊湖也可能通过漫滩流与主湖区的深水航道保持地表水文连通。大
汊湖通常通过两条路径与赣江—修水干流相连:第一条路径是主湖的下游水体;第二
条路径是通过梅西湖与干流间接保持水力联系。这意味着位于上游的常湖池和赣
江、修水中的沉积物和营养盐很可能通过它们之间狭窄的河道流入梅西湖和大汊湖。
另外两个碟形湖——大湖池和沙湖都位于地势较高的洪泛区。大湖池北部和西南部
的漫滩流发生的时间一般不同,这取决于修水和赣江的来水时间,当洪水脉冲快速填
充低洼湿地和地势较低的碟形湖时,两个方向的漫滩流也可能同时发生。此外,由于
河流堤坝的阻隔作用,沙湖很少与长湖、大湖池和象湖连通。一旦赣江—修水干流的

洪水越过沙湖和蚌湖之间的土脊,沙湖就可能与常湖池、中湖池和朱市湖形成地表水文连通。然而,在退水阶段和枯水期,受地理位置和退水方向影响,上游碟形湖的地表水很难补给沙湖。

6.3.4　湿地水文连通性对碟形湖涨退水过程的影响

图 6.25、图 6.26 和图 6.27 呈现了典型枯水年、平水年和典型丰水年四个代表性碟形湖水面随时间的变化过程。在涨水阶段,几乎所有碟形湖连通后的水面扩张速率均显著大于连通前的水面扩张速率。同样,对于退水期而言,几乎所有的碟形湖孤立后的萎缩速率比连通的情况下显著减小。例如,大湖池在具有地表水力连通的情况下其水面扩张速率为 1.45 km²/8 day,显著高于作为独立水体的大湖池的扩张速率

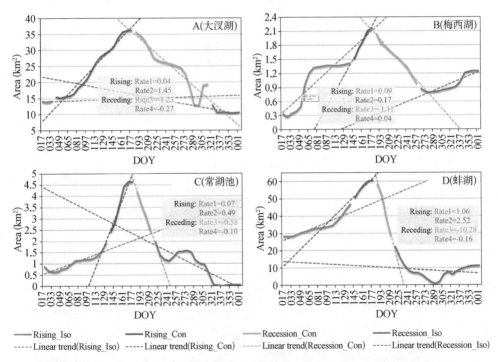

— Rising_Iso　　　— Rising_Con　　　— Recession_Con　　　— Recession_Iso
---- Linear trend(Rising_Iso)　---- Linear trend(Rising_Con)　---- Linear trend(Recession_Con)　---- Linear trend(Recession_Iso)

图 6.25　典型枯水年四个连通时间最长的碟形湖的水面积变化

注:"Rising_Iso"表示涨水阶段孤立湖泊的水面变化;"Rising_Con"表示涨水阶段连通湖泊的水面变化;
"Receding_Con"表示退水阶段连通湖泊的水面变化;"Receding_Iso"表示退水阶段孤立湖泊的水面变化。
"Rate1"和"Rate2"分别表示涨水阶段碟形湖连通前和连通后水面序列线性拟合的斜率(km²/8 days);
"Rate3"和"Rate4"分别表示退水阶段碟形湖孤立前和孤立后水面积序列线性拟合的斜率(km²/8 days)。

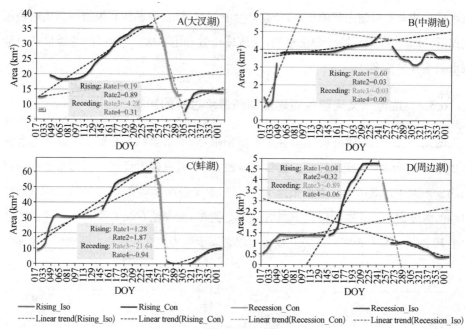

图 6.26 代表性平水年连通时间最长的四个碟形湖的水面积变化

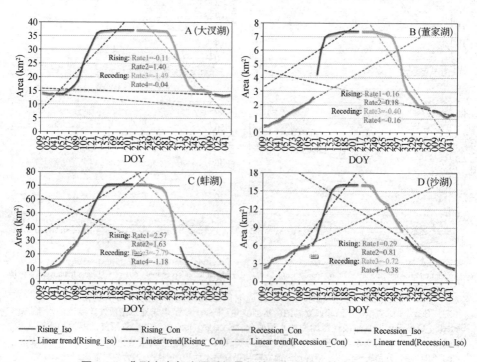

图 6.27 典型丰水年连通时间最长的四个碟形湖的水面积变化

（0.04 km²/8 day）。此外,蚌湖在脱离地表水力连通之后其水面萎缩速度
（－0.16 km²/8 day)比具有地表水力连通的情况下的萎缩速度（－10.28 km²/8 day)
要慢得多。

在平水年,地表水文连通对碟形湖的退水过程的影响比涨水过程的影响更大。
退水阶段,蚌湖的水面萎缩速率达到－21.64 km²/8 days(图 6.26)。相比之下,蚌湖
在与周边水体失去地表水力连通后,其水面反而出现短暂的扩张过程。此外,在典型
丰水年的涨水期,大汊湖、董家湖和沙湖与其他水体连通后水面迅速扩张,然而由于
洪峰的持续时间较长,其水面扩张的速率并不快。同样,碟形湖的水面积在退水初期
相对稳定,之后急剧下降。

6.4　湿地水文连通性的影响因素

水位高低和淹没面积可能是季节性水文连通的重要控制因子。一般地,枯水季
节水位低、淹没面积较小,纵向和横向连通度最弱,丰水期反之。湖泊水位与遥感提
取的淹没面积的散点图显示两者呈现较为显著的正相关关系,水位变化范围在
11 m 至 19 m,相应的淹没面积变化范围在 104～970 km²。可见湖泊水位是淹没面
积的主导因素,符合对鄱阳湖季节性洪泛湖泊水文规律的一般认识[图 6.28(a)]。
湖泊水位与水文连通的关系因方向不同存在显著差异,即纵向连通、横向连通对湖
泊水位变化的响应方式不同(Li et al.,2019)。中低水位时期(水位低于约 14 m),
横向连通度在 0-0.4 波动,中高水位时期(水位高于约 14 m),横向连通度均大于
0.6[图 6.28(b)]。与此不同的是,中低水位时期纵向连通度呈现显著的变异性,变
化范围在 0.1～0.8,水位大于14 m 时,纵向连通度为0.7～1[图 6.28(c)]。相应的,
淹没面积与水文连通的关系也呈现类似规律。水位低于约 14 m 时,淹没面积在
100～400 km²,此时横向水文连通度较低,纵向连通度的变化幅度较大;水位高于
14 m 时,淹没面积大于400 km²,横向连通度较高,纵向连通度维持在 0.7 以上[见
图 6.28(b-e)]。

综合图 6.28 可知,湖泊水位对水文连通度存在明显的控制作用,水位涨落导致湖
泊淹没面积增长或减小,继而水文连通增强或减弱。这种影响也因水文连通的方向
存在显著的差异,横向水文连通与水位和淹没面积之间存在显著的阈值效应,水位阈

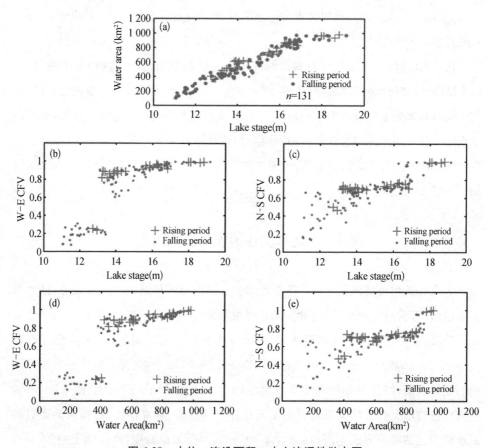

图 6.28　水位—淹没面积—水文连通性散点图

值约为 14 m，面积阈值约为 400 km²，纵向水文连通与水位和淹没面积之间基本上呈正相关，但中低水位条件下纵向水文连通表现出较大的变异性。

除水位和淹没面积影响水文连通的季节特征外，水体空间组织可能也是影响因素之一。鄱阳湖是典型的季节性洪泛湖泊，洪泛水文过程复杂，湖泊湿地的淹水节律、历时和程度因湿地位置、地形高低和湖泊水情呈现较大程度的时空异质性，这种高度动态复杂的水文节律导致鄱阳湖淹没水体的空间分布格局呈现动态变化。比如已有研究表明，鄱阳湖淹没面积与水位在涨水和退水阶段存在绳套现象，这种绳套迟滞性的方向、程度与空间位置相关，湖泊上游的康山站水位与淹没面积呈现逆时针，而湖泊中下游的各站水位与淹没面积的绳套为顺时针方向。这种迟滞性不仅表现在年内的季节尺度上,而且在涨水阶段内(涨水期 3—5 月)的周—月尺度上,淹没面积、水体空间分布也因涨水和退水过程而表现出显著的异质性。

图 6.29 是基于南矶湿地淹没面积和水体空间分布异质性的一个案例。淹没面积数据是基于 MIKE 21 鄱阳湖二维水动力模型模拟结果,水体空间分布数据是基于 MODIS 遥感影像提取的结果。总体而言,涨水期和退水期的水面面积、水体空间分布存在显著差异,比如 2010 年 3 月 6 日湖泊水位约为 12.2 m,淹没面积为 1 600 km²,而 2010 年 11 月 1 日湖泊水位与 3 月 6 日相差不大(约为 12.3 m),但淹没面积仅有 900 km²。这种异质性也表现在单次的涨水—退水事件中,比如 2010 年 3 月 6 日位于涨水期的涨水过程,水位约为 12.2 m,3 月 22 日位于涨水期的退水过程,水位约为 12.5 m,后者的淹没面积比前者偏小约 400 km²。就水体空间分布而言,相似水位条件下(12~12.5 m),涨水期与退水期、涨水期的涨水过程与退水过程的水体空间组织差异极其显著。比如,相对于 3 月 6 日,3 月 22 日的淹没范围从湖区南部和东南部萎缩,11 月 1 日的淹没范围则从湖泊中部、湖泊东南部大面积缩小。可见,鄱阳湖洪泛过程的高度复杂性加剧了湖泊水体空间组织的高度异质性。

水体空间组织对水文连通性也存在一定的影响。水位是控制水文连通性的因素,因此选取了同一水位条件下不同的水体空间分布案例(如图 6.30)。2004 年 12 月 31 日湖泊水位约 12 m,淹没面积 230 km²,纵向水文连通度为 0.26,而 2006 年 12 月 21 日湖泊水位与前者相似,淹没面积 218 km²,纵向水文连通度为 0.59,是前者的两倍多。从水体分布可知,2006 年 12 月 21 日湖泊东部湖湾水体与鄱阳湖东河水体连通,而 2004 年 12 月 31 日两者相互阻隔,导致前者在几乎全部距离尺度上的纵向连通性函数值均比后者高,可见水体空间组织对纵向连通度的显著影响。这也是中低水位时期纵向连通度变异性较大的主要原因之一。值得注意的是,水体空间组织对横向连通度的影响不如对纵向连通度的影响程度大(相差小于 0.1),比如 2006 年 12 月 21 日相对于 2004 年 12 月 31 日的横向水文连通度仅仅在较小的距离尺度上有所改善(图 6.30)。

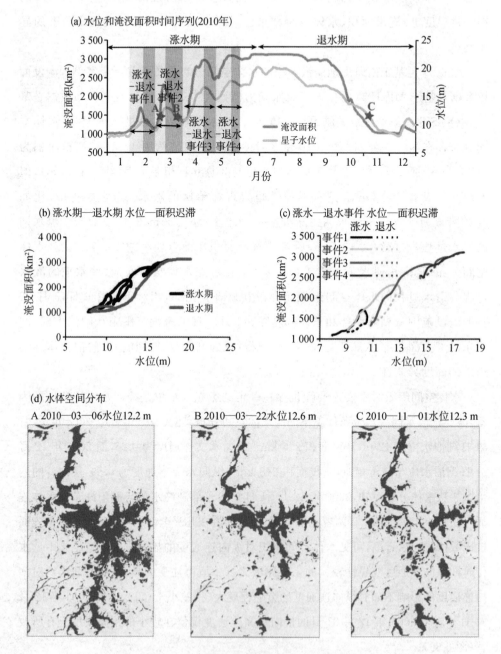

图 6.29　水面积和水体空间分布的异质性

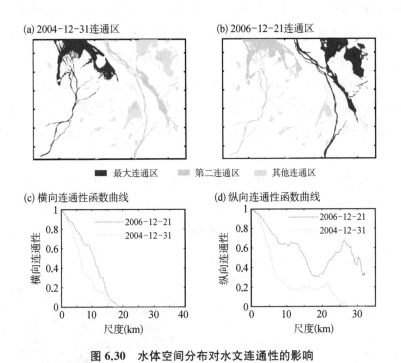

图 6.30　水体空间分布对水文连通性的影响

　　由于洪泛湿地的水文连通主要发生在中高水位时期,即雨季上游流量增加,主河道发生漫滩洪水,洪泛湿地与主河道逐渐恢复水文连通。因此洪泛湿地的空间位置和地形也是湖泊洪泛湿地水文连通的影响因素之一。比如 Karim 等(2012)在澳大利亚墨累河以及塔利河洪泛湿地的研究指出,湿地与塔利河的水文连通时间比与墨累河连通的时间短,因为塔利河河岸岸堤较高,阻碍了湿地与主河道的水文连通。为进一步分析,以鄱阳湖南矶保护区湿地为例,考虑主河道宽度、研究区范围、地形特征等因素,以3 km 的宽度围绕鄱阳湖东河生成多环缓冲区,分别统计不同缓冲区与主湖的水文连通频率。结果显示,总体上距离主河道越远,水文连通频率越小。距离主河道 3 km 以内的洪泛区水文连通频率均值为 0.60,而距离主河道 9~12 km 范围内的洪泛区水文连通频率均值减小为 0.46(图 6.31)。从变化范围上看,距离主河道越远的洪泛区,水文连通频率最大值也呈减弱的趋势。但不同距离的洪泛区水文连通频率的变异性较大,表现为各距离尺度下水文连通频率的变动范围有一定程度重合,主要原因可能是地形高程影响各距离尺度水文连通频率大小,而南矶保护区地貌类型复杂,地形特征多样,比如在主河道 3 km 范围内即包括河岸岸堤、次级河道、低位滩地、碟形洼地等多种类型。

因此洪泛湿地水文连通可能也与地形有一定联系。低位滩地高程较低（<11 m），主要分布在主河道邻近区域（<3 km）和碟形洼地，前者与主河道连通频率最高（>0.8），后者因距离主河道较远，水文连通频率较前者低（<0.7）。高位滩地高程较高（>14 m），主要分布在主河道岸堤、洪泛湿地河道岸堤等，水文连通频率普遍偏弱（<0.5）。图 6.32 表示地形—距离—水文连通频率三者的关系，总体而言地形高程是水文连通频率的主导因子，同时空间位置也是影响因子之一。根据三者关系可区分洪泛湿地不同区域的水文地貌特征，近距离—低地形区域的水文连通频率最高，主要是主河道两侧的低位滩地；远距离—低地形的水文连通频率次之，主要是洪泛湿地的碟形湖；近距离—高地形区域为主河道两侧岸堤，远距离—高地形区域为洪泛湿地河道岸堤，两者的水文连通频率最低。

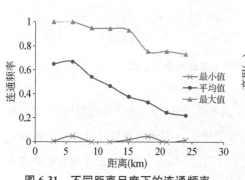

图 6.31 不同距离尺度下的连通频率

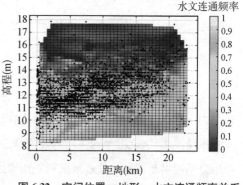

图 6.32 空间位置—地形—水文连通频率关系

可见，地形高程对水文连通存在显著影响。根据主河道以及岸堤地形与不同历时的水位的对比发现，横向水文连通的关键阈值为历时 50% 的湖泊水位，约为 14 m。鄱阳湖东河左岸岸堤高程比右岸岸堤略高，尤其是棠荫站附近及其以下区域。图 6.33 可知，水位历时大于 50% 时（水位 13.8 m），水位剖面总体上比鄱阳湖东河左岸岸堤更低，因此左岸滩地与主河道缺乏地表水文连通，而水位历时小于 50% 时，水位剖面高于主河道下游的两岸岸堤，尽管水位剖面仍旧低于上游岸堤，两侧滩地水体与主河道的水文连通路径主要位于主河道下游，因此横向水文连通度较高。水位历时小于 25% 时（水位 15.8 m），水位高于主河道上游和下游河岸岸堤，南矶保护区大部分区域被淹没，水文连通度较高。

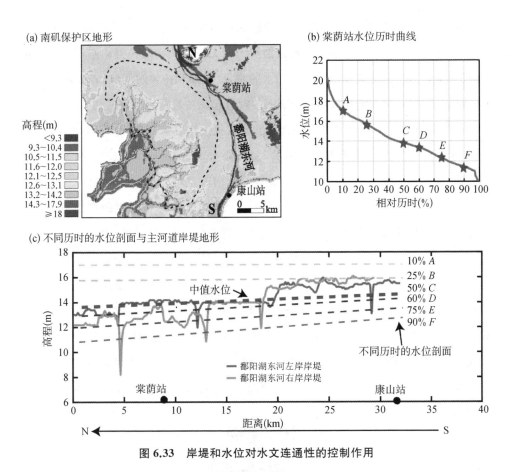

(a) 南矶保护区地形

(b) 棠荫站水位历时曲线

(c) 不同历时的水位剖面与主河道岸堤地形

图6.33　岸堤和水位对水文连通性的控制作用

6.5　有效水文连通性及其生态效应

根据对象和过程的不同,水文连通性可划分为结构连通性、功能连通性和有效连通性。结构连通性关注水从景观的一个部分到另一个部分的通道(Lexartza-Artzaand Wainwright,2009),而功能连通性侧重于结构要素如何与集水过程相互作用以产生径流(Bracken et al.,2013)。近年来,水文连通研究形成广泛共识,即水文连通性只有基于特定物种的生境适应性才具有生态意义,应从有效连通的角度进行衡量。也就是说,不仅应考虑连续体的排列特征及其拓扑关系,而且还应考虑指示性物种对连续体物理结构的响应行为。

水文连通性的变化导致淹没深度、流速和水温等关键水动力参数的变化,这对水循环、泥沙输运以及水鸟、鱼类、浮游植物和大型无脊椎动物的种群动态产生重大影响(图 6.34)。首先,水文连通性控制洪水的时机、范围和持续时间(Liu et al.,2020;Tan et al.,2019)。流速和水温是影响泥沙颗粒起动和絮凝的主要因素(Jiang et al.,2002;Li et al.,2016)。水鸟的栖息地适宜性在很大程度上与它们的身体尺寸(尤其是腿、喙和脖子的长度)和进食水深有关(Aharon-Rotman et al.,2017)。由于低温和高流速,在河流干流中出生的幼鱼通常需要利用河流泛滥和回流进入湖泊觅食,成熟后再返回干流(Abrial et al.,2019;McKey et al.,2016)。水温是浮游植物光合作用的必要条件,与细胞内酶反应、植物合成代谢和呼吸的速率密切相关(Woolway et al.,2020;Zohary et al.,2020)。同时,低流速延长了富营养化水体的停留时间,为浮游植物提供了较长的生长繁殖期,反之亦然(Tian et al.,2021)。此外,水文连通性以水文和水动力学的方式直接影响大型无脊椎动物的迁移、觅食和繁殖行为,如洪水的范围和持续时间、淹没深度、流速和水温,并通过营养物质、污染物、溶解氧和水透明度间接改变水环境来重塑大型无脊椎动物的食物网(Gallardo et al.,2008)。同时,泥沙输移和生境适宜性对淹没深度、流速和水温的变化的响应遵循阈值行为(Liu et al.,

图 6.34　水文连通及其相关的生态因子概念图

2020)。也就是说,任何相关的水动力学参数,当其变化超过特定物种的恢复力时,都可能在群落结构、生物丰度、生物多样性等方面引发强烈的反馈(Saco et al.,2020)。为了成功地综合生境适宜性和泥沙悬浮行为,水文连通性的评估应依赖于干/湿模式(如干、湿斑块的分布)、淹没深度、流速和水温等关键水力学参数。

CAST1.0 是一个以参数/阈值推荐、数据预处理、连通性分析和结果预览为主要功能,耦合干湿变化以及水鸟、鱼类、浮游藻类和大型底栖动物适宜的水深、流速、水温阈值的"有效水文连通性"定量评估软件。与已有工具相比,CAST1.0 具有以下几方面优势:(1) 从数据读取到预处理,再到地统计分析和结果预览只需要一键即可实现,不需要复杂的调参过程和专业的编程基础;(2) 在同一个模型中实现有效水文连通和潜在生境评估,因为连通水平是生境质量评价的重要参考,二者不应该相互割裂;(3) 耦合了重要的水力学参数作为有效水文连通和潜在生境评价的依据而不仅限于干湿分布。基于鄱阳湖代表性生态因子对关键水力学参数适应阈值的文献调研结果,本研究利用 CAST1.0 对鄱阳湖有效水文连通性进行评价,预测代表性生态因子潜在生境的空间分布及其动态变化。

6.5.1　有效水文连通性的评价方法

CAST1.0 软件为有效水文连通性提供了一个定量评价工具(图 6.35)。CAST1.0 基于 MATLAB 重写了 Trigg 等人(2013)提出的地统计分析脚本。这种地统计学分析方法量化了在特定距离上每个像素之间连接的概率,并能够描述连接对象的时空模式,可以用来分析连通路径和阈值。更多关于 CAST1.0 的信息建议参考 Tan 等(2019)和 Li 等(2019)的研究。

该框架不同于传统的水文连通性评价方法,传统方法只考虑干/湿模式。它通过综合泥沙悬浮的流速阈值以及水鸟、鱼类、浮游植物和大型无脊椎动物适宜栖息地的淹没深度、流速和水温阈值来确定有效单元。例如,为了评估浮游植物的潜在分布,流速为 $0\sim0.3$ m/s、水温为 $20\sim30$ ℃的像素被认为是有效的(定义为1),否则无效(定义为0)。推荐的参数及其阈值可以在软件手册中找到。然后可以根据二进制数据计算有效水文连通性。适合特定物种或群落的栖息地应该既丰富又紧密相连。也就是说,如果生境斑块的连通性很差,即使它们的总面积很大,有效的水文连通性也可能很低。

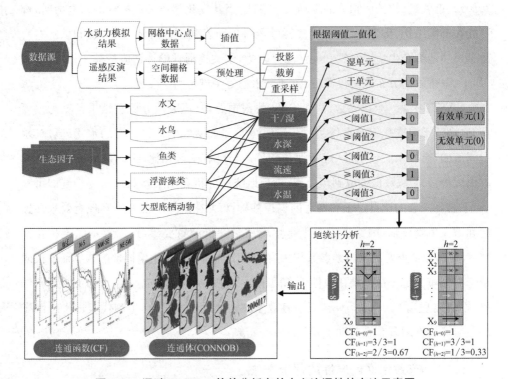

图 6.35　通过 CAST1.0 软件分析有效水文连通性的方法示意图

6.5.2　有效水文连通性的阈值效应

根据鄱阳湖的主要流向,采用 8D 搜索进行了 N-S 向的连通性分析。CONNB 空间分布和 CF 曲线如图 6.36 所示。

在枯水期,水深阈值对水文连通性的影响比在丰水期更大。在枯水期,当水深阈值从 0 m 变为 0.5 m 时,南部子湖和东部湖湾大部分与主湖脱节,最大连通体从 1 422.88 km² 减小到 213.60 km²。随着水深阈值的增加,相当一部分有效单元转变为无效单元,主航道不再连续。从 CF 曲线可以看出,当水深阈值从 0 m 变化到 0.5 m 时,水文连通性有可能发生突变。

丰水期淹没深度对水文连通性影响不大。当深度阈值为 2.0 m 时,最大连通体仅比水深阈值为 0 m 时小 187.61 km²。当阈值为 3.0 m 时,西岸冲积三角洲部分有效单元转变为无效单元。直到水深阈值大于 4.0 m,南部子湖与主湖断开连接。在洪水过

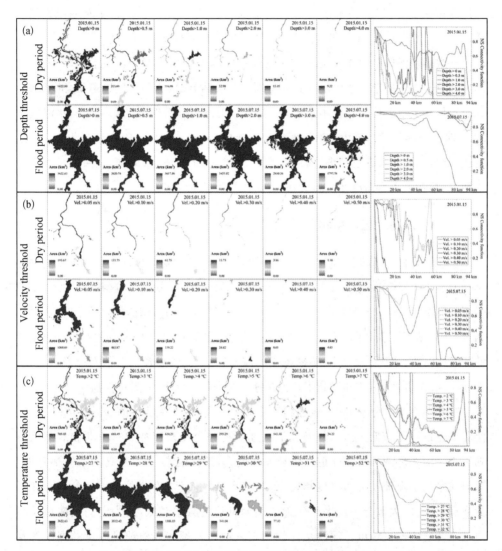

图 6.36 连通对象图(CONNOB)和 N-S 方向的连通函数(CF)

注:(a) 淹没深度的阈值效应;(b) 流速的阈值效应;(c) 水温的阈值效应。

程中,当水深阈值从 3.0 m 到 4.0 m 时,水文连通性可能会发生突变。

由于西部碟形湖、东部相对封闭的湖湾和南部子湖水体流动性不足,流速阈值对水文连通性的影响主要表现在对中北部河道的影响上。对南部子湖的影响大于对北部河道的影响。无论是在枯水期还是丰水期,当流速阈值大于 0.20 m/s 时,北部河道都与中部河道断开连接。当阈值大于 0.3 m/s 时,北部河道也失去了空间连续性,最大连通体减小了 75%(枯水期)和 85%(丰水期)。从 CF 曲线来看,丰水期流速阈值从 0.1 m/s 增大到 0.2 m/s 时,鄱阳湖的水文连通性发生了剧烈变化。

丰水期水温阈值对鄱阳湖水文连通性的影响大于枯水期。在枯水期,大型连通体主要分布在主航道。当水温达到 6 ℃时,东北部湖湾成为最大的连通体,北部和中部航道保持上下游连通。在丰水期,水温对水文连通性有明显的影响。当水温大于 29 ℃时,每升高 1 ℃,最大连通体面积平均减少 76%。同时,鄱阳湖被划分为几个主要连通体,如西北入湖三角洲、西南入湖三角洲、东北湖湾、东南湖湾、南部子湖。丰水期,鄱阳湖水文连通性在水温达到 28~29 ℃时发生突变。

6.5.3 潜在生境时空格局

在文献研究的基础上,确定了泥沙再悬浮起动流速和对生境质量至关重要的关键水动力参数的阈值(结果可在共享的 CAST1.0 用户手册中找到)。这些阈值主要来源于野外观测和实验。鉴于不同物种和不同生态因子对水动力阈值的要求不同,本研究拓宽了阈值范围,以满足适宜生境对更多生态指标的水动力要求,从而提高了评价结果的普遍适用性。随后,对 2015 年鄱阳湖的淹露特征、泥沙悬浮的可能性以及水鸟、鱼类、浮游植物和大型无脊椎动物潜在栖息地分布进行了分析(如图 6.37 所示)。

东部湖湾、南部子湖和主航道的淹没频率较高,西部洪泛区的沙丘、冲积锥和天然堤的淹没频率较低。水鸟的潜在栖息地主要分布在南部冲积三角洲和北部碟形湖边缘。而东部湖湾和主航道由于淹没深度大,摄食困难,不是水鸟的适宜栖息地。与潜在水鸟栖息地的分布格局相反,东部湖湾和主航道是鱼类的主要栖息地。除了少数碟形湖外,大部分洪泛平原作为鱼类栖息地的频率较低,因为它们只在短时间内处于合适的淹没深度。泥沙悬浮物出现率最高的湖床与侵蚀最严重的湖床具有相同的空间分布(Yao et al.,2018),分布在主航道,尤其是北部通江航道。受地形影响,中部、东部和南部子湖形成相对封闭的缓流区,增加了藻华发生的风险。但由于鄱阳湖是一个过水型湖泊,水体交换频繁,总体上发生藻华的概率不高。此外,主要河道由于淹没深度大、流速快,不适合作为大型无脊椎动物的栖息地。河漫滩和湖边的高地由于淹没时间短、深度浅,也不适合作为大型无脊椎动物的栖息地。虽然大多数其他栖息地相对适合大型无脊椎动物,但没有一个区域全年都适合。

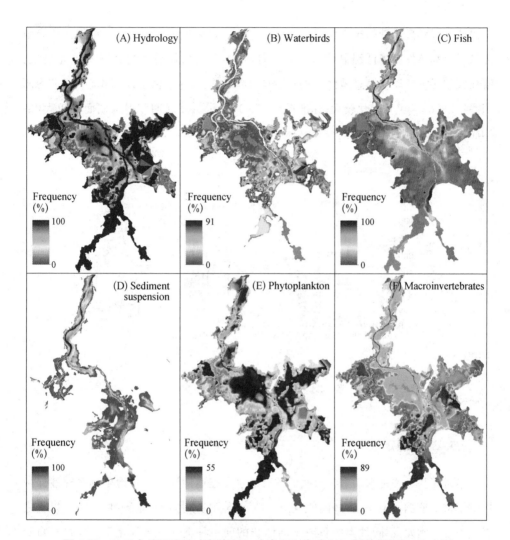

图 6.37　2015 年鄱阳湖淹水频率(A),水鸟(B)、鱼类(C)、浮游植物(E)和大型无脊椎动物(F)潜在栖息地出现频率和泥沙悬浮的可能性(D)

　　如图 6.38 所示,除夏季外,水鸟潜在栖息地面积的年变化相对稳定。在丰水期,特别是 6—7 月,几乎所有漫滩的淹没深度都超过了水鸟的最大摄食深度,潜在栖息地面积接近于零。潜在的鱼类栖息地主要出现在丰水期,尤其是 6—7 月,平均面积在 3 000 km² 以上。其余月份鱼类栖息地平均面积仅为 417.70 km²,最小面积不足 20 km²。受亚热带季风气候影响,5—6 月鄱阳湖流域来水增多,流速加快,易造成泥沙悬浮。在 11—12 月枯水期,泥沙悬浮可能发生的面积也较大,可能是由于长江水位快速下降对鄱阳湖的排空作用。5—10月,适宜的流速和水温为浮游植物生长繁殖提供了有利条件。受低温制约,每年12月至次年3月,浮游植物几乎不可能出现。潜在大型无脊椎动物栖息地面积的年变化无明显规律性。枯水期面积较小(平均面积=1 396.83 km²),变化较大(标准差=904.98 km²);涨水期和退水期面积较大(平均面积=2 396.43 km²),变化较小(标准差=421.10 km²)。

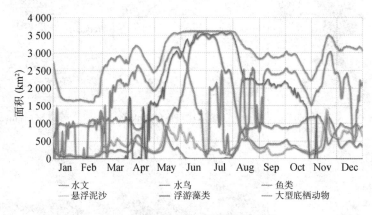

图6.38 潜在生境面积的年内变化

6.5.4 不确定性分析

本研究基于关键水动力参数阈值的有效水文连通性评估为湿地生物多样性保护提供了重要依据。但是,这些阈值仅限于特定类型的水体和特定物种,不能一以贯之直接采用。例如,不同种类的鱼或不同体长的同一种类适宜水深是不一样的(Du et al.,2010)。此外,鱼的产卵、鱼卵的孵化、幼鱼的育肥和成鱼的洄游需要不同的流速和水温(Dadras et al.,2017)。生态因子对环境变化具有一定的适应性和生存策略。对于河流、湖泊、海洋等不同类型的水体,激发/抑制生态因子发生和发展的环境因素不同,其阈值也不同。因此,水深、流速和水温并不是影响栖息地质量和评估有效水文连通性的唯一参数。本研究为评估鄱阳湖水文连通性和预测潜在生境提供了新视角,预计该框架可以通过结合更敏感的环境要素和当地生态因子的阈值来推广到其他洪泛区。

我们发现在丰水期,作为草食性鱼类重要食物来源,浮游植物分布区与鱼类栖息地有较大的重叠面积(图6.39)。在洪水和退水期(10月),浮游植物栖息地和大型无脊椎动物栖息地之间也有很大的重叠。然而,这项研究的结果并不能完全支持这些常识性结论。例如,在枯水期(1月),很难从栖息地的重叠模式中找到水鸟与鱼类、浮游植物和大型无脊椎动物之间的捕食关系。这是因为冬季的低温抑制了浮游植物和大型无脊椎动物的分布;本研究预测的潜在鱼类栖息地主要是体长20 cm以上的鱼类,一般不会被水鸟捕食。另一方面,除了水动力参数外,评估水鸟栖息地的适宜性还必须考虑与人类干扰的距离、水位下降的时间和速度以及食物来源的可用性等。

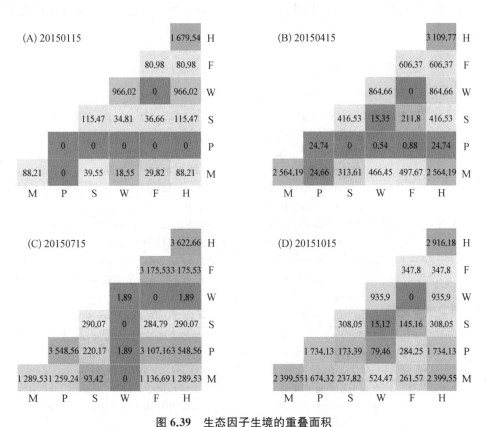

图6.39　生态因子生境的重叠面积

注:H:水文,F:鱼类,W:水鸟,S:悬浮泥沙,P:浮游植物,M:大型无脊椎动物。

CAST1.0最大缺陷是水力学参数阈值来源于文献调研而非现场监测。虽然我们在进行文献调研时尽量选择来自研究区及与其相似水体的研究结果,同时考虑不同物种及不同属性生态因子的阈值行为差异,但仍然不能保证评价结果具有完全的针对性。因此,本研究的主要目的在于提供一个方法框架,考虑哪些环境指标及这些环境指标的阈值如何确定取决于用户本身。

CAST1.0 具有重要的应用价值:(1) 连通体作为潜在的物种生境,是生物多样性保护的重点区域,为保护区划界以及针对不同物种制定相应的保护对策提供重要参考;(2) 连通函数提供了整体连通可能发生突变的水位阈值,在有必要施加人为干预的情况下为合理调控湖区水位进而优化有效水文连通提供科学依据;(3) 通过计算关键像元与其他像元的连通频率能够判断重要地理单元之间存在物质、能量和信息交换的可能性及潜在的连通路径,优化这些路径的属性有利于维持生物多样性和改善水质。

【参考文献】

[1] ABRIAL E, ESPÍNOLA L A, RABUFFETTI A P, et al, 2019. Variability of hydrological connectivity and fish dynamics in a wide subtropical-temperate floodplain [J]. River research and applications, 35(9): 1520 - 1529.

[2] AHARON-ROTMAN Y, MCEVOY J, ZHAOJU Z, et al, 2017. Water level affects availability of optimal feeding habitats for threatened migratory waterbirds [J]. Ecology and evolution, 7(23): 10440 - 10450.

[3] BELLETTI B, DE LEANIZ C G, JONES J, et al, 2020. More than one million barriers fragment Europe's rivers[J]. Nature, 588(7838): 436 - 441.

[4] BENJANKAR R, EGGER G, JORDE K, et al, 2011. Dynamic floodplain vegetation model development for the Kootenai River, USA[J]. Journal of environmental management, 92(12): 3058 - 3070.

[5] BRACKEN L, WAINWRIGHT J, ALI G, et al, 2013. Concepts of hydrological connectivity: research approaches, pathways and future agendas[J]. Earth-Science reviews, 119: 17 - 34.

[6] CAMPOMIZZI A J, MATHEWSON H A, MORRISON M L, et al, 2013. Understanding nest success and brood parasitism in the endangered Black-capped Vireo: comparisons with two sympatric songbirds [J]. The wilson journal of ornithology, 125(4): 709 - 719.

[7] CARROLL C, MCRAE B H, BROOKES A, 2012. Use of linkage mapping and centrality analysis across habitat gradients to conserve connectivity of gray wolf populations in Western North America[J]. Conservation biology, 26.

[8] COUTO T B A, MESSAGER M L, OLDEN J D, 2021. Safeguarding migratory fish via strategic planning of future small hydropower in Brazil[J]. Nature sustainability.

[9] COVINO T, 2017. Hydrologic connectivity as a framework for understanding

biogeochemical flux through watersheds and along fluvial networks [J]. Geomorphology, 277: 133 – 144.

[10] CROOKS K R, SANJAYAN M, 2006. Connectivity conservation[M]. Cambridge University Press.

[11] DADRAS H, DZYUBA B, COSSON J, et al, 2017. Effect of water temperature on the physiology of fish spermatozoon function: a brief review [J]. Aquaculture research, 48(3): 729 – 740.

[12] DE SOUZA MUÑOZ M E, DE GIOVANNI R, DE SIQUEIRA M F, et al, 2009. OpenModeller: a generic approach to species' potential distribution modelling[J]. GeoInformatica, 15(1): 111 – 135.

[13] DU H, BAN X, ZHANG H, et al, 2010. Preliminary observation on preference of fish in natural channel to water velocity and depth: case study in reach of Yangtze River from Jiangkou Town to Yuanshi Town[J]. Journal of Yangtze River scientific research institute, 27(10): 70 – 74.

[14] GALLARDO B, GARCIA M, CABEZAS A, et al, 2008. Macroinvertebrate patterns along environmental gradients and hydrological connectivity within a regulated river-floodplain[J]. Aquatic sciences, 70(3): 248 – 258.

[15] GRILL G, LEHNER B, THIEME M, et al, 2019. Mapping the world's free-flowing rivers[J]. Nature, 569(7755): 215 – 221.

[16] HIRZEL A H, HAUSSER J, CHESSEL D, et al, 2002. Ecological-niche factor analysis: how to compute habitat-suitability maps without absence data? [J]. Ecology, 83(7): 2027 – 2036.

[17] KARIM F, KINSEY-HENDERSON A, WALLACE J, et al, 2012. Modelling wetland connectivity during overbank flooding in a typical floodplain in North Queensland Australia[J]. Hydrological processes, 26: 2710 – 2723.

[18] JIANG G, YAO Y, TANG Z, 2002. The analysis for influencing factors of fine sediment flocculation in the Changjiang Estuary[J]. Acta oceanologica sinica, 24(4): 51 – 57.

[19] JONES I, BUTLER R, YDENBERG R, 2013. Recent switch by the great blue heron Ardea herodias fannini in the Pacific northwest to associative nesting with bald eagles (Haliaeetus leucocephalus) to gain predator protection [J]. Canadian journal of zoology, 91(7), 489 – 495.

[20] LEXARTZA-ARTZA I, WAINWRIGHT J, 2009. Hydrological connectivity: Linking concepts with practical implications[J]. Catena, 79(2): 146 – 152.

[21] LI L, ZHANG G, WU Z, et al, 2016. Incipient motion velocity of non-cohesive uniform sediment particles on the positive and negative slopes[J]. Journal of sediment research (5): 54 – 59.

[22] LI Y, TAN Z, ZHANG Q, et al, 2021. Refining the concept of hydrological connectivity for large floodplain systems: framework and implications for eco-

environmental assessments[J]. Water research, 195: 117005.

[23] LI Y, ZHANG Q, CAI Y, et al, 2019. Hydrodynamic investigation of surface hydrological connectivity and its effects on the water quality of seasonal lakes: Insights from a complex floodplain setting (Poyang Lake, China)[J]. Science of the total environment, 660: 245 – 259.

[24] LI Y, ZHANG Q, YE R, et al, 2018. 3D hydrodynamic investigation of thermal regime in a large river-lake-floodplain system (Poyang Lake, China)[J]. Journal of hydrology, 567: 86 – 101.

[25] LI Y, ZHANG Q, ZHANG L, et al, 2017. Investigation of water temperature variations and sensitivities in a large floodplain lake system (Poyang Lake, China) using a hydrodynamic model[J]. Remote sensing, 9(12): 1231.

[26] LIU X, ZHANG Q, LI Y, et al, 2020. Satellite image-based investigation of the seasonal variations in the hydrological connectivity of a large floodplain (Poyang Lake, China)[J]. Journal of hydrology, 585: 124810.

[27] MCGARIGAL K, MARKS B J, 1995. FRAGSTATS: spatial pattern analysis program for quantifying landscape structure [R]. U. S. forest Service General Technical Report PNW 351.

[28] MCKEY D B, DURÉCU M, POUILLY M, et al, 2016. Present-day African analogue of a pre-European Amazonian floodplain fishery shows convergence in cultural niche construction[J]. Proceedings of the national academy of sciences, 113 (52): 14938 – 14943.

[29] PARASIEWICZ P, 2001. MesoHABSIM: a concept for application of instream flow models in river restoration planning[J]. Fisheries, 26(9).

[30] PRINGLE C M, 2001. Hydrologic connectivity and the management of biological reserves: a global perspective[J]. Ecological applications, 11(4): 981 – 998.

[31] RINDERER M, ALI G, LARSEN L G, 2018. Assessing structural, functional and effective hydrologic connectivity with brain neuroscience methods: state-of-the-art and research directions[J]. Earth-Science reviews, 178: 29 – 47.

[32] SACO P M, RODRÍGUEZ J F, MORENO-DE LAS HERAS, et al, 2020. Using hydrological connectivity to detect transitions and degradation thresholds: applications to dryland systems[J]. Catena, 186: 104354.

[33] SAURA S, TORNÉ J, 2009. Conefor Sensinode 2.2: A software package for quantifying the importance of habitat patches for landscape connectivity [J]. Environmental modelling & software, 24(1): 135 – 139.

[34] STEFFLER P, BLACKBURN J, 2002. River2D, two-dimensional depth averaged model of river hydrodynamics and fish habitat, introduction to depth averaged modeling and user's manual[J]. River2D users manual.

[35] SU G, LOGEZ M, XU J, et al, 2021. Human impacts on global freshwater fish biodiversity[J]. Science, 371(6531): 835 – 838.

［36］ TAN Z, JIANG J, 2016. Spatial-temporal dynamics of wetland vegetation related to water level Fluctuations in Poyang Lake, China［J］. Water, 8(9): 397.

［37］ TAN Z, WANG X, CHEN B, et al, 2019. Surface water connectivity of seasonal isolated lakes in a dynamic lake-floodplain system［J］. Journal of hydrology, 579: 124154.

［38］ TIAN Y, JIANG Y, LIU Q, et al, 2021. The impacts of local and regional factors on the phytoplankton community dynamics in a temperate river, northern China［J］. Ecological indicators, 123: 107352.

［39］ TRIGG M A, MICHAELIDES K, NEAL J C, et al, 2013. Surface water connectivity dynamics of a large scale extreme flood［J］. Journal of hydrology, 505: 138－149.

［40］ WADDLE T, 2001. PHABSIM for Windows: User's Manual and Exercises［R］. Fort Collins: U.S. Geological Survey.

［41］ WOOLWAY R I, KRAEMER B M, LENTERS J D, et al, 2020. Global lake responses to climate change ［J］. Nature reviews Earth & environment, 1(8): 388－403.

［42］ YAO J, ZHANG Q, YE X, et al, 2018. Quantifying the impact of bathymetric changes on the hydrological regimes in a large floodplain lake: Poyang Lake［J］. Journal of hydrology, 561: 711－723.

［43］ ZOHARY T, FLAIM G, SOMMER U, 2020. Temperature and the size of freshwater phytoplankton［J］. Hydrobiologia, 848(1): 143－155.

第七章　鄱阳湖水动力水质模拟

7.1　鄱阳湖流域水质对土地利用和气象水文变化的响应

鄱阳湖流域自 1980 年以来,由于人口增加、经济增长、快速城镇化以及气象水文条件改变,湖泊和河流的水质均呈恶化趋势(Wu et al., 2018; Zhang et al., 2014)。王毛兰等人(2008)基于系统观测,指出农业排水、城镇污水和地下水是鄱阳湖流域入湖支流和湖体氮磷负荷的主要驱动因子。Deng 等人(2011)分析了鄱阳湖流域经济增长与减少氮磷负荷之间的权衡,指出限制高排放量行业的氮磷输出比限制所有行业的氮磷输出更能有效地平衡经济增长和减少氮磷负荷。以往关于鄱阳湖流域磷输出的研究鲜少关注磷输出的影响因素,而这对制定流域管理措施以减少营养盐负荷是必要的。

本研究通过在乐安河流域搭建基于过程的半分布式水文水质模型 HYPE (HYdrological Predictions for the Environment),采用参数优化工具 PEST 进行敏感性分析和参数率定,评估亚热带季风流域磷输出的时空变化,辨识流域尺度上磷输出的主要影响因素。研究成果有望支撑流域磷管理与河流生态系统保护的决策制定。

7.1.1　模型构建与磷负荷估算

在乐安河流域搭建 HYPE 模型时,应用 ArcHydro 工具,基于流域数字地形高程(DEM),将整个流域划分为 71 个子流域,其面积范围为 $0.03 \sim 423$ km^2(平均值 117 km^2)。随后,通过叠加土壤类型和土地利用图定义了 47 类土壤—土地利用组合(即水文响应单元)。HYPE 模型水文模拟的输入数据(逐日降水量和平均温度)使用位于各个子流域内或附近的可用气象站的观测值进行插值获得（图 7.1a）。水文模拟的校准期为 5 年（1978 年 1 月 1 日至 1982 年 12 月 31 日），使用 6 个水文站（即汪口站、三都站、香屯站、银山站、虎山站和石镇街站；图 7.1a）的逐日平均流量观测值。水文模拟的验证期包括两个时期，即使用 1983 年 1 月 1 日至 1986 年 12 月 31 日期间上述 6 个水文站的逐日平均流量测量值，以及 2009 年 1 月 1 日至 2011 年 12 月 31 日期间 3 个站点（香屯站、虎山站和石镇街站；图 7.1b）的逐日平均流量观测值。

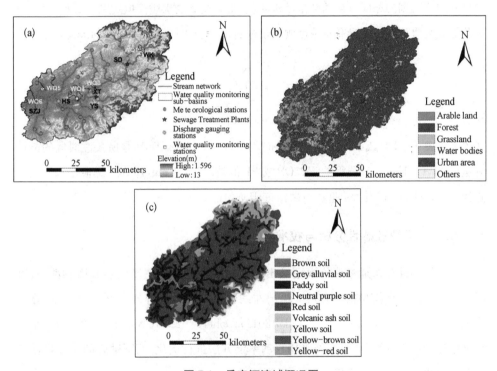

图 7.1　乐安河流域概况图

注:(a) 乐安河流域数字地形高程、水系和气象站、污水处理厂、水文观测站（WK—汪口站、SD—三都站、XT—香屯站、YS—银山站、HS—虎山站、SZJ—石镇街站）和水质采样观测站分布;(b) 土地利用;(c) 土壤类型。

HYPE 模型定义的磷输入源包括农业输入（化肥、粪肥）、大气干湿沉降和点源输入（污水处理厂尾水）。土壤不同形态磷含量的初始值根据统计数据、野外调查和文献报道进行定义（胡春华，2010；Jiang et al.，2017；Jiao et al.，2010；刘倩纯等，2013）。研究区的氮磷施肥量分别为 75～344 kg N/(ha·yr) 和 38～150 kg P/(ha·yr)（Jiang et al.，2017）。入河点源输入根据污水处理厂每日平均尾水排放量和尾水中总磷浓度进行定义。2009 年 1 月 1 日至 2011 年 12 月 31 日期间所有可用的总磷及溶解态磷浓度的数据均用于磷输移过程参数的校准。HYPE 模型运行的参数初始值根据对水文和磷转化过程的认识、文献综述以及模型应用案例进行定义（Jiang et al.，2012；Jiang et al.，2014；Jiang et al.，2019；Jomaa et al.，2016；Lindström et al.，2010；Strömqvist et al.，2012；Yin et al.，2016）。

磷负荷的模拟值根据流量和磷浓度的模拟值进行计算，并比较河流磷浓度模拟值和具有观测数据的相应日期的磷浓度观测值，检验模型的水质模拟效果。每月、每年磷负荷的观测值可基于流量和磷浓度观测值通过以下公式估算（Williams et al.，2015）：

$$m_i = KV \frac{\sum_{j=1}^{n} Q_j C_{ij}}{\sum_{j=1}^{n} Q_j} \tag{7.1}$$

其中 i 代表 TP、DP 或 PP，K 用于转换时间单位（86 400 s/d），V 是所关注时段的累计流量（m³），C_{ij} 是第 j 日测得的 TP、DP 或 PP 的瞬时浓度（mg/L），Q_j 是根据水文站观测的第 j 日流量（m³/s），n 是具有磷浓度观测值的日数。

7.1.2 模型敏感性分析与校准

参数敏感性分析通过评价模型输出对参数值变化的敏感度（"参数敏感性"），可用于初步评估流域模型描述参数—输出非线性过程和异参等效问题，有助于指导流域观测（Beven et al.，1992；Cuo et al.，2011；Doherty，2016；Xie et al.，2017）。基于敏感性分析结果，敏感的参数将采用自动率定方法进行优化，而不敏感的参数将被赋予合理的数值并作为固定值。

在当前的研究中，采用 PEST 对 HYPE 的水文和磷输移参数进行敏感性分析。敏感性分析的结果列于表 7.1。参数敏感性表示为相对综合敏感度（RCS），由以下公式给出：

$$RCS = |P| \left| \frac{\Delta O}{\Delta P} \right| \tag{7.2}$$

其中，$|P|$ 是参数值（P）的绝对值，$\Delta O/\Delta P$ 是参数的综合敏感度（Doherty，2016；Jiang et al.，2014）。

表 7.1　乐安河流域水文和磷输移模拟中 HYPE 模型参数敏感分析和率定结果

参数(单位)	类别	初始值	取值范围	RCS ×1 000	优化值
水文过程参数					
rrcs1—表层土壤的径流衰减系数(1/d)	红壤	0.28	0.01～1.0	3.17	0.748
	水稻土	0.10	0.01～1.0	0.46	0.366
srrcs—蓄满产流的地表径流衰减系数(1/d)	农田	0.12	0.1～1.0	0.38	0.10
	森林	0.12	0.1～1.0	0.56	0.242
	草地	0.30	0.1～1.0	0.07	0.262
	城镇	0.40	0.1～1.0	0.20	0.114
rivvel—河流最大流速(m/s)	通用	2.47	0.01～10	2.65	1.58
rcgrw—区域地下水流的衰减系数(1/d)	通用	0.10	0.001～1.0	0.91	0.026
mperc—最大渗透能力(mm/d)	红壤	4.0	0.001～100	2.9	18.12
	水稻土	2.7	0.001～100	0.009	0.01
磷输移过程参数					
wprod—水体中磷的产生/衰减系数(kg/m³/d)	通用	0.002	0.001～1.0	10.70	0.0027
minerfp—土壤中快速转化磷(fastP)降解为溶解态磷(SP)的系数(1/d)	农田	0.5	0.000 01～1.0	1.97	0.55
	森林	0.0003	0.000 01～1.0	43.19	0.000 5
freund1—描述土壤 SP-PartP 动态平衡的 Freundlich 方程中的系数(1/kg)	红壤	190	10～250	101.08	189.98
	水稻土	50	10～250	50	12.78
freund2—描述土壤 SP-PartP 动态平衡的 Freundlich 方程的指数(—)	红壤	1.1	0.55～1.65	166.04	1.65
	水稻土	0.75	0.38～1.13	42.34	1
freund3—描述土壤 SP-PartP 动态平衡的 Freundlich 方程中控制吸附/解吸附速率的参数(1/d)	红壤	0.5	0.25～0.75	17.23	0.75
	水稻土	0.009	0.005～0.014	0.17	0.005
sreroexp—描述地表径流侵蚀的方程式中的指数(—)	通用	2.26	1.5～2.6	666	2.28

注:RCS-Relative Composite Sensitivity(相对综合敏感度)。

　　在确定了敏感和不敏感的水文和磷输移参数之后,使用 PEST 以多目标逐步率定的方式对 HYPE 模型进行校准:(1) 校准与水文过程相关参数,以获得模拟与观测流量之间的最佳一致性;(2) 校准磷输移过程参数以获得模拟和观测磷浓度之间的最佳一致性。PEST 通过使用加权最小二乘法来减少观测值与模拟值之间的差异,从而优化参数(Doherty,2016):

$$MOF = \sum_{l,n} \omega_i \cdot (X_{i,j,sim} - X_{i,j,obs})^2 \qquad (7.3)$$

其中，MOF 是多目标函数；$X_{i,j,sim}$ 和 $X_{i,j,obs}$ 分别代表第 i 个观测站从第 j 日开始的模拟和观测的河流参数（即流量与磷浓度）；l 是校准中使用的观测站的总数；n 是在第 i 个观测站具有流量或磷浓度观测值的总天数；ω_i 表示权重，计算为第 i 个观测站的流量或磷浓度观测值标准偏差的倒数（Doherty，2016；Jiang et al.，2014）。

本研究采用三个常用的统计指标进行流量模拟效果的评价，包括 NSE（纳西效率系数）、百分比偏差（PBIAS），以及 RMSE（均方根误差）与观测值标准偏差之间的比率（RSR），相应的公式和说明在以往研究中均有报道（Dupas et al.，2017；Serpa et al.，2017；Jiang et al.，2014；Moriasi et al.，2007）。根据 Rode 等（2009）和 Jackson-Blake 等（2015）的建议，采用 PBIAS 和 RSR 评估模拟磷输出的模拟效果：

$$PBIAS = \frac{\sum_{j=1}^{n} (X_{j,sim} - X_{j,obs}) \times 100}{\sum_{j=1}^{n} X_{j,obs}} \qquad (7.4)$$

其中，$X_{j,sim}$ 和 $X_{j,obs}$ 分别代表所模拟变量的第 j 个模拟值和对应的观测值，n 是观测值的总数。

7.1.3　河流磷浓度观测

图 7.2 显示了 2009—2011 年期间监测站点 WQ1～WQ6 以及 2016 年期间（监测站 WQ3 和 WQ6）观测到的河流 TP 和 DP 浓度。TP 和 DP 浓度均呈现较大的时间变化，在 WQ1 至 WQ6 站的 TP 变异系数（CVs）分别为 66.0%、93.8%、74.0%、74.9%、83.6% 和 78.0%，DP 浓度的 CVs 分别为 65.7%、67.9%、190%、80.3%、54.6% 和 181%。在 WQ1～WQ5 观测站，七月、八月的暴雨径流期间出现了较高的 TP（0.172～0.386 mg/L）和 DP（0.068～0.143 mg/L）浓度。这很可能是由于此期间的强降雨（月均降雨量 166.1mm）和径流（月均径流 113.8mm），导致了 PP 和 DP 浓度的波动（Minaudo et al.，2019）。相反，在 WQ6 站（位于平原区域内的最下游站），在低流量条件下（10 月至次年 1 月）河流 TP 和 DP 浓度较高，此期间月平均降雨量和径流量分别为 78.1 mm 和 29.1 mm。

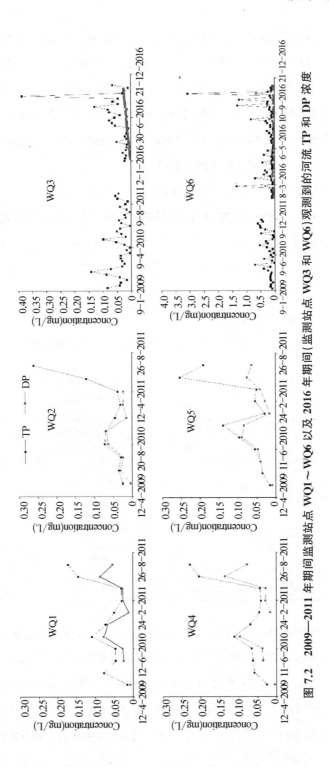

图 7.2　2009—2011 年期间监测站点 WQ1～WQ6 以及 2016 年期间(监测站点 WQ3 和 WQ6)观测到的河流 TP 和 DP 浓度

WQ6 观测站在 2016 年 11 月 13 日具有最大 TP 和 DP 浓度,分别为 3.06 mg/L 和 0.63 mg/L。Duan 等(2008)报道了 DP 时空分布的一个相似趋势,观测到长江下游河段 DP 浓度与河流流量成反比(大通水文站,纬度 30.778°,经度 117.612°)。他们将这种特征归因于低流量时磷点源(如城市污水)占主导地位。Minaudo 等(2019)基于对法国 219 个流域磷浓度和流量季节变化的分析,指出点源磷在很大程度上控制了本底污染,低流量时期的河流稀释能力有限。

表 7.2 列出了站点 WQ1～WQ6 观测的 TP 和 DP 浓度以及相应子流域的土地利用特征的统计汇总。河流 TP 和 DP 浓度呈现出空间变异性,其特征在于,与平原地区(WQ4～WQ6 站)相比,山区(WQ1～WQ3 站)的值通常较低。TP(从 WQ1 到 WQ6)中 DP 的平均占比在 20.3%(WQ6)至 58.6%(WQ4)之间。这表明大量的磷以 PP 的形式通过农业密集活动迁移,最有可能归因于更大的土壤侵蚀。相对于山区,平原地区的河流磷浓度较高,这是由于平原区人类活动更为活跃,包括:(1)来自城市地区的更多点源输入;(2)较大比例的耕地导致更高的非点源营养盐负荷。

表 7.2　监测站 WQ1～WQ6 的河流磷(TP、DP、PP)浓度统计汇总以及相应子流域的土地利用特征

站点	子流域面积(km²)	土地利用百分比(%)			TP 浓度(mg/L)		DP 浓度(mg/L)		PP 浓度(mg/L)	
		森林	耕地	城镇	范围	均值	范围	均值	范围	均值
WQ1	18.96	92.5	4.4	0.9	0.015～0.172	0.072	0.007～0.087	0.041	0.003～0.118	0.031
WQ2	37.96	91.3	8.7	0	0.025～0.262	0.073	0.004～0.068	0.031	0.006～0.031	0.012
WQ3	51.09	74.5	18.5	2.3	0.005～0.386	0.046	0.001～0.143	0.012	0.0007～0.243	0.040
WQ4	112.67	60.9	33.8	1.3	0.025～0.228	0.087	0.004～0.135	0.051	0.012～0.151	0.041
WQ5	157.64	58.4	35.3	3.2	0.015～0.253	0.087	0.008～0.089	0.049	0.0004～0.178	0.043
WQ6	184.43	29.7	49.9	5.2	0.020～3.061	0.256	0.003～0.634	0.052	0.02～2.427	0.223

图 7.3 给出了 WQ3 和 WQ6 站观测到的 TP 和 DP 浓度与相应流量观测值的对数坐标图。Godsey 等(2009)使用类似的分析方法来解释流域尺度上的污染物行为。两个观测站的河流 TP 和 DP 的浓度变化均小于流量。例如,2016 年 11 月 7 日在低流量条件下测得的河流 TP 和 DP 浓度分别比 WQ6 站在 2016 年 6 月 4 日高流量条件下测得的值高 2.0 倍和 3.9 倍。相反,在 WQ6 站,2016 年 6 月 4 日观测到的高流量约

为 2016 年 11 月 7 日低流量的 68 倍。WQ6 站的磷浓度—流量回归线的斜率是负值（TP、DP 和 PP 的斜率分别是－0.248、－0.380 和－0.211），并且具有统计显著性（$P<$ 0.05）。因此，根据 Godsey 等（2009）提出的标准，下游站点表现出 TP 和 DP 近乎化学恒定性，因此稀释在磷浓度趋势中起主要作用。在 WQ3 站，TP 和 DP 也表现出接近化学恒定行为（特别是 DP），尽管不具有统计显著性。

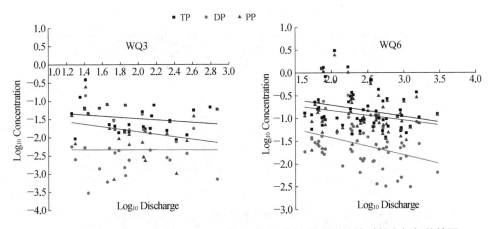

图 7.3 WQ3 和 WQ6 站点 TP 和 DP 浓度观测值与流量观测值的对数坐标相关性图

7.1.4 流量模拟

图 7.4 和图 7.5 分别展示了校准和验证期水文站的逐日流量模拟值和观测值。表 7.3 列出了流量模拟的统计学评价结果。在所有水文观测值中，流量模拟在校准和验证模式都得到了很好的结果，NSE 介于 0.73 至 0.92 之间（表 7.3）。在第二个验证期内（2009 年 1 月 1 日至 2011 年 12 月 31 日），上游香屯水文站的流量模拟效果相对较差（NSE＝0.73），而下游站（虎山水文站、石镇街水文站）的 NSE 值分别为 0.91 和 0.92。

模型能够很好地捕捉夏季暴雨事件产生的峰值流量发生时间，但对峰值流量的数值模拟偏低。以往许多采用日步长流域模型进行水文模拟的研究也发现了峰值流量被低估的情况（Pathak et al.，2018；Jiang et al.，2014；Lam et al.，2012；Rode et al.，2009）。这种模拟偏差主要归因于采用日计算步长的限制，以及降雨和高流量观测的误差或不确定性。换言之，峰值流量可能是在次日时间步长发生的，而次日时间

步长的降水和流量变化无法通过逐日模拟很好地捕获。此外,以往研究表明,在高流量事件中流量测量的可靠性会降低(Hamilton et al.,2012)。另外,当降雨站相对稀疏时,高流量期间降雨的时空变化通常不能很好地被表征。尽管存在这些限制,模型对 1978 年 1 月 1 日至 1986 年 12 月 31 日期间的流量模拟偏差不大,|PBIAS|范围为 0.2%至 14.5%(表 7.3)。

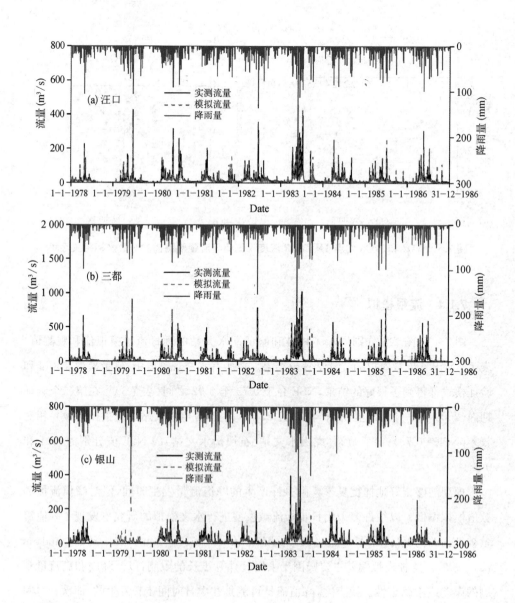

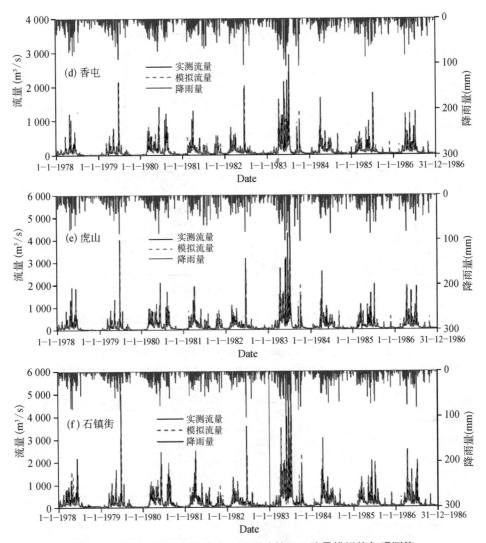

图 7.4 1978—1986 年六个水文观测站的逐日流量模拟值与观测值

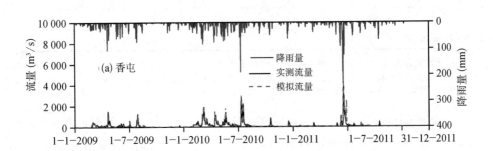

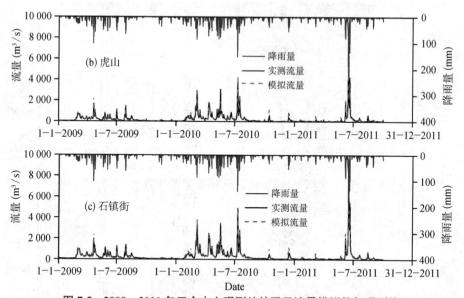

图 7.5　2009—2011 年三个水文观测站的逐日流量模拟值与观测值

表 7.3　六个流量观测站率定期与验证期的统计学模拟效果

站点	上游面积 (km²)	率定期			验证期一		
		NSE	RSR	PBIAS	NSE	RSR	PBIAS(%)
Wang Kou	581	0.86	0.37	−10.1	0.80	0.44	−8.6
San Du	1 407	0.89	0.33	5.6	0.82	0.42	14.5
Yin Shan	471	0.88	0.35	−10.2	0.84	0.40	−6.9
Xiang Tun	3 878	0.92	0.29	4.2	0.88	0.35	2.5
Hu Shan	6 348	0.90	0.32	−0.4	0.87	0.36	−0.2
Shi Zhen Jie	8 324	0.84	0.40	−5.1	0.87	0.36	−2.6
					验证期二		
Xiang Tun	3 878				0.73	0.52	−2.7
Hu Shan	6 348				0.91	0.33	−3.0
Shi Zhen Jie	8 324				0.92	0.34	−5.4

注:率定期为 1978 年 1 月 1 日至 1982 年 12 月 31 日,验证期一为 1983 年 1 月 1 日至 1986 年 12 月 31 日,验证期二为 2009 年 1 月 1 日至 2011 年 12 月 31 日;Wang Kou—汪口,San Du—三都,Yin Shan—银山,Xiang Tun—香屯,Hu Shan—虎山,Shi Zhen Jie—石镇街。

乐安河流域的降雨机制存在明显的时间变化,导致径流量也存在着明显的时间变化。例如,在 1978—1986 年和 2009—2011 年期间,年均降雨量分别为 1 515 mm

和 1 783 mm,产生的年平均径流值分别为 921 mm 和 1 103 mm。2009—2011 年期间,年径流量近乎变化了两倍,其中 2009 年、2010 年和 2011 年的年径流量分别为 860 mm、1 622 mm 和 827 mm。在石镇街站,极端暴雨事件(2011 年 6 月 16 日的降雨量为 217 mm)产生的峰值流量为 7 290 m³/s,平均重现期为 44 年。在 2009—2011 三年中,模型很好地再现了三个站点(香屯、虎山和石镇街)的流量动态变化(NSE≥0.73 且|PBIAS|≤5.4%)。

从表 7.3 中的 PBIAS 值看出,流量模拟效果存在空间差异,表现为对上游水文站点(如汪口、银山)流量的低估相对较大。HYPE 模型在温带流域的水文模拟研究中也发现了高海拔站点流量模拟偏差大于低海拔站点的现象(Jiang et al.,2014;Strömqvist et al.,2012)。这很可能是因为地形的影响导致山区降雨的观测值偏低(Chaubey et al.,1999)。根据间隔较大的气象站观测数据插值估算的降雨量可能会低估较高海拔区域的降雨,从而导致流量的低估。整体上,HYPE 模型对本研究区不同时空尺度的水文模拟效果均达到"好"到"非常好"的水平(Moriasi et al.,2007)。

7.1.5　磷输出模拟

图 7.6 展示了 WQ1~WQ6 观测站的河流 TP 浓度模拟值和观测值。高 TP 浓度(图中红点标识)的低估主要发生在:(1) 下游站点 WQ6 的低流量时期(2010 年 8 月至 12 月);(2) 上游站点(WQ2,WQ4)的暴雨径流时期(2011 年 8 月)。下游站点 TP 浓度的低估可能是点源输入的磷浓度或污水量的输入误差/不确定性造成的,由于低流量条件下稀释能力有限,对河流磷浓度的影响更大。上游地区暴雨径流事件中 TP 浓度的低估可能与暴雨事件中对地表径流的低估有关(图 7.5),导致对土壤侵蚀和磷输出的低估。此外,初级生产模拟中的不确定性(即作物吸收)也可能是产生偏差的重要原因,因为河流磷浓度对初级生产过程参数敏感(wprod,RCS=10.7)。溶解态养分的河道内滞留过程(如作物吸收、反硝化作用)受温度、光照条件、水流滞留时间、流量动态和流域尺度的影响(Minaudo et al.,2019;Ye et al.,2012)。整体上模型对 TP 浓度模拟的偏差很小(PBIAS = 0.97%)。

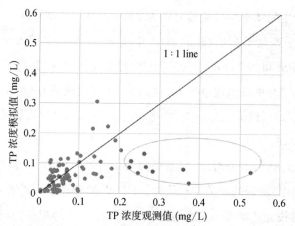

图7.6　WQ1~WQ6 观测站点的河流 TP 浓度模拟值与观测值

　　图7.7展示了2009年1月1日至2011年12月31日流域出口(石镇街水文站)的 TP月平均负荷的模拟值和观测值。HYPE 可以很好地捕获 TP 负荷的年内变化(NSE＝0.55,PBIAS＝8.34%)。3月至8月的 TP 负荷最高,与该时期内高的降雨径流量和活跃的农业活动有关。尽管在此期间河流 TP 浓度最高,但在低流量条件下(9月至次年2月)输出的 TP 负荷较低。因此,TP 负荷的年内变化主要取决于水文变化。年均 TP 负荷的模拟值和观测值分别为 1 287 t 和 1 187 t,模型高估了8.5%。3月至8月的 TP 负荷占年 TP 负荷的74.3%,在此期间相应的总径流量占年径流量的82.7%。表7.4列出了2016年上游地区(香屯站以上区域)、低地平原地区(香屯站与石镇街站之间的区域)和整个流域模拟和观测到的 TP、DP 和 PP 通量。

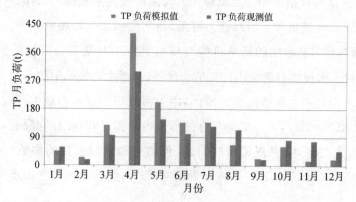

图7.7　流域出口(石镇街水文站)2009 年 1 月 1 日至 2011 年
12 月 31 日的月平均 TP 负荷的模拟值与观测值

表 7.4　乐安河流域 2016 年上游区域和中下游区域磷负荷的模拟值与观测值及流域特征

位置	面积 (km²)	平均 海拔 (m)	平均 坡度 (%)	土地利用(%)			TP(kg/ha)		DP(kg/ha)		PP(kg/ha)	
				森林	耕地	市区	Sim	Obs	Sim	Obs	Sim	Obs
上游区域	3 878	220	20.4	86.8	9.7	0.9	0.88	0.71	0.18	0.43	0.48	0.26
中下游区域	4 435	132	12.9	63.8	27.2	2.2	4.69	3.19	2.15	0.87	2.55	2.54
整个流域	8 324	176	16.6	74.5	19.0	1.6	2.91	2.03	1.33	0.66	1.58	1.47

注:上游区域——香屯水文站以上区域,中下游区域——香屯水文站与石镇街水文站之间区域;Sim—模拟值,Obs—观测值。

大部分年 TP 输出量发生在短期暴雨径流期间。例如,2009 年 4 月 20 日至 30 日输出了 2009 年 TP 负荷的 16.2%,这期间相应的总降雨量为 60.4 mm,占 2009 年降雨量的 4.3%。同样,2010 年 TP 负荷的 15.2% 发生在 10 天的时间(7 月 9 日至 18 日)里,该流域的总降雨量为 237.5 mm,相当于 2010 年降雨量的 9.7%。6 月 15 日至 22 日输出了 2011 年 TP 负荷的 46.7%,这期间降雨量为 380.1 mm(占 2011 年总降水量的 25.2%)。如此处所述,4 月至 7 月暴雨径流事件对年 TP 负荷的巨大贡献可能是由于:(1)流域内农业施肥主要发生在春季和夏季;(2)强降雨事件中队土壤中的颗粒物和溶解态磷的冲蚀和输移能力强(Minaudo et al.,2019)。这与以往磷输出相关研究的发现一致。例如,Rodríguez-Blanco 等(2013)报告了在西班牙西北部的 Corberia 流域 5 年内强降雨事件贡献了磷输出量的 68%。Pionke 等(1996)发现宾夕法尼亚州一个农业丘陵流域的暴雨径流时期主导了磷输出(DP,PP)。Sharpley 等(2008)证明随着 Susquehanna 河流域暴雨规模增加,土壤中磷的释放量增加。Udawatta 等(2004)确定了七年来 66 个事件中最大的五个径流事件的 TP 输出量,占密苏里州东北部黏土盆地三个相邻农业流域的 TP 负荷的 27%。Fang 等(2015)阐述了暴雨径流事件对中国亚热带流域的沉积物和相关 PP 损失的主导作用,他们将 7 年内 95% 的沉积物负荷归因于 30 次径流事件。2009—2011 年和 2016 年在香屯水文站上方的上游区域和中下游区域(香屯水文站和石镇街水文站之间的区域)的 TP 产量范围分别为 0.24~0.88 kg/(ha·yr)和 4.31~4.69 kg/(ha·yr)。

7.1.6　降雨对磷输出的影响

通过评估模型对流量和 TP 负荷的性能,发现 HYPE 能够很好地代表不同气候条件下径流和磷输出的时间变化。在 2009—2011 年期间 WQ1 至 WQ6 站和 2016 年(WQ3、

WQ6 站),TP 中 DP 的平均比例在 20.3%至 58.6%之间。从当前研究得出的 TP 和 PP 的输出系数(即年输出率)大多高于以前的研究,后者考虑了类似的气候、水文和土地利用特征(Song et al.,2014;Udawatta et al.,2004)。TP 和 DP 的年平均输出率分别为 0.24～4.69 kg/(ha·yr)和 0.18～2.15 kg/(ha·yr)。Udawatta 等(2004)根据在三个小流域(面积 1.65～4.44 公顷)径流事件期间的密集采样,获得了密苏里州(美国)黏土盆地区的 TP 负荷为 0.29 kg/(ha·yr)至 3.59 kg/(ha·yr)。席庆(2014)通过 AnnAGNPS 在中国东南部一个亚热带季风流域(面积 47.85 km²)进行磷迁移模拟,估算了 TP 负荷为 0.37～1.22 kg/(ha·yr)。宋立芳等(2014)通过监测中国丘陵红壤覆盖地区的两个亚热带农业流域,得到 TP 月负荷分别为 0.02 kg/ha 和0.06 kg/ha,TP 中 SP 的比例分别为 47.1%和 37.5%。

从当前的磷输出模拟获得的暴风雨事件对年 TP 负荷的重大贡献与其他暴雨尺度的磷迁移研究的发现相一致(Fang et al.,2015;Sharpley et al.,2008;Udawatta et al.,2004;Pionke et al.,1996).Bender 等(2018)根据巴西南部暴风雨期间亚热带农村流域磷动态的评估,认为采取减少侵蚀的措施可有助于减少泥沙流失和磷向水体的输移。减少非点源农业磷输出的其他有效措施包括:在施肥时机和施肥量方面优化肥料的使用;通过减少耕种和缓冲区/河岸带进行拦截,最大限度地减少对土壤的干扰(Santos et al.,2015;Sharpley et al.,2000)。本项研究表明在受人为影响的流域上使用水文水质模型估算能够较为准确地估算磷输出存在限制估算,但仍需要通过完善监测和深化过程研究来提高模拟精度(Ongley et al.,2010)。

模型偏差特征为提高模型精度提供了一些见解。首先,营养盐来源的可靠性需要提高,包括非点源农业源和污水处理厂点源,因为营养元素输入的误差/不确定性在很大程度上导致河流磷浓度模拟偏差。其次,必须增加河流磷的采样频率,尤其是在暴雨事件期间。在乐安河流域,逐月常规采用方法无法充分表征流量状况,特别是暴雨径流事件。考虑到暴雨事件对年 TP 负荷的主要贡献,这可能导致参数校准的不确定性,并在模拟河流 TP 浓度和 TP 负荷时产生偏差。例如,Rodríguez-Blanco 等(2013)将约 67%的磷输出与西班牙西北部一个混合土地利用流域的降雨事件相关联。再次,磷输出与泥沙输移密切相关(Sandstroem et al.,2020;Minaudo et al.,2018;Wu et al.,2018;Kronvang et al.,1997)。目前的研究受到悬浮泥沙观测的限制。因此,将悬浮泥沙浓度纳入 HYPE 参数的模拟和校准中以检验吸附/解吸附过程及泥沙输移过程模拟的合理性,进而提高磷输出模型精度。最后,评价各种不确定性源(如输入数据、模型结构和校准)对水文和磷输出模型模拟的影响,有助于诊断模型缺陷(Hollaway et al.,2018),并且可以指导用于流域管理措施制定的模型开发和风险决策,以解决磷污染问题(Jiang et al.,2019;Wellen et al.,2015)。这项研究表明,控制水土流失、优化农业管理(尤其是施肥)以及改善污水的收集和处理对于减少诸如乐安河流域等亚热带地区的磷输出和水质改善至关重要。

7.2 鄱阳湖水动力对湖盆地形变化的响应

7.2.1 湖区采砂的水动力影响

随着经济发展,河道采砂活动日益频繁。河道采砂直接引起水下地形变化,引发水深、水动力的时空变化,继而导致水体交换及滞留时间的变化。鄱阳湖大规模采砂活动始于 2000 年,主要集中在北部入江通道,并于 2009 年之后有往南部河道转移的趋势(Li et al.,2014)。2000—2010 年总采砂量约为 1.29×10^9 m³,是 1955—2010 年自然沉降量的 6.5 倍(江丰 等,2015)。大规模采砂已造成鄱阳湖出流能力增加,北部入江通道秋季水位下降(Yao et al.,2018)。但是不同的采砂深度对水位影响是怎样的,累积采砂对水动力影响是怎样的,对哪些湖区、哪些时间有影响,这些问题还缺乏深入的研究。本研究结合水动力模型和长期水文资料,考察了不同采砂强度对鄱阳湖水文水动力状况的影响。本文的目的是:(1) 量化不同采砂深度对水位和出流的影响;(2) 进一步研究 1998—2010 年累积采砂对湖泊流速和停留时间的时空影响。

7.2.1.1 计算方法及模拟情景设置

采砂影响下,鄱阳湖北部通江河道的地形变化详见相关文献(Yao et al.,2018,2019),此处不再赘述。研究方法主要为基于水动力模型开展情景模拟(Yao et al.,2018)。考虑到鄱阳湖大规模采砂发生在 2000 年以后,最新 DEM 为 2010 年,因此选取 2000—2010 年平均条件来代表平均水文年条件,以此为基准来反映 2000—2010 年累积采砂的影响。假定北部入江通道不同的采砂深度条件(表 7.5),共计 6 种情景,模拟相同的 2000—2010 年平均水文条件。其中,场景 S0 代表 1998 年 DEM 条件。通过对比 1999 年和 2007 年的卫星图像发现,由于鄱阳湖采砂,出湖河床高程平均每年下降 59 cm (de Leeuw et al.,2010)。鄱阳湖采砂不仅导致河道深度增加,河槽宽度亦有所拓宽,1998—2010 年,整个北部入江通道平均下切 3 m(Yao et al.,2018)。因此设置情景 S1~S4,分别假定北部入江通道在 1998 DEM 基础上 1~4 m 的下切,模拟分析不同深度的采砂影响。情景 S5 表示 2010 DEM 条件。通过对比 2010 年和 1998 年的 DEM(S5~S0),评估采砂对水动力(流速和滞留时间)的累积效应。

表 7.5 情景设置

情景	北部入江通道地形及采砂条件	情景	北部入江通道地形及采砂条件
S0	1998 DEM	S3	基于 1998 DEM 下切 3 m
S1	基于 1998 DEM 下切 1 m	S4	基于 1998 DEM 下切 4 m
S2	基于 1998 DEM 下切 2 m	S5	2010 DEM

7.2.1.2 不同规模的采砂对水位的影响

图 7.8 给出了受采砂影响较大的三个水文站(星子、都昌和棠荫)不同采砂深度下的水位变化过程。总体而言,采砂越深,水位降幅越大。从时间上看,采砂的影响在低水位期(低于 14 m)远大于高水位期。从空间上看,北部采砂区的都昌、星子水位变化显著,中部的棠荫水位变化不显著。表 7.6 为星子和都昌水文站在不同采砂深度下的水位降幅值。

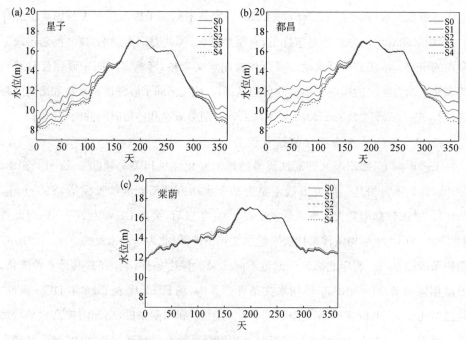

图 7.8 不同采砂深度条件下的水位变化过程

对于 1~4 m 深的采砂深度,当水位低于 14 m 时,星子平均水位下降0.55~1.35 m,都昌
0.74~2.14 m。同等采砂深度(1 m)条件下,当水位低于 14 m 时,S1 与 S0 之间的平均水位
降幅最大,星子、都昌分别约为 0.55 m 和 0.74 m。随着采砂深度每加深 1 m,水位的降幅
也随之降低,在 S4 和 S3 之间达到最低值,星子、都昌分别约 0.14 m 和 0.30 m。

表 7.6 不同采砂深度条件下星子和都昌平均水位降低值 （单位:m）

水文站	累积采砂深度（从 1 m 到 4 m）				同等采砂深度（1 m）		
	S1-S0	S2-S0	S3-S0	S4-S0	S2-S1	S3-S2	S4-S3
星子	0.55	0.95	1.21	1.35	0.40	0.26	0.14
都昌	0.74	1.35	1.84	2.14	0.61	0.49	0.30

图 7.9 显示了涨退水期间湖口水位与星子、都昌水位降幅的对应关系。都昌水位
的降幅普遍大于星子,特别是在低水位时期。水位降幅随着湖口水位变化而呈非线
性变化。当湖口水位从 10.5 m 上涨至 14 m 期间,星子水位从 S1 的 0.8 m 降至
0.2 m,S4 的 2 m 降至 0.7 m,都昌水位从 S1 的 0.9 m 降至 0.5 m,S4 的 2.6 m 降至
0.8 m。当湖口水位上涨超过 14 m 时,星子、都昌水位降幅分别低于 0.5 m 和 0.8 m,
且降幅随湖口水位变化不明显。与涨水期相比,退水期水位对采砂的响应不同。同
一湖口水位条件下,退水期星子、都昌的水位降幅比涨水期的少。当水位回落至 12 m
以下时,水位下降明显,而在涨水期,水位下降明显的临界水位为 14 m。总体而言,采
砂影响在低水位时期远大于高水位期。但是,当湖口水位足够低,低于 10.5 m 时,采
砂规模较小情况下(S1 和 S2)的星子、都昌水位降幅基本保持稳定,不会随之降低。

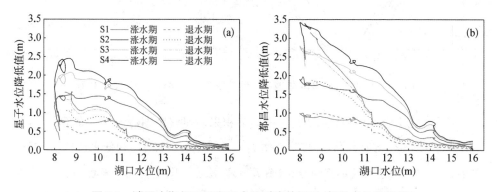

图 7.9 涨退水期间不同湖口水位对应的星子、都昌水位降低值

7.2.1.3 1998—2010 年累积采砂对水动力的影响

（1）流速变化

图 7.10 显示了 1998 年（S0）至 2010 年（S5）累积采砂引起的流速变化。采砂导致的流速变化在低水位期最为显著，在高水位期间并不显著，与水位变化相对应。值得注意的是，多年累积采砂后，棠荫和康山的全年流速以增加为主（分别最大增加 0.3 m/s 和 0.1 m/s），星子、都昌的流速则呈现不同模式。星子流速在春季低水位期间增加，其他时期下降，最大变化量小于 0.2 m/s。都昌流速在春冬低水位期间均增加，在其他时期下降。各站中，都昌的流速变化最大，最大增幅 0.5 m/s。流速的变化及空间差异是由非均匀采砂对局部微地形的异质性改变造成的。总而言之，采砂加剧了流速的变化。

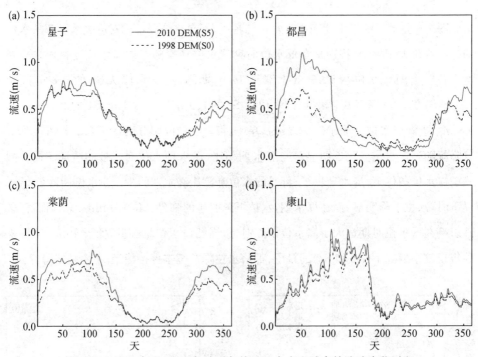

图 7.10 1998 年和 2010 年地形条件下四个水文站点的流速变化过程

为了量化 1998 年（S0）至 2010 年（S5）累积采砂对整个湖泊流速分布的影响，分别分析涨水期（3—6 月）、高水位期（7—8 月）、退水期（9—10 月）和低水位期（11 月—次年 2 月）平均流速变化的空间分布（图 7.11）。从流速的变化空间来看，北部入江通道和两侧的滩地受影响最大，中部和南部河道也受影响。涨水期，流速变幅−0.4～

0.4 m/s;高水期流速变化最小(−0.1~0.1 m/s),影响区域主要为北部湖区;低水期,受影响区域主要位于河道区,流速变化−0.8~0.4 m/s。总体而言,北部湖区和河道区在中低水位时受影响最大,除此之外大部分湖区流速变幅基本小于±0.1 m/s。

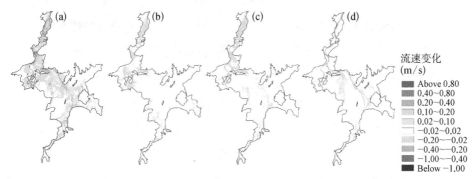

图 7.11　1998 年和 2010 年地形下的平均流速变化空间分布
(a 涨水期、b 高水期、c 退水期、d 低水期)

(2) 滞留时间的变化

　　进一步研究分析累积采砂对滞留时间空间分布的影响(图 7.12)。滞留时间呈现极强的空间异质性,采砂后并没有改变滞留时间的空间分布格局,但在湖的北部和中部,其值大小发生了变化。湖区北部,虽然滞留时间在一些局部地方减少了,但整体是增加的(<10 天)。湖区中部,滞留时间主要减少 4 天。在湖岸和三角洲地区,滞留时间也因微地形变化而受到影响,变幅一般为−4~4 天。

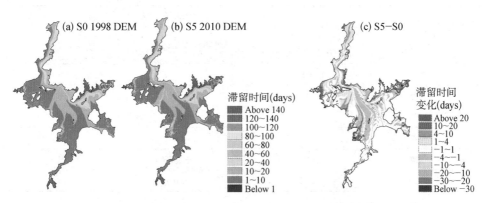

图 7.12　1998 年和 2010 年地形下的滞留时间空间分布(a~b)
及两者地形变化导致的滞留时间变化(c)

7.2.2　植被糙率变化的水动力影响

植被与水文是洪泛系统的两大主要研究对象。植被对洪泛水文和地貌过程具有重要调节作用,洪泛植被的变化在影响湿地物理栖息地和生态完整性方面也起着关键作用。此外,湖泊洪泛区受当前和未来的气候和人类干预,极易发生植被时空格局变化,提高对洪泛区植被—水文作用的认识,将对洪水管理、淡水渔业、水生生境和其他生态系统服务具有重要借鉴意义。鉴于该背景,本节研究采用湖泊二维水动力模型,结合情景模拟,对设计方案的水动力结果进行了比较和分析,从而评估了整个湖泊洪泛系统水动力行为(即水位和流速)的时空差异和响应变化,分析了洪泛区植被对鄱阳湖水动力行为的耦合效应或最大贡献程度。

由于洪泛区植被的影响主要发生在高洪水位期,且存在明显的主河道—洪泛相互作用,本次模拟覆盖了涨水、洪水和退水 3 个典型时期。通常认为,对于大型自然水系而言,洪泛区植被的耦合作用比单一植被类型的作用要更为重要。根据 Chow (1959)和 Kiss 等(2019)人研究成果,利用植被的异质空间分布来确定洪泛区下垫面的糙率情况以及水文影响(表 7.7)。本节主要从鄱阳湖关键站点以及空间水位和流速变化来开展模型评估分析,并通过参数敏感性测试来进一步揭示植被对洪泛水位的潜在影响。

表 7.7　研究区主要土地利用类型和相应糙率系数值

土地利用类型	糙率取值		
	曼宁糙率系数 n 变化范围(—)[a]	曼宁糙率系数 n(—)[b]	曼宁数 M(m$^{1/3}$/s)[c]
水体	0.015~0.019	0.017	59
泥滩	0.016~0.020	0.018	56
芦苇	0.080~0.120	0.100	10
苔草	0.035~0.070	0.050	20
藜蒿	0.025~0.050	0.035	29
草地	0.025~0.035	0.030	33

注:[a]资料来源于 Chow(1959)。
　　[b]资料来源于 Kiss et al. (2019)。
　　[c]根据 DHI (2014)。

7.2.2.1　水位影响

图 7.13 通过情景模拟方案的水位差来量化鄱阳湖洪水脉冲系统中洪泛区植被的影响。不难发现,由于洪泛植被的作用,洪泛区的水位响应在不同情景之间存在明显时间差异。模拟结果表明,涨水期(5—6 月)洪泛植被对水位的耦合效应明显强于 7—9 月的洪水和退水期。可归因于植被和水文之间复杂的相互作用,这些相互作用随洪泛区水深、表面坡度和地表水连通性的季节变化而变化。换言之,在涨水时段,洪泛植被更有可能导致主湖水位(可达 0.3 m)和洪泛区水位的上升(可达 0.2 m)(图 7.13)。然而,由于水位差异在模拟误差范围内(即黄色虚线;图 7.13),洪泛植被的变化似乎对洪水期的水位影响可以忽略。此外,在退水期间,洪泛植被对水位变化的影响往往较弱(即<0.1 m)。一般而言,洪水脉冲系统上游区域的洪泛植被效应最大,例如从鄱阳湖的星子到康山地区(图 7.13)。

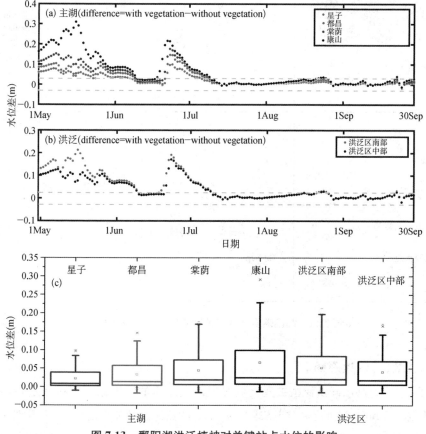

图 7.13　鄱阳湖洪泛植被对关键站点水位的影响

图 7.14 进一步显示了涨水、洪水和退水三个阶段洪泛植被对鄱阳湖空间水位的影响。模拟结果表明,尽管水位在不同水文时期表现出相似的空间分布格局,但涨水和退水期(即 5—6 月和 9 月)的水位空间变化(即变化范围为－0.2～0.4 m)比洪水期(即变化范围为 0～0.1 m;7—8 月)要更为明显。此外,模拟结果认为湖区上游水位的上升幅度略高于湖区下游,这可能是植被粗糙分布的空间变异性以及复杂的地貌和水深特征共同所致。总的来说,洪泛区植被往往在水位上升和下降的过程中扮演着重要的角色,尤其是洪水脉冲系统的上游区域。

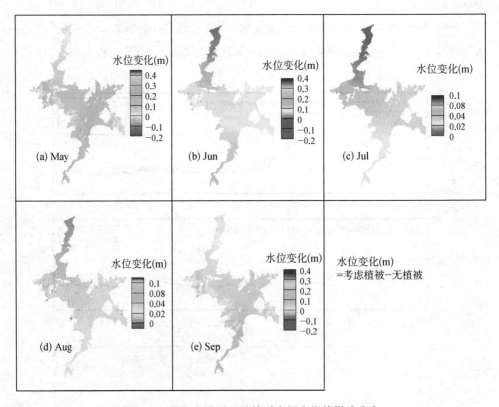

图 7.14 鄱阳湖洪泛区植被对空间水位的影响分布

7.2.2.2 流速影响

图 7.15 为鄱阳湖洪泛植被变化对典型站点流速的影响结果。在涨水期,主湖(即高达 0.2 m/s)和洪泛区(即高达 0.07 m/s)的流速呈现显著变化,而在其他时期,流速变化幅度相对较小(<0.05 m/s),尤其是洪水期的流速变化基本在模型误差范

围内。尽管洪泛植被可能会增加某些局部区域的流速,但在大多数区域,可明显观察到流速降低的情况发生。值得注意的是,洪泛植被的作用相当于下垫面的大量障碍物,势必会干扰水流格局且导致流速降低。结果总体表明,在洪泛系统的水位上升和退水阶段,鄱阳湖现有植被覆盖情况可能在降低湖区流速方面起着重要影响作用。

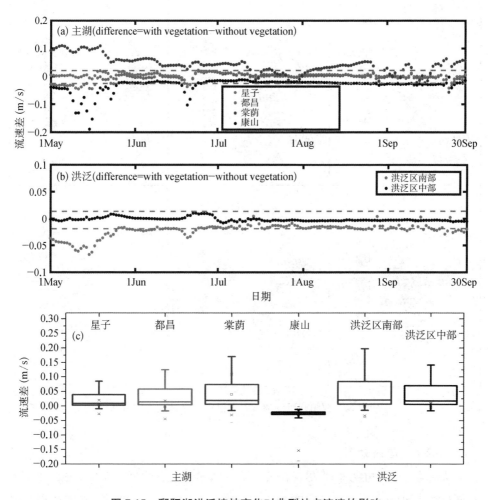

图 7.15　鄱阳湖洪泛植被变化对典型站点流速的影响

就空间上,不同水文时期植被作用对流速影响的空间分布格局非常相似(图7.16)。也就是说,在湖泊主河道和洪泛区观察到了流速降低现象(<0.2 m/s),

而在鄱阳湖的下游区域发现了流速增加现象(高达 0.1 m/s)。此外,鄱阳湖水位上涨期和退水期的空间流速(即−0.3～0.1 m/s)会出现比洪水期更加显著的响应变化(即−0.05～0.04 m/s)。总体而言,洪泛植被对水流速度的分布影响表现出相对复杂的格局,主要是由于水流通常比水位表现出更加快速和敏感的响应。

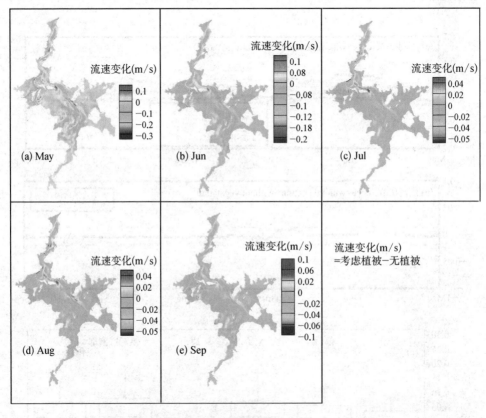

图 7.16　鄱阳湖洪泛植被对湖区空间流速的影响分布

7.2.2.3　原因分析

从水动力学的角度来看,尽管在洪水期,主湖和洪泛区之间存在自由地表水文水交换与联系(即高水文连通性)(图 7.17),但整个洪水脉冲系统的水流动力学则相对稳定。在高洪水位期间,洪泛区的淹没植被和糙率值对水动力模拟的影响可能比其他外部因素的影响程度小(如长江流量、入湖入量和风场),但淹没的洪泛植被很有可能影响湖区底层的速度分布和差异性。在涨水和退水阶段(图 7.17),主湖和洪泛区之间的水力联系对植被变化可能表现出更为敏感和快速的响应,具体表现为洪泛植被可能影响水流路径和流速大小(图7.17)。另外,本研究中植被糙率值是根据 Chow(1959)和 Kiss(2019)等人的研究结果进行模型设定(见表7.7),这就使得植被糙率的实际值与文献值之间的差异仍然未知且难以评估。敏感性分析表明(图7.18),糙率值变化对大多数洪泛区的水位(<0.1 m)和流速(<0.1 m/s)的影响程度相当有限,特别是鄱阳湖的高洪水位时期。换言之,相对于本研究中洪泛植被的耦合效应(即植被过渡到滩涂或无植被),不同植被覆盖类型之间的过渡(如从芦苇到草地等)不会对鄱阳湖水动力条件产生显著的影响。

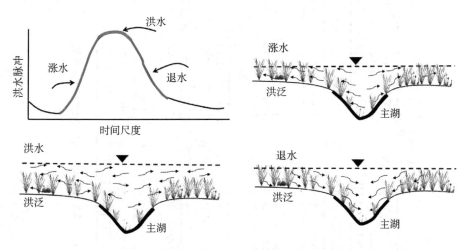

图7.17　洪泛系统水流—植被作用关系示意图

7.2.3　碟形湖群的水动力影响

从水文学、地貌学和生态学上,碟形湖均是当前鄱阳湖相关工作中给予高度关注的研究客体。考虑到鄱阳湖洪泛区及其碟形湖群水文和生态重要性,本节研究采用湖泊二维水动力模型与地形调整相结合的方法,选取2006年和2010年为典型干旱年和丰水年,从系统角度分析了77个典型碟形湖群对鄱阳湖水文水动力行为的耦合作用和总体影响。本节研究所得结论可为鄱阳湖和其他类似洪泛平原地区的管理与规划提供科学支撑。

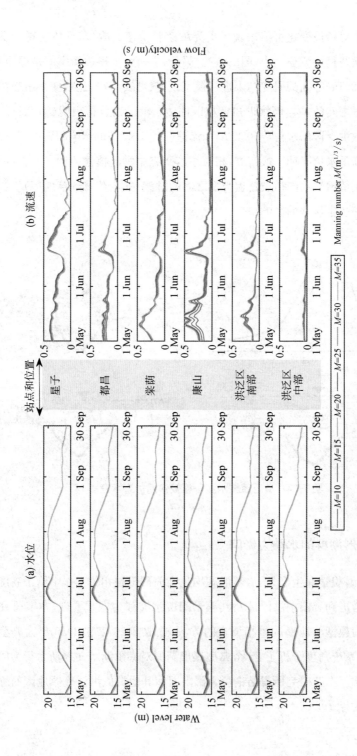

图 7.18　基于植被糙率的模型敏感性分析结果

7.2.3.1　碟形湖群总体特征

鄱阳湖的碟形湖群总面积约为 800 km² (纪伟涛,2017),其在水文生态和环境功能中起着关键作用(图 7.19)。一般来说,洪泛区及其碟形湖群在夏季(如 6—10 月)与主湖区保持部分或全部连通,但在冬季(12 月至次年 2 月)则与主湖区脱离保持孤立(图 7.19)。碟形湖群的主要来源是夏季主湖的洪水(胡振鹏 等,2015;Wu et al.,2017),碟形湖群的水量($<8.0\times10^8$ m³)明显低于主湖(约 110×10^8 m³)。大多数碟形湖群的底部高程在 12 m 到 13 m 之间变化(图 7.19),其面积在 <1 km² 和 >80 km² 变化(图 7.20)。

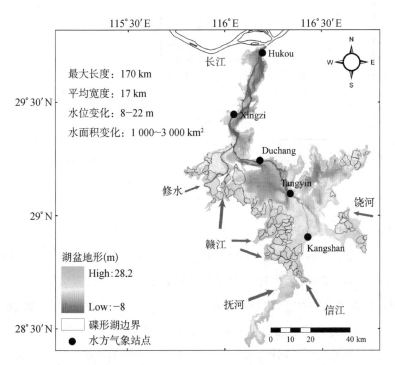

图 7.19　鄱阳湖及其碟形湖群(本研究涉及 77 个)空间分布示意图

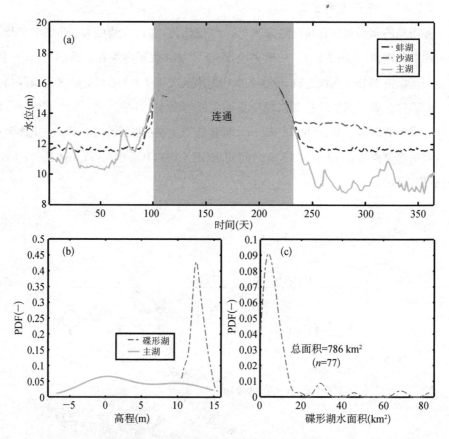

图 7.20　碟形湖群水文和面积变化特征

7.2.3.2　湖泊水位影响

对于主湖和洪泛区,模拟结果表明,碟形湖群对洪水月份(如 6 月至 8 月)水位的耦合效应明显弱于 2006 年和 2010 年冬季的枯季月份(如 12 月至次年 2 月)。也就是说,如果没有碟形湖的存在,将会导致枯季的水位比自然条件下更高,如 2006 年和 2010 年主湖水位分别增加约 0.6 m 和 0.4 m(图 7.21 和图 7.22)。枯水年和丰水年相应的洪泛区水位上升均达到 0.9 m。在洪水期,碟形湖群对主湖和洪泛区的水位变化影响有限(<0.2 m)。总的来说,碟形湖群对枯水年(2006 年)的水位影响比丰水年(2010 年)更强,年内变化上,对旱季要比湿润的雨季更为显著。

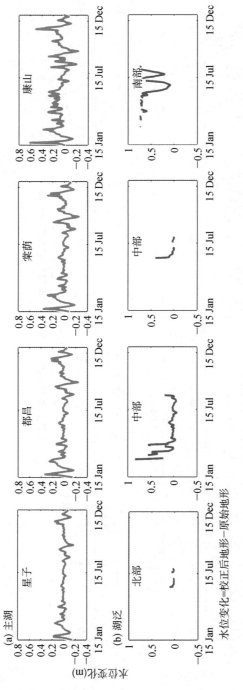

图 7.21　碟形湖群对枯水年（2006 年）典型区域水位的影响

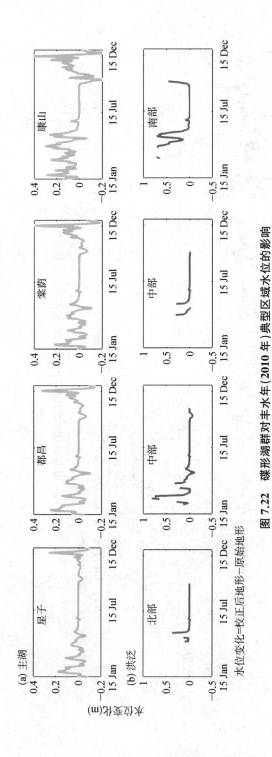

图 7.22　碟形湖群对丰水年（2010 年）典型区域水位的影响

图 7.23 分别显示了 2006 年和 2010 年洪水期和枯水期水位空间格局的变化。结果表明,总体而言,枯水季节的空间水位变化(高达 1.6 m)比洪水期(高达 0.6 m)更为明显。尽管在一些洪泛地区观察到水位下降现象,但在大多数湖泊洪泛区域上发现水位上升。此外,两个水文年的洪泛区(>0.6 m)的水位变化明显高于主湖(<0.2 m)的水位变化。

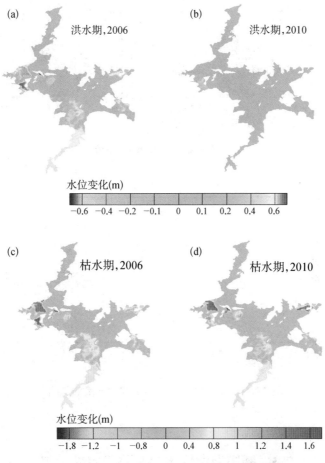

图 7.23　碟形湖群对鄱阳湖空间水位的影响分布图

7.2.3.3　湖泊出流量影响

鄱阳湖出流(即湖口站)是反映湖泊与长江相互作用的重要指标。以 2006 年和 2010 年为例,碟形湖群对湖泊流量的影响如图 7.24 所示。水动力模拟结果表明,如果在没有碟形湖群存在的情况下,出湖流量可能表现出复杂的响应(即正负差异)。此外,不管是枯水年(2006年)还是丰水年(2010年)的干旱月份,可以看到更明显的湖泊出流量动态变化。一般来说,碟形湖群可能在影响湖泊流量状况方面起到较小的影响或者调节作用,主要是因为累积的湖泊流量在假设条件和自然条件之间似乎没有变化(图7.25)。

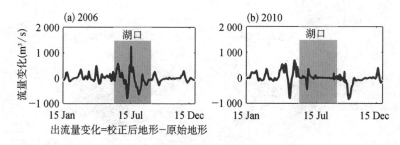

图 7.24 碟形湖群对鄱阳湖出流的影响

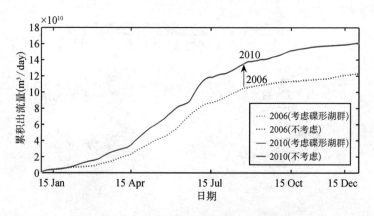

图 7.25 碟形湖群对鄱阳湖累积出流量的影响

7.3 鄱阳湖湖区水温与热稳定性模拟

湖泊热力学状况及其对气象、水文等因素的响应对湖泊水质和生态系统的影响具有重要作用。本节研究采用三维湖泊水动力模型、统计方法和热力学指数等,评估鄱阳湖热稳定性的时空变化模式与特征,进一步分析主要的外部变化要素对湖泊热稳定性的影响。

7.3.1 3D 水动力模型

本研究利用丹麦 DHI 公司提供的 MIKE 3 三维水动力模型对鄱阳湖的水流特性和热分层进行了研究。MIKE 3 模型基于以单元为中心的有限体积法,采用非结构网格来精确表示复杂的地表水体(DHI,2012)。采用的动量方程为不可压缩雷诺平均 Navier-Stokes 方程,采用静水压力和 Boussinesq 假设(DHI,2012)。当前的 MIKE 3 模型是基于先前鄱阳湖二维水深平均水动力模型构建的(Li et al.,2017a)。湖泊模拟区域覆盖最大洪水淹没面积 3 124 km²。在垂直离散化方面,该模型对垂直层数的敏感性很低,因此,在整个水深范围内使用了 10 个等距 sigma 层。

湖泊上游边界被指定为随时间变化的河流流入量和温度,下边界条件被指定为湖口测量站的水位和温度观测值。尽管湖面上的气象参数具有很强的季节性,但空间变异性被认为对湖泊水动力学的影响有限(姚静 等,2016;Li et al.,2017a)。因此,空间上均匀但时变的气象参数包括气温、相对湿度、太阳辐射、云量、风速、风向、降水量和蒸发量。模拟期为 365 天,从 2015 年 1 月 1 日至 12 月 31 日。利用湖口、星子、都昌、余山和康山水文站的观测资料,将水面高程的初始值规定为湖水面,同时在整个模型域内将初始流速设置为零。整个区域的水温初始值设置为 10 ℃。最小时间步长限制为 0.1 s,以保持目标 Courant Friedrich Levy(CFL 条件)数为 1.0。模型中采用了干湿判别技术,并遵循规则 $h_{dry}(0.005\text{ m})<h_{flood}(0.05\text{ m})<h_{wet}(0.1\text{ m})$(DHI,2012)。水平涡黏性由 Smagorinsky 公式表示,垂直涡黏性用标准 k-epsilon 湍流模型表示,该模型求解了湍流动能和能量耗散的输运方程。目前鄱阳湖三维水动力模型中使用的其他关键参数如表 7.8 所示。

表 7.8 水动力模型的关键参数设置

参数和单位	取值
Smagorinsky factor for eddy viscosity(—)	0.28
Roughness height(m)	0.02~0.3
Horizontal eddy diffusivity(m²/s)	1.0
Vertical eddy diffusivity(m²/s)	0.001

续　表

参数和单位	取值
Wind drag factor(—)	0.001
Critical wind speed(m/s)	2.0
Light extinction coefficient(1/m)	1.2
Wind coefficient in Dalton's law(—)	0.9
Dalton number(—)	0.5
Exchange coefficient in Beer's law(—)	0.8
Transfer coefficient for healing and cooling(—)	0.002
Prandtl number for turbulent kinetic energy(—)	1.0
Prandtl number for dissipation of turbulent kinetic energy(—)	1.3

7.3.2　热分层指数

利用三维水动力模型,本研究考虑外界因素(气温、太阳辐射、蒸发和河水温度)变化对鄱阳湖热力学状况的影响(MS0~MS8;表7.9)。

表 7.9　基于 3D 水动力模型的情景模拟方案设计

模型方案	模拟条件	方案描述
MS0	Baseline condition	Observations in 2015
MS1	High air temperature	Air temperature+2 ℃
MS2	Low air temperature	Air temperature−2 ℃
MS3	High solar radiation	Solar radiation+48.6 W/m²
MS4	Low solar radiation	Solar radiation−48.6 W/m²
MS5	High evaporation	Evaporation×1.1
MS6	Low evaporation	Evaporation×0.9
MS7	High river temperature	River temperature+2 ℃
MS8	Low river temperature	River temperature−2 ℃

7.3.2.1　Schmidt 稳定性

Idso(1973)定义了由于水柱分层固有的势能而产生的机械混合阻力。我们将 Idso 的 Schmidt 稳定性指数(J/m^2)表示为(Idso,1973):

$$S = \frac{g}{A_0} \int_{z_0}^{z_m} A_z (z - z^*)(\rho_z - \rho^*) \mathrm{d}z \tag{7.5}$$

式中,A_0 为湖面面积($\mathrm{m^2}$),A_z 为水深 z(m)处的湖面面积,是根据 z 深度处的温度计算出的密度($\mathrm{kg/m^3}$),是水柱的体积加权平均密度,z^* 是平均密度出现的深度,$\mathrm{d}z$ 是深度间隔,g 是重力加速度($\mathrm{m/s^2}$)。任何给定温度 T(℃)下的水密度(ρ_T)计算如下(Martin et al.,1999):

$$\rho_T = 1\,000 \left[1 - \frac{T + 288.941\,4}{508\,929.2(T + 68.129\,63)}(T - 3.986\,3)^2 \right] \tag{7.6}$$

Schmidt 稳定性函数已被广泛应用于评估热分层强度,发现其稳定性范围为 0 至 5 784 $\mathrm{J/m^2}$(Read et al.,2011)。Schmidt 稳定性是衡量水柱稳定性的指标,它表示将湖泊混合到等温状态所需的工作量(Wetzel,2001;Lawson et al.,2007)。零值表示水柱是等温的,最大值表示水柱分层最强烈(Stainsby et al.,2011;Wang et al.,2012)。

7.3.2.2　Richardson 层数

Richardson 层数(无量纲)的物理解释可用于识别湖泊混合、部分混合/分层和分层(Dyer et al.,1986;Bárcena et al.,2016)。经典的 Richardson 层数与水动力关键变量(水位、速度和密度)相关,可以表示为如下(Bowden,1978):

$$Ri_L(t) = \frac{g \cdot H(t) \cdot \Delta\rho(t)}{\bar{\rho}(t) \cdot (\bar{u}(t)^2)} \tag{7.7}$$

式中,t 为时间,$H(t)$ 为水柱深度(m),$\Delta\rho(t)$ 为底部密度减去表面密度($\mathrm{kg/m^3}$),$\bar{\rho}(t)$ 为垂直深度平均密度($\mathrm{kg/m^3}$),$\bar{u}(t)$ 为垂直深度平均速度(m/s)。当 $Ri_L > 20$ 时,水柱高度稳定,垂直混合较低(即分层)。对于 $20 > Ri_L > 2$,由于湍流(部分混合/分层),混合越来越活跃。对于 $Ri_L < 2$,充分发展的混合发生(混合),Ri_L 的阈值提供了水柱稳定性的合理估计(Dyer et al.,1986)。

7.3.3　湖泊热稳定性的时空分布

根据整个湖泊的温度分布模拟结果进行计算,图 7.26 呈现了施密特稳定指数的空间格局分布。在春季[图 7.26(a)],整个鄱阳湖的施密特稳定性显示出明显的空间变异性,其中指数可以达到 131 J/m²。湖心区,特别是与主河道相邻的东部湖湾,可能出现分层现象,而河口、洪泛区和北部河道则可能出现混合区;在夏季,施密特稳定性显示出很大的空间变异性,指数在 4~1 314 J/m² 之间变化(图 7.26)。稳定性模式似乎反映了随经度变化的特征,湖泊中心和东部的大部分区域最有可能出现分层(指

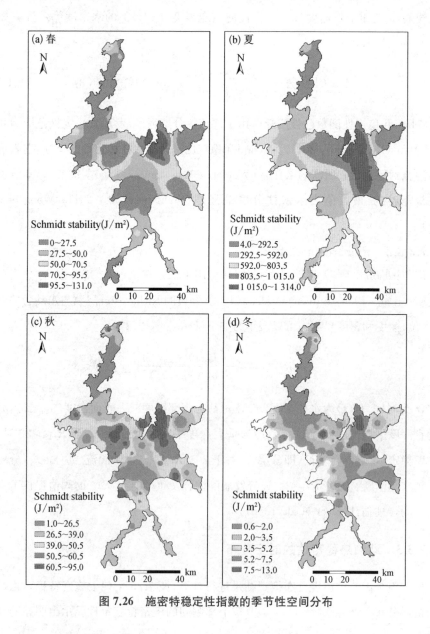

图 7.26　施密特稳定性指数的季节性空间分布

数>600 J/m²)。尽管在秋冬季节[图 7.26(c)和图 7.26(d)],湖泊的施密特稳定性指数表现出相对复杂的分布,但其热稳定性表现出与春季和夏季相似的空间格局。此外,如图 7.27 所示,夏季水温剖面呈现出比其他季节更多的分层和差异(高达 4 ℃)。一般而言,最有可能的热分层可能发生在湖泊中部和东部湖湾,而混合可能发生在洪泛区和北部河道等。

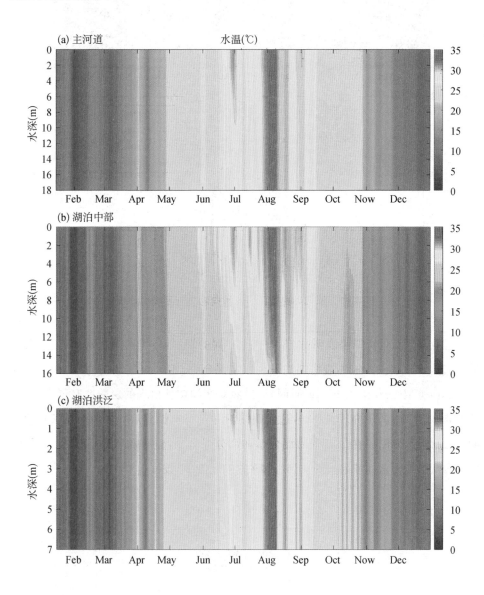

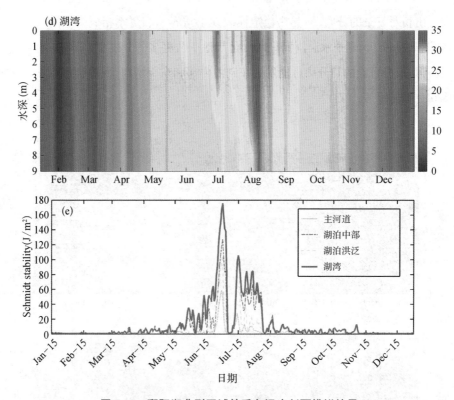

图 7.27 鄱阳湖典型区域的垂向温度剖面模拟结果

理查森层数计算结果表明(图 7.28),在不同的湖区,冬季的湖水层数普遍较低,通常<2,且通常在2~20,表明湖泊呈现垂直混合(一年中约70%的时间)或部分混合的总体类型(一年中约10%的时间)。虽然夏季和初秋出现的层数要高得多,但数值通常大于20,偶尔介于2~20,这表明湖泊存在季节性分层(一年中约20%的时间)。总体上,鄱阳湖在冬春季为混合型和部分混合型,夏季和秋季后期多为层状。垂直分层类型覆盖面积最大的是湖心和东部湖湾(即层数可达180)。

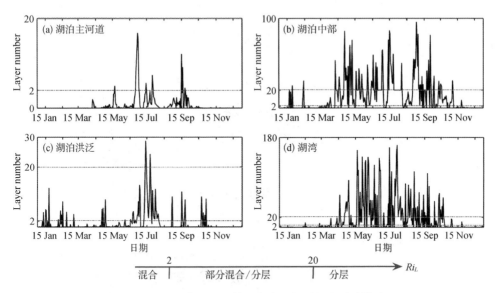

图 7.28　鄱阳湖典型湖区的理查森层数时间序列计算结果

7.3.4　热稳定性影响因素

图 7.29 说明了 Schmidt 稳定性和相关因果因素之间的关系。统计结果表明,气温、太阳辐射、蒸发量、河流温度、最大湖深与 Schmidt 稳定性之间存在密切关系,如 Pearson's r 的绝对值在 0.33 至 0.67 之间反映出来($p < 0.01$,图 7.30)。因此,得出的结论是,养护的热状况可归因于当地气象条件和水文力的综合作用,从而表明它们对触发湖泊混合过程的影响是有限的,因为它们不能提供热稳定性随时间变化的信息。

为了更好地了解鄱阳湖热状况对外界因素变化的时间响应,选取了空气温度、太阳辐射、蒸发量和河流温度开展情景模拟分析。总的来说,模拟结果表明,外部因素对 Schmidt 稳定性的影响在夏季月份比一年中的其他月份强(图 7.30)。在夏季,高气温(MS1)、高太阳辐射(MS3)和高蒸发(MS5)的情景比基线条件(MS0)更可能导致分层,这反映在 10 J/m² 到 20 J/m² 范围内的施密特稳定性增加。这些结果与这样一个事实相吻合,即在夏季,水面温度对气候的快速响应将加速湖面变暖并加强热层结。较高的入河温度(MS7)可能有助于水的混合,并减少整个水柱的温差;此外,较高的温度也可能导致热稳定性的降低。相比之下,低温(MS8)的河流流入可能会促进更

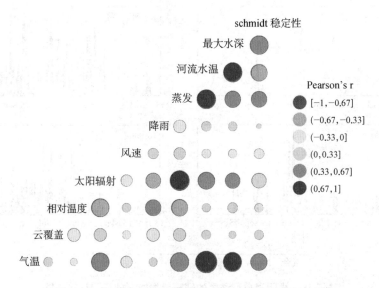

图 7.29　施密特热力学指数与不同影响因素之间的统计关系

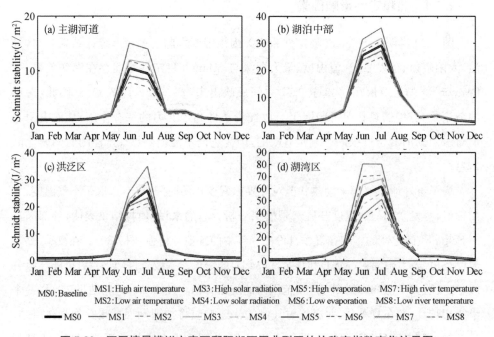

图 7.30　不同情景模拟方案下鄱阳湖不同典型区的热稳定指数变化结果图

强的稳定性形成。在一年中的其他月份,可以观察到这些外部因素对热稳定性的影响很小(图 7.30),这主要是因为快速水流是维持鄱阳湖水体稳定性的直接因素。尽管本研究选择了四个具有代表性区域进行分析,但估计鄱阳湖可能对外部因素的变化表现出不同的反应。例如,与其他区域(<10 J/m²)相比,湖湾的稳定性对外部变化的响应更为明显($10\sim20$ J/m²)(图 7.30)。此外,湖泊地形(或水深)等相关因素也可能是影响鄱阳湖季节热稳定性的重要原因。

7.4　鄱阳湖水动力分区及对风场的响应

湖泊水体的物理过程直接决定了水体中物质的扩散输移过程(Laval et al.,2012),进而影响水生态环境。水体外部驱动因素在控制湖区水体的物理过程中起着至关重要的作用。水动力过程是由时空变化的出入流、风和气象驱动力之间复杂且非线性的相互作用所决定的(Laval et al.,2012;Llebot et al.,2014)。大型洪泛湖泊通常具有复杂的形态和水文特征:有大型河流和多个相连的子流域;空间高度异质性的地形(包括岛屿、浅滩和深槽);水位变幅巨大导致的洲滩出露淹没变化过程。这些特征导致水动力的高度时空异质性变化。除风的驱动外,河湖洪泛区系统的水动力模式主要由河流的出入流决定(Anderson et al.,2011)。因此,评估外部驱动力及其作用特点是研究水生态和环境问题的基础。

鄱阳湖作为大型洪泛湖泊的典型代表,受五河入流、长江来水顶托、风场等多因素共同驱动作用。从全湖角度,五河入流和长江来水顶托产生的吞吐流为鄱阳湖水动力的主要驱动因素。以往的水动力研究考虑的外部驱动主要为吞吐流驱动。Lai等(2014)和Yao等(2016)分别采用不同的水动力学模型量化了鄱阳湖不同阶段流域入流和长江流量对鄱阳湖水位、水面积等的影响,结果表明这两个驱动因素都可以显著改变湖泊水位,但不同季节主控因素有所差异。同时,姚静等(2016)发现,风场驱动在鄱阳湖东部湖湾的影响大于吞吐流,表明在复杂的湖区内部某些区域,风对湖泊水动力的影响也不可忽视。但已有的研究缺乏对鄱阳湖风场的作用区域、作用形式等全面而深入的认识。本节中,使用二维水动力模型来模拟鄱阳湖在真实的出入流和风驱动下的水动力变化过程,并基于不同的风速、风向情景(NNE 和 SSW 风向,3 m/s、5 m/s 和 10 m/s 风速)进一步研究风对水动力作用的时空差异。最终目标是:

(1) 研究吞吐流和风场驱动力共同作用下的水动力的时空变化特征;(2) 区分这两种驱动力的主控区域;(3) 量化风驱动力对风主控区域水动力的影响。最终揭示鄱阳湖各湖区水动力的物理机制,为不同湖区的环境生态研究提供动力基础。

7.4.1 量化风场影响的方法

(1) 二维水动力模型及模拟情景

二维水动力模型构建过程详见第四章。风场驱动假定全场均一的,即不随空间变化。选择 2006 年和 2010 年,分别代表枯水和丰水情景,用以模拟区分不同水情下的风场主控区域。基于 2010 年数据,进一步开展一系列风场驱动情景。图 7.31 中给出了星子站 1959—2008 年风玫瑰图,结果表明,从多年角度来看,NNE 向风盛行(约32%),而 SSW 风作为夏季盛行风次于 NNE 风。因此风场驱动情景采用了 NNE 和SSW 两个常风向。风速方面,1959—2008 年的平均风速为 3.9 m/s,其中 NNE 风的平均风速为 5.8 m/s,SSW 风的平均风速为 3.3 m/s;最大风速达到 24 m/s;高于10 m/s 的风速约占 5%。基于以上多年统计结果,选择平均值和较高值,NNE 和SSW 向风速均设置 3 m/s、5 m/s 和 10 m/s 的梯度变化,共计 6 种定常风情景。

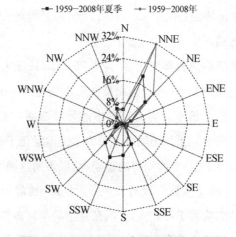

图 7.31　1959—2008 年星子站风玫瑰图

(2) 定量区分水力驱动和风场驱动的方法

采用能量比的方法来区分水力驱动和风场驱动(Anderson et al., 2011; Schwab

et al.，1989)，具体见等式(7.8)，即通过计算流速分量的能量与总流速能量之比 σ，确定主导驱动力。σ 值越大，代表流速分量随时间变化越大，表明流态越多变，倾向于风场主控。

$$\sigma = \frac{\sum \left[(u-\bar{u})^2 + (v-\bar{v})^2\right]}{\sum (u^2 + v^2)} \tag{7.8}$$

其中，u、v 分别为真实水力驱动和风场驱动下每个网格的计算流速分量，上划线代表年平均值。基于上述公式，分别计算枯水 2006 年和丰水 2010 年的 σ 值，然后将两者平均，即为每个网格的最终 σ 值。再进一步区分高水位(≥15 m)和中低水位(<15 m)的 σ 值，以比较不同水位条件下驱动力分区差异。某一区域计算的 σ 值较高(接近于 1.0)，则可确定该区域为风场主控；反之，σ 值较低(如<0.5)，则为水力驱动主控。对鄱阳湖而言，水力驱动即为吞吐流的驱动。基于这一方法计算的鄱阳湖全湖网格的 σ 值，即可划分出吞吐流主控和风场主控的区域范围。

(3) 示踪模拟和滞留时间计算

了解水中物质的时空分布对于研究水流和污染物行为模式至关重要。本研究模拟了保守示踪剂的扩散和混合过程，以研究不同风速和风向的作用效应。设置风主控区域的初始均质浓度为 1 g/m³，模拟时间为 2010 年 7 月 1 日至 12 月 31 日。

为了评估不同的风场驱动对水体更新能力的影响差异，基于示踪剂模拟进一步计算了滞留时间。指数递减法是用于量化湖泊停留时间的一种广泛使用的概念(Li et al.，2015；Nguyen et al.，2014；Monsen et al.，2002)，即定义滞留时间为物质浓度降至其初始浓度的 1/e(即 0.37)以下所需的时间(Cucco and Umgiesser，2006；Nguyen et al.，2014)。

7.4.2　风场驱动条件下的水位和流速时空分布

7.4.2.1　典型年真实风场驱动

图 7.32 显示了在 2010 年低水位(1 月 9 日)、涨水期(4 月 1 日)、高水位(7 月 15 日)和退水期(10 月 27 日)真实的吞吐流和风场共同作用下的水位分布，呈现明显的时空异质性。在低水位时期，水体主要集中在主要河道和湖湾中。南部湖区的水位高，而北部水道的水位低；南北湖区的水位差高达 6～8 m。随着水位的上涨，河道首

257

先被淹没,其次是河道两旁的洪泛区,此时南北之间的水位差为 3~4 m,并且随着水位的增加而减小。高水位期间,整个湖泊被淹没,没有明显的水位梯度。退水期时,南部和中部的洪泛区首先露滩,水位梯度再次变得明显。

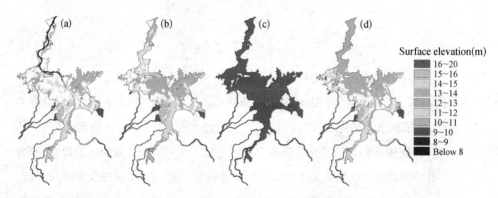

图 7.32 2010 年水位时空分布图(a~d 分别为低水期、涨水期、高水期和退水期)

图 7.33 显示了 2010 年重力流和风场共同作用下的速度分布,对应于 2010 年的水位变化。低水位期间,河道流速大多高于 0.3 m/s,而其他区域速度很小,近乎静水,不到 0.1 m/s。当涨水时,河道流速增加,最高流速超过 1 m/s,静水区开始与河道连通,流速增加了,但是量级仍较小(大部分小于 0.2 m/s)。高水位时期,流速分布相对均匀,中部和南部湖区最大流速小于 0.1 m/s,北部河道最大流速大于 0.1 m/s。当退水时,北部河道区流速增大,且流速分布与涨水期的分布相似。总体而言,全湖流速分布具有很强的分区性,河道为高流速区,而洪泛区和湖湾的流速较小,全年大多小于 0.15 m/s。

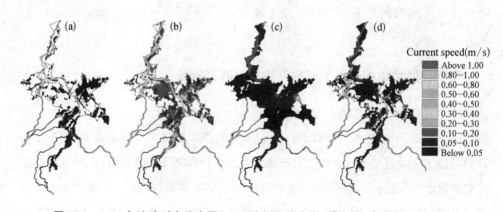

图 7.33 2010 年流速时空分布图(a~d 分别为低水期、涨水期、高水期和退水期)

7.4.2.2　典型年定常风场驱动

从鄱阳湖最常见的风向(定常风)入手,通过风场驱动作用下的鄱阳湖水动力模拟,研究定常风对鄱阳湖的主要影响区域,影响量级及流态改变形式。根据星子站2010年1—12月的风向以及1—10月的风速数据,绘制风玫瑰图;以往研究及资料显示鄱阳湖6—8月多为偏南风,故另绘制了6—8月的风玫瑰图(7.34)。由图可知,星子站全年的常风向为NE向,6—8月的常风向为SSW向,与以往的结论相吻合。

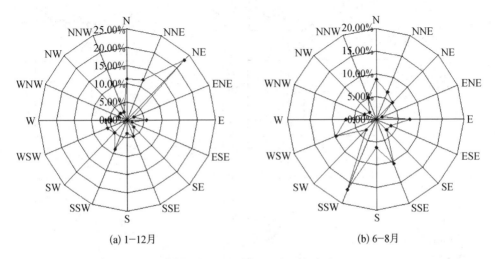

(a) 1—12月　　　　　　　　　　　(b) 6—8月

图7.34　2010年星子站风玫瑰图

分别模拟2010年整年无风、NE向定常风、SSW向定常风三种情景的水动力变化过程。根据实测资料统计的NE向风场对应的平均风速为3.03 m/s,将该值设为NE向定常风风速,为方便比较,SSW向定常风风速也取为3.03 m/s。

为了分析风场对鄱阳湖各水动力要素的影响,首先提取四个水文站点无风、有风条件下的水位、流速、流向过程曲线(见图7.35)。由图可知,在3.03 m/s的风速条件下,无论是NE向还是SSW向风,各站点水位变化过程与无风条件下的基本吻合,即该风场条件对水位的影响很微弱。流速、流向方面,7月中旬至9月底的"湖相"期,棠荫、康山受风的影响相对明显。

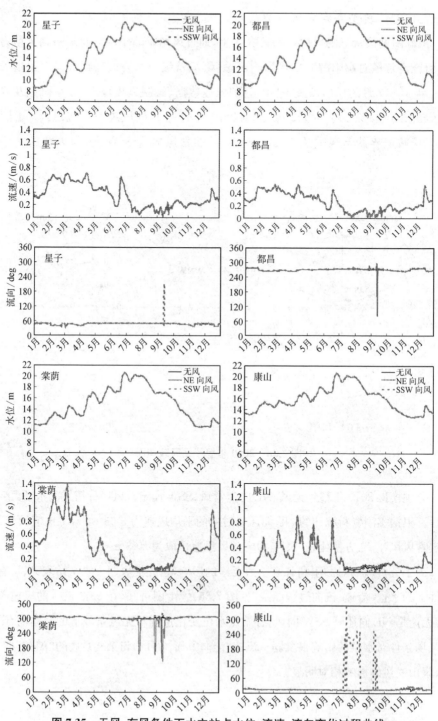

图 7.35　无风、有风条件下水文站点水位、流速、流向变化过程曲线

　　为进一步分析风场对整体流速场的影响,针对影响显著时段,分别计算 NE 向和 SSW 向风场作用下 7 月 20 日至 9 月 30 日期间全场平均流速分布,并与无风条件下的该时段全场平均流速分布相比,所得的流速变化分布见图 7.36,其中正值代表流速增大,负值代表流速减小。由图可知,NE 向风场作用下,湖区大部分浅滩区域流速减小,量级小于 0.5 cm/s,相反,河道流速存在不同程度的增大;SSW 向风场作用下,与 NE 向相反,大部分浅滩区域流速增大,增幅也在 0.5 cm/s 以内,而河道流速存在不同程度的减小。这是因为,浅滩相对河道而言,水深较浅,更易受风的影响,NE 向风与主要流向相逆,对浅滩水流产生阻碍作用,而 SSW 向风顺应主流向,对浅滩水流有一定推动作用,主河道因水深较深,流速较大,并不直接受风的影响,而是在周围浅滩水体流速变化带动下,产生反方向的流速补偿。无论哪种风向,在湖区中部湖湾及中部西岸,均存在明显的流速增大区,最大增幅 2～2.5 cm/s。这些区域位于开阔的大湖面,加之水深较浅,流速相对缓慢,极易形成风生环流。

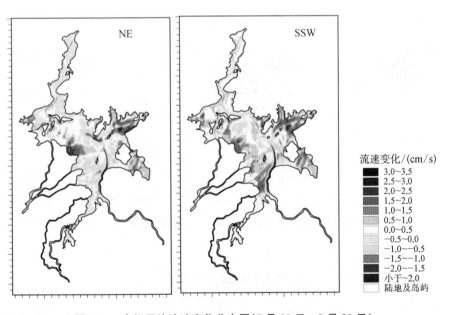

图 7.36　全场平均流速变化分布图(7 月 20 日—9 月 30 日)

7.4.3　吞吐流驱动和风场驱动主控区划分

图 7.37 显示了 2006 年和 2010 年高水位和中低水位期间的流速能量 σ 的空间分布。尽管在不同的水位期间 σ 分布有所不同,但深而窄的河道区在不同期间均明显受到吞吐流的控制(σ 值低于 0.2),而中部湖区的西岸、东部湖湾和东南湖湾则受风场控制(σ 值大于 0.9)。风场主控区范围基本不受水位变化影响,但吞吐流主控区的范围和受影响程度在不同水位条件下有所不同。当上涨到高水位时,吞吐流的控制区域从狭窄的河道延伸到河道两侧的洪泛区,特别是整个北部水道主要受吞吐流驱动,包括深槽和两侧的洪泛区。湖湾和河道区域之间的洪泛区域受吞吐流和风场的组合驱动影响。基于以上分析得出,东部和东南部湖湾和中部西岸主要为风场主控区,分别定义为Ⅰ区、Ⅱ区和Ⅲ区[图 7.37(c)],用于对风场作用影响的进一步研究。

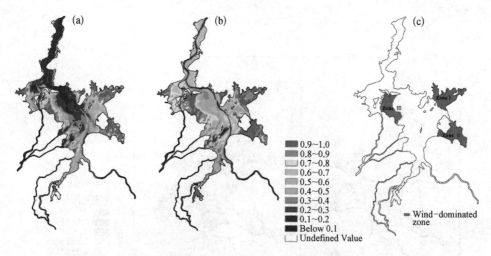

图 7.37　高水位(a)和低水位(b)时期的 σ 空间分布及风场主控区划分(c)

7.4.4　风场产生的环流形式及对流速影响

持续的 10 m/s 的 NNE 向和 SSW 向风场作用 2 天后,鄱阳湖环流模式如图 7.38 所示。受地形走势影响,无风条件下的流线分布基本上从南向北,与河道方向平行,没有明显的环流。与无风情况相比,风场作用在东部湖湾(Ⅰ区和Ⅱ区)

产生了明显的环流。环流方向在 NNE 风作用下是顺时针方向,在 SSW 风作用下为逆时针方向。Ⅰ区地形南高北低,北部近岸区常年有水,但流速极小,近乎死水。在偏北向风场作用下,东南部的湖滨浅水区水体最易受影响,顺风向自东北流向西南,胁迫东南入湖口处水流也向西南向偏移,拉动北部深水湖区水体形成补偿流,依地形走势呈顺时针方向旋转,形成直径最大可达十几公里的环流。而在偏南风场作用下,东南部浅水区仍最先受影响,流向与风向一致,指向东北,在与偏北向风生环流相同位置形成了逆时针环流。不同风向下的环流位置相似,偏南风驱动下的环流尺度比偏北风向下的略小。在西部近岸地区(Ⅲ区),受不规则形状的岛屿和蜿蜒的海岸线共同影响,产生了多个环流,其位置和大小不定,结构更为复杂;其环流方向与Ⅰ区和Ⅱ区相反,NNE 风作用下为逆时针,SSW 风作用下为逆时针。

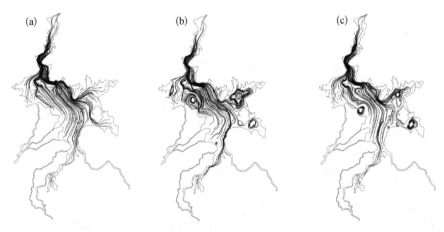

图 7.38　无风(a)、NNE(b)和 SSW(c)风向条件下的鄱阳湖环流形式

　　计算每个风场主导区域的空间平均流速,以代表每个区域的流速。图 7.39 显示了三个风主导区域的空间平均流速的变化。流速大小很大程度上取决于风力。对于所有的三个区域,流速大小与风速大小呈正相关。对于Ⅰ区和Ⅱ区,在无风条件下,流速基本小于 0.01 m/s;在 3 m/s 的风速下平均流速增加到 0.01 m/s;在 5 m/s 的风速下流速增加到 0.02 m/s;风速为 10 m/s 时,平均流速可达到 0.05 m/s,是无风条件下流速的 5 倍以上。Ⅲ区具有类似的模式。不同的风向对流速大小的影响也不同:

在所有三个区域中,SSW 风引起的流速略高于 NNE 风引起的流速,尤其是在高风速
(10 m/s)时期。尽管风控区的流速大小主要由风速确定,但流速的变化也受到附近
入流的影响。Ⅰ区和Ⅱ区在 7 月初出现了两个流速峰值,这与附近饶河入流峰值时
间相对应[图 7.39(d)]。此外,在入流洪峰期,风的影响也相对减小。特别是在Ⅲ区
中,当入湖流量高于 $4×10^3$ m^3/s 时,无风和低风速(3 m/s 和 5 m/s)条件下的流速差
异不大,即风的作用相对削弱了。相对于风和入流作用,风控区的湖泊水位变化与流
速变化相关性不大。

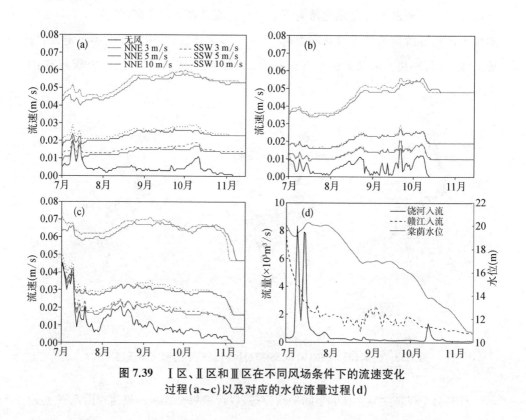

图 7.39　Ⅰ区、Ⅱ区和Ⅲ区在不同风场条件下的流速变化
过程(a~c)以及对应的水位流量过程(d)

7.4.5　风场对示踪剂浓度和滞留时间的影响

为研究三个风主控区对风场响应的差异,进一步开展了示踪数值模拟试验。三
个风主控区初始浓度均设为 1 g/m^3,而其他区域浓度为 0。图 7.40 至图 7.42 分别显
示了三个风控区在无风、NNE 风向和 SSW 风向条件下释放示踪剂后第 1、2、4、8 和

15 天的示踪剂浓度分布。尽管这三个区域均受风场驱动作用，但每个区域的混合和输移特性随风向、风速变化而有所不同。对于东部湖湾（Ⅰ区），在无风条件下，由于饶河入流，示踪剂从南到北、自东往西扩散。在 NNE 风的作用下，示踪剂自南向北的传输受到了阻碍和延迟。随着风速的增加，对示踪剂的传输阻碍作用增强。风产生的环流使得示踪剂分布向南扩展，面积扩大，增强了时空异质性。在 NNE 风的顺时针环流作用下，示踪剂分布范围扩大，但仍局限在湖湾中；3 m/s 和 5 m/s 的风速下，Ⅰ区与其他湖区之间的水交换减弱。因此，对 NNE 向风而言，除了 10 m/s 风速外，其余风速下的 NNE 风场作用不会明显降低示踪剂平均浓度。而在 SSW 向风作用下，示踪剂被输运至Ⅰ区的北部，并被迅速运带出湖湾，迁移至下游；风速越高，平均浓度越低；示踪剂浓度的时空分布格局与 NNE 风向下完全不同。对于东南湖湾（Ⅱ区），除出口处，风场作用对示踪剂的扩散输移影响较小。对西部岸区（Ⅲ区），示踪剂在无风条件下的扩散输移强度本身比东部两区的强。风场作用对示踪剂的时空分布影响比Ⅰ区、Ⅱ区的小。SSW 风向有利于示踪剂的输移和稀释，而 NNE 风向下，示踪剂有抑制输移的倾向。

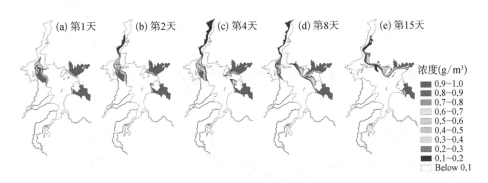

图 7.40　无风条件下示踪剂浓度时空变化过程

三个风场主控区的滞留时间分布也呈空间异质性（图 7.43）。Ⅰ区在无风条件下，出口处的滞留时间不到 20 天，湖湾内部 100 天以上；在 3 m/s 的 NNE 风向条件下，Ⅰ区大多数区域的滞留时间增加，大多在 100 天以上。尽管流速因风速增加而增加，有利于物质扩散和稀释，但顺时针环流使得示踪剂在Ⅰ区的东北部富集，聚集效应大于增加的扩散能力。5 m/s 的 NNE 风与无风条件下的平均停留时间近似，但空间分布略有不同。当 NNE 风达到 10 m/s 时，Ⅰ区大多数区域的滞留时间少于 20 天。

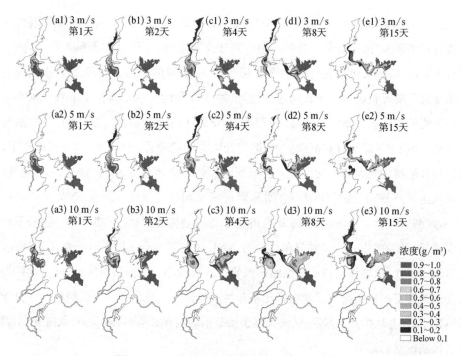

图 7.41　NNE 风向条件下示踪剂浓度空间分布

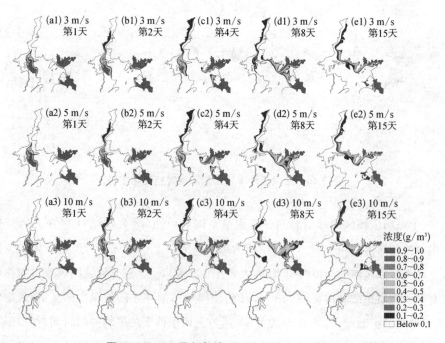

图 7.42　SSW 风向条件下示踪剂浓度空间分布

结果表明,滞留时间对于 NNE 风的风力变化均呈非线性响应。对于 SSW 风,滞留时间大部分减小到 20 天以内,并且减小的幅度与风速呈正相关关系。对于Ⅱ区,风场驱动下,滞留时间略有减小。但是不同的风向和风速条件下,停留时间的变化并不明显。对于Ⅲ区,所有情景下的滞留时间均少于 10 天。NNE 和 SSW 风的影响差别不大,难以区分。

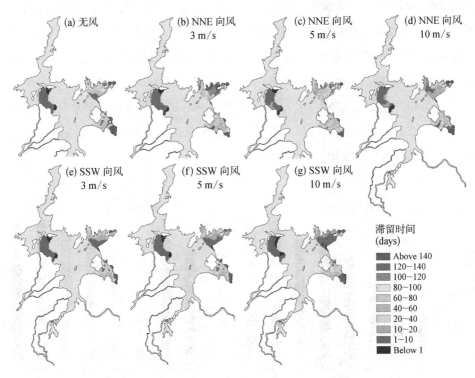

图 7.43　三个风场主控区在不同风场条件下的滞留时间空间分布

7.5　鄱阳湖湖区水质对入湖水量和污染负荷的响应

7.5.1　入湖流量和污染负荷变化的情景设置

鄱阳湖近些年来水质呈下降趋势,已引起政府、专家学者和众多大众的广泛关注。基于此,拟以鄱阳湖水动力水质模型为工具,设置不同的情景,预测鄱阳湖未来的水动力尤其是水质变化情况,为改善鄱阳湖水质提供一定的依据。

为研究水质对入湖水量和污染负荷的响应,从以下两个方面来设置模拟情景,一方面改变流域上入湖径流量的变化;另一方面改变入湖污染负荷量。张静文等(2016)通过统计降尺度方法(ASD)预测得到鄱阳湖 2010—2099 年共 90 年的降水和气温数据,并耦合新安江水文模型,对鄱阳湖未来 90 年的五河入湖径流量进行预测。结果表明,相较基准期,未来年径流量变化不大,增减幅度不超过 10%,呈现跟历史实测阶段相似的交替变化情况,但交替的持续时间会更长,达到 20～30 年,且发现三峡水库蓄水期变化幅度最大,枯水期最小。国家统计局的资料显示,江西省人均 GDP以一定的速率在增长。随着社会经济、人口的不断发展,江西省入湖污染负荷增加。图 7.44 为江西省 2012—2017 年人均 GDP 和 2010—2017 年入河废污水量。由图可知,近几年江西省人均 GDP 增长率为 8.83%,而入河废污水量整体上呈现增长趋势,但增长趋势不明显,平均增长率仅为 2%。

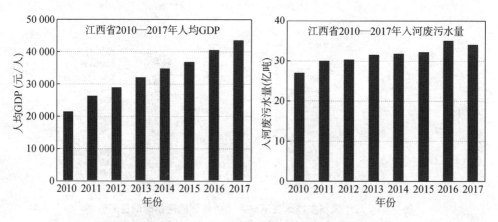

图 7.44　江西省 2012—2017 年人均 GDP 和入河废污水量

根据长序列资料和上述学者的研究成果,拟以 2016 年年均径流量为基准,取变化幅度为±10%,作为水动力模型的边界条件。鄱阳湖入湖污染负荷总量以 2016 年年均污染负荷总量为基础,增长率取 5%,作为水质模型的边界条件。由于入湖污染负荷总量取决于径流量和浓度,因此它的改变通过改变径流量和浓度来实现。水动力和水质边界条件相组合,可以得到三种不同的情景模拟方案,如下:

方案一:入湖污染负荷总量保持不变,入湖径流量增加。以 2016 年的年均径流量为基准,五河入湖口处年均径流量增加 10%,为原来的 110%,根据污染负荷量=

入湖径流量×水质浓度,输入边界条件中各水质指标浓度变为 2016 年的 90.9%,从而保证污染负荷量恒定。其他条件保持不变,运行模型。

方案二:入湖污染负荷总量保持不变,入湖径流量减少。以 2016 年的年均径流量为基准,五河入湖口处年均径流量减少 10%,为原来的 90%,根据污染负荷量=入湖径流量×水质浓度,输入边界条件中各水质指标浓度变为 2016 年的 111.1%,从而保证污染负荷量恒定。其他条件保持不变,运行模型。

方案三:入湖径流量保持不变,入湖污染负荷总量增加。以 2016 年的水质边界输入条件为基准,各水质指标浓度增加 5%,入湖径流量保证不变,从而保证入湖污染负荷总量增加 5%。其他条件保持不变,运行模型。

7.5.2　不同情景下水位和水质指标时间上的变化

基于率定后的水动力水质耦合模型,模拟三种方案下,鄱阳湖的水位和水质指标,并与 2016 年基准条件下的水位水质指标进行对比,研究其在时间上的变化。

7.5.2.1　水位时间上的变化

方案三中通过改变边界条件中的水质指标浓度值来改变入湖污染负荷总量,而入湖径流量恒定,因此方案三中全湖的水位不变,和基准条件下的水位相同,不作比较。图 7.45 为星子站在基准条件、方案一和方案二模拟情景下的水位值。从图中可见,在不同入湖径流量的条件下,星子站的水位有微小的变动,但由于变化的绝对值太小,在图中表现不明显。

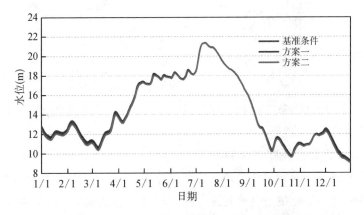

图 7.45　星子站在基准条件、方案一和方案二情景下的水位值

进一步计算不同模拟情景下星子、都昌、棠荫和康山四个站点处的水位相对基准条件下的增长率,如图7.46。从图7.46可看出,方案一的模拟情景中,由于入湖径流量增加10%,所以四个站点全年的水位都有或多或少的增加,增长率从0到2%不等。而方案二的模拟情景中,由于入湖径流量减少10%,所以四个站点全年的水位增长率为负值,即水位或多或少都有降低,降低幅度从0到2%不等。此外,从上述两图中可看出,入湖径流量的变化引起各点水位的变化在时间上有明显的规律性。在丰水期的7月和8月,入湖径流量的改变基本上不会引起各点水位的变化,在其他时期则影响较明显,特别是1、2、3、10和12月,水位差值达到了0.24 m,且这几个月涵盖了枯水期。这一方面说明丰水期的水位主要受长江来水和出水口水位影响,另一方面也说明入湖径流量的减少将很可能导致枯水期水位降低,导致鄱阳湖枯水天数增多,使得洲滩出露更加频繁,对水环境影响较大。

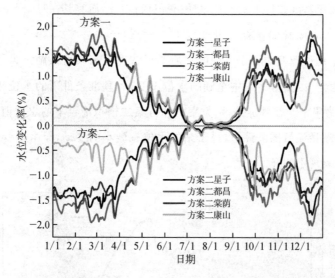

图7.46 方案一和方案二的模拟情景下四个站点处的水位相对基准条件下的增长率

7.5.2.2 水质指标时间上的变化

水质指标共有COD_{Mn}、NH_3-N和TP三种,以星子站为代表,分析各水质指标在三种不同的情景下浓度值及其增长率。图7.47为三种方案下COD_{Mn}的浓度值和增长率,从左图可看出,COD_{Mn}的浓度值大小为方案二>方案三>基准>方案一,这一方面说明入湖径流量的改变会影响湖内污染物浓度,径流量增大会起到一定的稀释作用,使得污染物浓度降低,径流量减小则污染物浓度升高;另一方面说明污染物负荷总量的增加会直接导致湖内各点污染物浓度增高。从右图可看出,COD_{Mn}的浓度值增长率整体上与入湖径流量或者污染负荷的变化率相同,方案一和方案二下增长率在±10％左右波动,但4月份和5月份的变化率明显偏低,方案三下增长率保持恒定值,和设置的初始条件变化率一致,恒为5％。

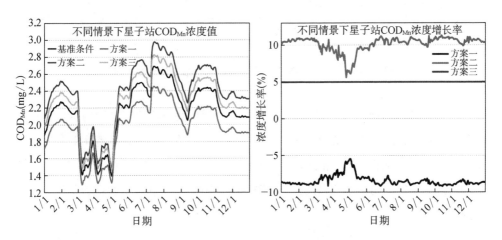

图7.47　COD_{Mn}在三种不同情景下的浓度值和增长率

图7.48为三种方案下NH_3-N的浓度值和增长率,从左图可看出,NH_3-N的浓度值大小为方案二＞方案三＞基准＞方案一。同COD_{Mn},这一方面说明入湖径流量的改变会影响湖内污染物浓度,径流量增大会起到一定的稀释作用,使得污染物浓度降低,径流量减小则污染物浓度升高;另一方面说明污染物负荷总量的增加会直接导致湖内各点污染物浓度增高。从右图可看出,与COD_{Mn}相比,方案一和方案二下NH_3-N的浓度增长率虽然整体上在±10％左右,但是年内波动较大,在5—7月份增长率较小,在其他月份增长率较大,方案三下增长率保持恒定值,和设置的初始条件变化率一致,恒为5％。

图7.49为三种方案下TP的浓度值和增长率,从左图可看出,TP的浓度值大小为方案二＞方案三＞基准＞方案一。同COD_{Mn}和NH_3-N,这一方面说明入湖径流量的改变会影响湖内污染物浓度,径流量增大会起到一定的稀释作用,使得污染物浓

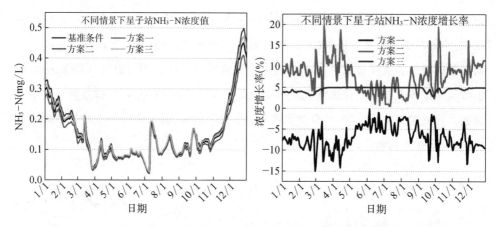

图 7.48　NH₃－N 在三种不同情景下的浓度值和增长率

度降低,径流量减小则污染物浓度升高;另一方面说明污染物负荷总量的增加会直接导致湖内各点污染物浓度增高。从右图可看出,TP 的浓度值增长率整体上与入湖径流量或者污染负荷的变化率相同,方案一和方案二下增长率在±10%左右波动,但 5 月和 6 月的变化率明显偏低,方案三下增长率保持恒定值,和设置的初始条件变化率一致,恒为 5%。

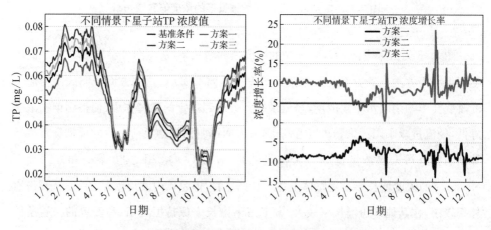

图 7.49　TP 在三种不同情景下的浓度值和增长率

从上述分析可看出,星子站的 COD_{Mn}、NH₃－N 和 TP 在三种不同的情景下浓度值和增长率呈现出相似的变化规律,具体体现在浓度值大小均为方案二>方案三>

基准＞方案一，COD_{Mn} 和 TP 的浓度值增长率整体上与入湖径流量或者污染负荷的变化率相同，波动不大，NH_3-N 则波动较大。此外，当改变污染负荷总量时，各水质指标浓度值的增长率保持恒定，与污染负荷总量变化率相同；而改变入湖径流量时，各水质指标浓度值增长率则存在一定程度上的波动，这可能是因为湖内水动力情况的改变引起了浓度值的改变。

7.5.3　不同情景下水位和水质指标空间上的变化

7.5.3.1　水位空间上的变化

从前文可知，鄱阳湖内四个站点的水位在枯水期变化较大，以水位变化最大的 2016 年 12 月 13 日为代表日，作出该日鄱阳湖全湖水位变化图 7.50，反映该日鄱阳湖空间上水位的变化情况。从图 7.50 中可看出，方案一和方案二下水位变化率较小，只有少段河道超过了 2％；大多数变化率小于 0.5％，可以忽略不计；鄱阳湖中心湖面的中下游河段水位变化率相对较高，集中在 1％～2％。由此可知，应更加注意入湖径流量变化对中心湖面的中下游河段水位变化的影响。

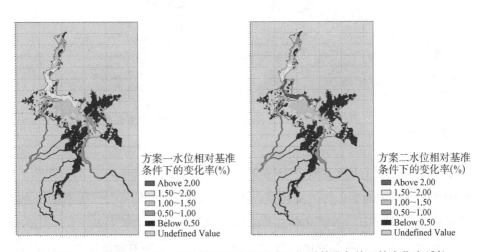

图 7.50　12 月 13 日方案一和方案二下鄱阳湖水位相对基准条件下的变化率（％）

7.5.3.2　水质指标空间上的变化

前文可看出，星子站水质指标的浓度值增长率基本上都与设定的初始条件增长率相同，方案一在 10％左右波动，方案二在 -10％左右波动，方案三在恒定值 5％。

选取 2016 年 8 月 1 日为代表日,该日鄱阳湖各水质指标全湖变化如图 7.51 所示,以反映鄱阳湖水质空间上的变化情况。这里考虑到对比方便,所有的增长率都取正值,称为变化率。图 7.51 从左至右依次反映了 2016 年 8 月 1 日方案一下鄱阳湖 COD_{Mn}、NH_3 - N 和 TP 浓度值相对基准条件的变化率。从图中可见,全湖 COD_{Mn} 变化率基本上在 8‰~10‰,全湖 NH_3 - N 变化率主要在 5‰以下,全湖 TP 的变化率分为两部分,沿着主流向的三分之二湖面变化率在 5‰~8‰,剩下的湖面主要集中在 8‰~10‰。由此可见,入湖径流量的增加对三个水质指标的影响为 COD_{Mn} > TP > NH_3 - N。此外,主流向西部湖面各水质指标的浓度比主流向及东部湖面降低得更多。

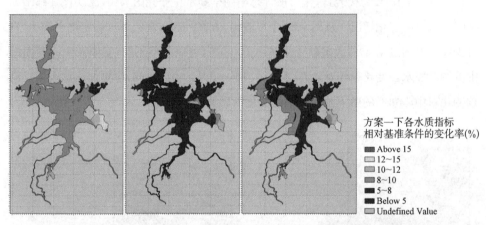

方案一下各水质指标
相对基准条件的变化率(%)
■ Above 15
□ 12~15
▨ 10~12
▨ 8~10
■ 5~8
■ Below 5
▨ Undefined Value

图 7.51   方案一下各水质指标浓度值相对基准条件的变化率(%)
注:左、中、右的水质指标分别为 COD_{Mn}、NH_3 - N 和 TP。

图 7.52 从左至右依次反映了 2016 年 8 月 1 日方案二下鄱阳湖 COD_{Mn}、NH_3 - N 和 TP 浓度值相对基准条件的变化率。从图中可见,全湖 COD_{Mn} 变化率基本上在 10‰~12‰,全湖 NH_3 - N 变化率主要在 5‰以下,全湖 TP 的变化率分为两部分,沿着主流向的二分之二湖面变化率在 5‰~8‰,约三分之一的湖面变化率在 8‰~10‰。由此可见,入湖径流量的减少对三个水质指标的影响为 COD_{Mn} > TP > NH_3 - N。此外,从图中可见,主流向西部湖面各水质指标的浓度比主流向及东部湖面增加得更多。

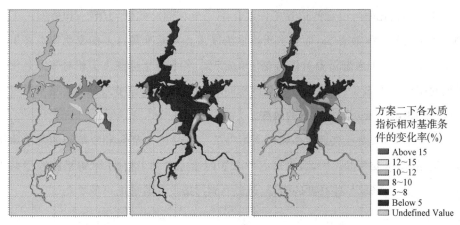

方案二下各水质
指标相对基准条
件的变化率(%)

■ Above 15
□ 12~15
▨ 10~12
▨ 8~10
■ 5~8
■ Below 5
▨ Undefined Value

图7.52　方案二下各水质指标浓度值相对基准条件的变化率(%)
注:左、中、右的水质指标分别为 COD$_{Mn}$、NH$_3$ - N 和 TP。

图 7.53 从左至右依次反映了 2016 年 8 月 1 日方案三下鄱阳湖 COD$_{Mn}$、NH$_3$ - N 和 TP 浓度值相对基准条件的变化率。从图中可见,全湖各点处各水质指标的变化率均为 5%,和方案三中设定的边界条件变化率相同。

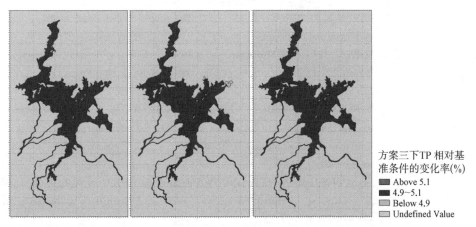

方案三下TP 相对基
准条件的变化率(%)

■ Above 5.1
■ 4.9~5.1
▨ Below 4.9
▨ Undefined Value

图7.53　方案三下各水质指标浓度值相对基准条件的变化率(%)
注:左、中、右的水质指标分别为 COD$_{Mn}$、NH$_3$ - N 和 TP。

从上述分析可看出,在方案一和方案二中,星子站的 COD$_{Mn}$、NH$_3$ - N 和 TP 变化规律相似,入湖径流量的变化对三个水质指标的影响依次为 COD$_{Mn}$>TP>NH$_3$ - N,且主流向西部湖面各水质指标变化率高于主流向及东部湖面。方案三中,全湖各点各水质指标变化率与设定的边界条件变化率完全相同。此外,方案一和方案二下入湖径流量的变化率为10%,而各水质指标浓度值相对基准条件下的变化率总体上小于10%;方案三下入湖污染负荷的变化率为5%,各水质指标浓度值相对基准条件下的变化率也等于5%。这说明变化程度相同时,污染负荷的改变对湖内各点水质指标浓度值的影响大于入湖径流量的改变。

综上所述,入湖径流量减小和入湖污染负荷总量增大都会导致鄱阳湖各水质指标浓度增大,水质变差。因此,未来应考虑如何通过水利工程、引水等措施改变鄱阳湖入湖径流量;采取一些必要的措施,避免入湖污染负荷通量进一步增大。

【参考文献】

［1］ANDERSON E J, SCHWAB D J, 2011. Relationships between wind-driven and hydraulic flow in Lake St. Clair and the St. Clair River Delta[J]. Journal of great lakes research, 37 (1): 147 - 158.

［2］BENDER M A, DOS SANTOS D R, TIECHER T, et al, 2018. Phosphorus dynamics during storm events in a subtropical rural catchment in southern Brazil[J]. Agriculture ecosystems & environment, 261: 93 - 102.

［3］BEVEN K J, BINLEY A M, 1992. The future of distributed models: model calibration and predictive uncertainty[J]. Hydrological processes, 6: 279 - 298.

［4］BOWDEN K F, 1978. Mixing processes in estuaries. Estuarine Transport Processes[D]. Baruch Library in Marine Science, University of South Carolina Press, Columbia, 7: 11 - 36.

［5］BÁRCENA J F, GARCIA-ALBA J, GARCÍA A, et al, 2016. Analysis of stratification patterns in river-influenced mesotidal and macrotidal estuaries using 3D hydrodynamic modelling and K-means clustering[J]. Estuarine, coastal and shelf science, 181: 1 - 13.

［6］CHAUBEY I, HAAN C T, GRUNWALD S, et al, 1999. Uncertainty in the model parameters due to spatial variability of rainfall[J]. Journal of hydrology, 220: 48 - 61.

［7］CHOW V T, 1959. Open Channel Hydraulics[D]. McGraw-Hill, New York.

［8］CUCCO A, UMGIESSER G, 2006. Modeling the Venice Lagoon residence time[J]. Ecological modelling, 193 (1 - 2): 34 - 51.

［9］CUO L, GIAMBELLUCA T W, ZIEGLER A D, 2011. Lumped parameter sensitivity analysis of a distributed hydrological model within tropical and temperate catchments[J]. Hydrological processes, 25: 2405 - 2421.

［10］DANISH HYDRAULIC INSTITUTE (DHI), 2012. MIKE 3 Flow Model: FM[R].

Danish Hydraulic Institute Water and Environment，Hørsholm，Denmark：130.

[11] DANISH HYDRAULIC INSTITUTE（DHI），2014. MIKE 21 flow model：hydrodynamic module user guide［R］. Danish Hydraulic Institute Water and Environment，Hørsholm，Denmark：132.

[12] DE LEEUW J，SHANKMAN D，WU G，et al，2010. Strategic assessment of the magnitude and impacts of sand mining in Poyang Lake，China［J］. Regional environmental change，10（2）：95－102.

[13] DENG X Z，ZHAO Y H，WU F，et al，2011. Analysis of the trade-off between economic growth and the reduction of nitrogen and phosphorus emissions in the Poyang Lake Watershed，China［J］. Ecological modelling，222：330－336.

[14] DOHERTY J，2016. PEST User Manual. Part Ⅰ and Ⅱ［R］. Watermark Numerical Computing，Brisbane，Australia.

[15] DUAN S，LIANG T，ZHANG S，et al，2008. Seasonal changes in nitrogen and phosphorus transport in the lower Changjiang River before the construction of the Three Gorges Dam［J］. Estuarine，coastal and shelf science，79（2）：239－250.

[16] DUPAS R，MELLANDER P-E，CHANTAL-ODOUX C，et al，2017. The role of mobilisation and delivery processes on contrasting dissolved nitrogen and phosphorus exports in groundwater fed catchments［J］. Science of the total environment，599－600：1275－1287.

[17] DYER K R，NEW A L，1986. Intermittency in estuarine mixing［M］. Estuarine Variability. Academic Press：321－329.

[18] FANG N F，SHI Z H，CHEN F X，et al，2015. Discharge and suspended sediment patterns in a small mountainous watershed with widely distributed rock fragments［J］. Journal of hydrology，528：238－248.

[19] GODSEY S E，KIRCHNER J W，CLOW D W，2009. Concentration-discharge relationships reflect chemostatic characteristics of US catchments［J］. Hydrological processes，23（13）：1844－1864.

[20] HAMILTON A S，MOORE R D，2012. Quantifying uncertainty in streamflow records［J］. Canadian water resources journal，37：13－21.

[21] HOLLAWAY M J，BEVEN K J，BENSKIN C MCW H，et al，2018. The challenges of modelling phosphorus in a headwater catchment：applying a 'limits of acceptability' uncertainty framework to a water quality model［J］. Journal of hydrology，558：607－624.

[22] IDSO S B，1973. On the concept of lake stability［J］. Limnology and oceanography，18：681－683.

[23] JACKSON-BLAKE L A，DUNN S M，HELLIWELL R C，et al，2015. How well can we model stream phosphorus concentrations in agricultural catchments？［J］Environmental modelling & software，64：31－46.

[24] JIANG S Y，JOMAA S，BUETTNER O，et al，2015. Multi-site identification of a

distributed hydrological nitrogen model using Bayesian uncertainty analysis [J]. Journal of hydrology, 529: 940 - 950.

[25] JIANG S Y, JOMAA S, RODE M, 2014. Modelling inorganic nitrogen emissions at a nested mesoscale catchment in central Germany [J]. Ecohydrology, 7 (5): 1345 - 1362.

[26] JIANG S Y, RODE M, 2012. Modeling water flow and nutrient losses (Nitrogen, Phosphorus) at a nested mesoscale catchment, Germany[C]. International Congress on Environmental Modelling and Software (iEMSs), Managing Resources of a Limited Planet, Sixth Biennial Meeting, Leipzig, Germany.

[27] JIANG S Y, ZHANG Q, WERNER A D, et al, 2019. Effects of stream nitrate data frequency on watershed model performance and prediction uncertainty[J]. Journal of hydrology, 569: 22 - 36.

[28] JIANG Y, XIE Z L, ZHANG H, et al, 2017. Effects of land use types on dissolved trace metal concentrations in the Le'an River Basin, China [J]. Environmental monitoring and assessment, 189 (12), Art. no. 633.

[29] JIAO J, ELLIS E C, YESILONIS I, et al, 2010. Distributions of soil phosphorus in China's densely populated village landscapes[J]. Journal of soils and sediments, 10: 461 - 472.

[30] JOMAA S, JIANG S Y, THRAEN D, et al, 2016. Modelling the effect of different agricultural practices on stream nitrogen load in central Germany [J]. Energy sustainability and society, 6 (11): 1 - 16.

[31] KISS T, NAGY J, FEHÉRVÁRY I, et al, 2019. (Mis) management of floodplain vegetation: The effect of invasive species on vegetation roughness and flood levels[J]. Science of the total environment, 686: 931 - 945.

[32] KRONVANG B, LAUBEL A, GRANT R, 1997. Suspended sediemnt and particulate phosphorus transport and delivery pathways in an arbale catchment, Gelbæk Stream, Denmark[J]. Hydrological processes, 11 (6): 627 - 642.

[33] LAI X, HUANG Q, ZHANG Y, et al, 2014. Impact of lake inflow and the Yangtze River flow alterations on water levels in Poyang Lake, China[J]. Lake and reservoir management, 30 (4): 321 - 330.

[34] LAM Q D, SCHMALZ B, FOHRER N, 2012. Assessing the spatial and temporal variations of water quality in lowland areas, Northern Germany[J]. Journal of hydrology: 438 - 439, 137 - 147.

[35] LAVAL B E, VAGLE S, POTTS D, et al, 2012. The joint effects of riverine, thermal, and wind forcing on a temperate fjord lake: Quesnel Lake, Canada[J]. Journal of great lakes research, 38 (3): 540 - 549.

[36] LAWSON R, ANDERSON M A, 2007. Stratification and mixing in Lake Elsinore, California: an assessment of axial flow pumps for improving water quality in a shallow eutrophic lake[J]. Water research, 41: 4457 - 4467.

[37] LI J, TIAN L, CHEN X, et al, 2014. Remote-sensing monitoring for spatio-temporal dynamics of sand dredging activities at Poyang Lake in China [J]. International journal of remote sensing, 35 (16): 6004 - 6022.

[38] LI S, GU S, LIU W, et al, 2008. Water quality in relation to land use and land cover in the upper Han River Basin, China[J]. Catena, 75 (2): 216 - 222.

[39] LI X, HU Q, 2019. Spatiotemporal changes in extreme precipitation and its dependence on topography over the Poyang Lake Basin, China [J]. Advances in meteorology, 2019, Art. no. 1253932.

[40] LI Y, ZHANG Q, WERNER A D, et al, 2017a. The influence of river-to-lake backflow on the hydrodynamics of a large floodplain lake system (Poyang Lake, China) [J]. Hydrological processes, 31: 117 - 132.

[41] LI Y, ZHANG Q, YAO J, 2015. Investigation of residence and travel times in a large floodplain lake with complex lake-river interactions: Poyang Lake (China) [J]. Water, 7 (5): 1991 - 2012.

[42] LI Z F, LUO C, JIANG K X, et al, 2017b. Comprehensive performance evaluation for hydrological and nutrients simulation using the Hydrological Simulation Program-Fortran in a mesoscale monsoon watershed, China [J]. International journal of environmental research and public health, 14 (12), Art. no. 1599.

[43] LI Z F, LUO C, XI Q, et al, 2015. Assessment of the AnnAGNPS model in simulating runoff and nutrients in a typical small watershed in the Taihu Lake basin, China[J]. Catena, 133: 349 - 361.

[44] LINDSTRÖM G, PERS C, ROSBERG J, et al, 2010. Development and testing of the HYPE (Hydrological Predictions for the Environment) water quality model for different spatial scales[J]. Hydrology research, 41 (3 - 4): 295 - 319.

[45] LLEBOT C, RUEDA F J, SOLÉ J, et al, 2014. Hydrodynamic states in a wind-driven microtidal estuary (Alfacs Bay) [J]. Journal of sea research, 85: 263 - 276.

[46] MARTIN J L, MCCUTCHEON S C, 1999. Hydrodynamics and transport for water quality modeling[M]. Lewis Publications, Boca Raton.

[47] MINAUDO C, DUPAS R, GASCUEL-ODOUX C, et al, 2019. Seasonal and event-based concentration-discharge relationships to identify catchment controls on nutrient export regimes[J]. Advances in water resources, 131, 103379.

[48] MONSEN N E, CLOERN J E, LUCAS L V, et al, 2002. A comment on the use of flushing time, residence time, and age as transport time scales[J]. Limnology and oceanography, 47 (5): 1545 - 1553.

[49] MOORE C M, MILLS M M, LANGLOIS R, et al, 2008. Relative influence of nitrogen and phosphorus availability on phytoplankton physiology and productivity in the oligotrophic sub-tropical North Atlantic Ocean[J]. Limnology and oceanography, 53 (1): 291 - 305.

[50] MORIASI D N, ARNOLD J G, LIEW M W V, et al, 2007. Model evaluation

guidelines for systematic quantification of accuracy in watershed simulations[J]. Transactions of the ASABE, 50: 885－900.

[51] NGUYEN T D, THUPAKI P, ANDERSON E J, et al, 2014. Summer circulation and exchange in the Saginaw Bay-Lake Huron system[J]. Journal of geophysical research-oceans, 119 (4): 2713－2734.

[52] ONGLEY E D, ZHANG X L, TAO Y, 2010. Current status of agricultural and rural non-point source Pollution assessment in China[J]. Environmental pollution, 158 (5): 1159－1168.

[53] PATHAK D, WHITEHEAD P G, FUTTER M N, et al, 2018. Water quality assessment and catchment-scale nutrient flux modelling in the Ramganga River Basin in north India: an application of INCA model[J]. Science of the total environment: 631－632, 201－215.

[54] PIONKE H B, GBUREK W J, SHARPLEY A N, et al, 1996. Flow and nutrient patterns for an agricultural hill-land watershed[J]. Water resources research, 32: 1795－1804.

[55] READ J S, HAMILTON D P, JONES I D, et al, 2011. Derivation of lake mixing and stratification indices from high-resolution lake buoy data[J]. Environmental modelling & software, 26: 1325－1336.

[56] RODE M, KLAUER B, PETRY D, et al, 2008. Integrated nutrient transport modelling with respect to the implementation of the European WFD: the Weie Elster Case Study, Germany[J]. Water SA, 34: 490－496.

[57] RODE M, THIEL E, FRANKO U, et al, 2009. Impact of selected agricultural management options on the reduction of nitrogen loads in three representative meso scale catchments in Central Germany[J]. Science of the total environment, 407: 3459－3472.

[58] RODRÍGUEZ-BLANCO M L, TABOADA-CASTRO M M, TABOADA-CASTRO M T, 2013. Phosphorus transport into a stream draining from a mixed land use catchment in Galicia (NW Spain): significance of runoff events[J]. Journal of hydrology, 481: 12－21.

[59] SANDSTROEM S, FUTTER M N, KYLLMAR K, et al, 2020. Particulate phosphorus and suspended solids losses from small agricultural catchments: Links to stream and catchment characteristics[J]. Science of the total environment, 711, 134616.

[60] SANTOS R M B, SANCHES FERNANDES L F, PEREIRA M G, et al, 2015. A framework model for investigating the export of phosphorus to surface waters in forested watersheds: implications to management[J]. Science of the total environment, 536: 295－305.

[61] SCHWAB D J, CLITES A H, MURTHY C R, et al, 1989. The effect of wind on transport and circulation in Lake St. Clair[J]. Journal of geophysical research-oceans,

94 (C4): 4947 – 4958.

[62] SERPA D, NUNES J P, KEIZER J J, et al, 2017. Impacts of climate and land use changes on the water quality of a small Mediterranean catchment with intensive viticulture[J]. Environmental pollution, 224: 454 – 465.

[63] SHARPLEY A, FOY B, WITHERS P, 2000. Practical and innovative measures for the control of agricultural phosphorus losses to water: an overview[J]. Journal of environmental quality, 29 (1): 1 – 9.

[64] SHARPLEY A N, KLEINMAN P J, HEATHWAITE A L, et al, 2008. Phosphorus loss from an agricultural watershed as a function of storm size[J]. Journal of environmental quality, 37: 362 – 368.

[65] STAINSBY E A, WINTER J G, JARJANAZI H, et al, 2011. Changes in the thermal stability of Lake Simcoe from 1980 to 2008[J]. Journal of great lakes research, 37: 55 – 62.

[66] STRÖMQVIST J, ARHEIMER B, DAHNÉ J, et al, 2012. Water and nutrient predictions in ungauged basins: set-up and evaluation of a model at the national scale [J]. International association of scientific hydrology bulletin, 57: 229 – 247.

[67] UDAWATTA R P, MOTAVALLI P P, GARRETT H E, 2004. Phosphorus loss and runoff characteristics in three adjacent agricultural watersheds with claypan soils[J]. Journal of environmental quality, 33: 1709 – 1719.

[68] WANG S, QIAN X, HAN B, et al, 2012. Effects of local climate and hydrological conditions on the thermal regime of a reservoir at Tropic of Cancer, in southern China[J]. Water research, 46: 2591 – 2604.

[69] WELLEN C, KAMRAN-DISFANI A-R, ARHONDITSIS G B, 2015. Evaluation of the current state of distributed nutrient watershed-water quality modeling [J]. Environmental science & technology, 49 (6): 3278 – 3290.

[70] WETZEL, 2001. Limnology: Lake and River Ecosystems[M]. Academic Press, San Diego, CA.

[71] WILLIAMS M R, KING K W, MACRAE M L, et al, 2015. Uncertainty in nutrient loads from tile-drained landscapes: effect of sampling frequency, calculation algorithm, and compositing strategy[J]. Journal of hydrology, 530: 306 – 316.

[72] WU G, LIU Y, 2017. Seasonal water exchanges between China's Poyang Lake and its saucer-shaped depressions on river deltas[J]. Water.

[73] WU Z S, CAI Y J, ZHANG L, et al, 2018. Spatial and temporal heterogeneities in water quality and their potential drivers in Lake Poyang (China) from 2009 to 2015[J]. Limnologica, 69: 115 – 124.

[74] XIE H, SHEN Z Y, CHEN L, et al, 2017. Time-varying sensitivity analysis of hydrologic and sediment parameters at multiple timescales: Implications for conservation practices[J]. Science of the total environment, 598: 353 – 364.

[75] YAO J, ZHANG D, LI Y, et al, 2019. Quantifying the hydrodynamic impacts of

cumulative sand mining on a large river-connected floodplain lake：Poyang Lake[J]. Journal of hydrology，124156.

[76] YAO J，ZHANG Q，LI Y，et al，2016. Hydrological evidence and causes of seasonal low water levels in a large river-lake system：Poyang Lake，China[J]. Hydrology research，47 (S1)：24－39.

[77] YAO J，ZHANG Q，YE X，et al，2018. Quantifying the impact of bathymetric changes on the hydrological regimes in a large floodplain lake：Poyang Lake[J]. Journal of hydrology，561：711－723.

[78] YE S，COVINO T P，SIVAPALAN M，et al，2012. Dissolved nutrient retention dynamics in river networks：a modeling investigation of transient flows and scale effects[J]. Water resources research，48，Art. no. W00J17.

[79] YIN Y X，JIANG S Y，PERS C，et al，2016. Assessment of the spatial and temporal variations of water quality for agricultural lands with crop rotation in China by using a HYPE model[J]. International Journal of Environmental research and public health，13 (3)，Art. no. 336.

[80] ZHANG Q，YE X C，WERNER A D，et al，2014. An investigation of enhanced recessions in Poyang Lake：Comparison of Yangtze River and local catchment impacts[J]. Journal of hydrology，517：425－434.

[81] 胡春华，2010.鄱阳湖水环境特征及演化趋势研究[D].南昌大学.

[82] 胡振鹏，张祖芳，刘以珍，等.2015.碟形湖在鄱阳湖湿地生态系统的作用和意义[J].江西水利科技，41：317－323.

[83] 纪伟涛，2017.鄱阳湖——地形、水文、植被[M].北京：科学出版社：49－53.

[84] 江丰，齐述华，廖富强，等，2015.2001—2010年鄱阳湖采砂规模及其水文泥沙效应[J].地理学报，70(5)：837－845.

[85] 刘倩纯，余潮，张杰，等，2013.鄱阳湖水体水质变化特征分析[J].农业环境科学学报，32(6)：1232－1237.

[86] 宋立芳，王毅，吴金水，等，2014.水稻种植对中亚热带红壤丘陵区小流域氮磷养分输出的影响[J].环境科学，35(1)：150－156.

[87] 王毛兰，周文斌，胡春华，2008.鄱阳湖区水体氮、磷污染状况分析[J].湖泊科学，20(3)：334－338.

[88] 席庆，2014.基于AnnAGNPS模型的中田河流域土地利用变化对氮磷营养盐输出影响模拟研究[D].南京农业大学.

[89] 姚静，张奇，李云良，等，2016.定常风对鄱阳湖水动力的影响[J].湖泊科学，28(1)：225－236.

第八章 结 语

　　鄱阳湖流域是长江中游的大型通江湖泊,近 20 年来鄱阳湖流域水文情势、水环境和生态发生了巨大的变化。在一系列项目的资助下,本书作者围绕鄱阳湖流域气候水文过程、湿地生态水文过程和湖泊水动力过程和水质变化开展了系统的研究。本书主要就研究中产出的模型和现场观测工作进行总结。这些模型包括具有自主知识产权的流域水文模型,也有国际上现有的模型在鄱阳湖流域的应用。鄱阳湖流域面积巨大、生态梯度变化大,形成了流域山区—河谷平原区—河口湿地—湖泊水体的复杂地理单元。不同的地理单元具有不同的主导过程,表达方式和模拟方法也不尽相同。为此,针对不同的问题和区域,开发并建立了不同主导功能的模型,解决了诸多水文、水环境和生态问题。本书总结的模型及模型的应用可望对大型通江湖泊流域的相关研究提供参考和借鉴作用。

　　(1) 自主研发了大尺度流域分布式生态水文模型——WATLAC。模型可模拟流域覆被变化的水文效应,以月尺度叶面积指数、植物密度和根系深度为变量,模拟植物季节性变化对大气降水分割、径流汇流时间、土壤和地下水对蒸散发的贡献量等。该模型在鄱阳湖湖泊流域系统的一体化模拟、鄱阳湖水文情势变化的成因、鄱阳湖流域土地利用变化的水文效应等方面开展了成功的应用研究。该模型具有模型嵌套模拟功能,针对局部区域,可采用更为精细的网格建立子区域模型,子区域模型的边界条件可自动与大区域模型的计算结果进行衔接,保证边界通量的连续性。模型实现了地表径流和地下水的全耦合,地表径流、土壤水分和饱和地下水以状态变量进行关联,具有完全的相互作用和反馈机制。地表径流和地下水计算的时间步长自动匹配。对每一个计算时间步长,地表径流和地下水的水量平衡实时更新。由于模型的这些功能,从山区产汇流到湖滨平原区地下水动态变化,再到湖泊水量平衡,都有相应的模块进行计算,特别适用于湖泊流域水文系统的模拟。

(2)移植了 HYPE 模型开展鄱阳湖流域氮磷输移模拟。模型是基于子流域划分的半分布式模型,可模拟流域农田氮磷产出和在河网中的迁移过程。模型评估了亚热带季风流域不同土地利用类型和降雨条件下的磷通量时空变化,分析了流域尺度磷输出的主要因素。模拟结果增添了对亚热带季风区域磷迁移规律的新认识,有助于支撑流域磷污染防治和管理。

(3)开发了水文连通性评价模型 CAST,用于湖泊湿地生态健康评估。水文连通性对河湖洪泛湿地的水量平衡,泥沙冲淤,水鸟、鱼类、浮游藻类和大型底栖动物的生物量及生物多样性维护等至关重要。该模型分析干湿交替时间、淹水深度、流速和水温等水文变量的时空连通性及其与生态指示性变量的关联性,计算分析以生态安全为目标的水文条件阈值范围。在鄱阳湖洪泛湿地开展了初步的应用研究。

(4)基于 MIKE21 建立了鄱阳湖水动力和水质模型。模型上游边界为流域入湖径流和污染物负荷,下游边界为鄱阳湖湖口水位。模型采用干湿阈值判断技术,有效模拟了鄱阳湖水域边界季节性变化显著的特征。模型模拟的湖泊水位和流速都具有良好的精度。模型模拟分析了风场作用下的鄱阳湖流场,发现局部湖区产生环流,是污染物聚集的区域。模型还显示,采砂等人类活动对湖盆地形的改变,显著影响了湖泊水动力条件,同等气候水文条件下,可造成鄱阳湖向长江排泄的水量加大,在枯水期将增大湖泊枯水事件发生概率,加剧枯水事件的严重程度。

(5)本书介绍的模型涉及流域生态水文、流域氮磷输移、湿地生态评价和湖泊水动力水质等,这些模型的应用取得了积极的效果,对水文情势与生态和环境变化进行了归因分析。然后,由于鄱阳湖湖泊—流域系统的复杂性,很多过程和机理尚未能完全揭示。模型本身的应用还存在验证数据不足、参数不确定性较大、对流域人类活动和社会经济发展模拟能力有限等问题,今后尚需提升流域尺度的多要素联网观测,加强数据挖掘,以数据支撑模型的研发,以模型指导野外观测站点的优化,进一步提升模型对复杂系统的模拟能力和长时间尺度的预测能力。

全球气候变异加剧和人类活动强烈显著改变湖泊流域系统水文水动力过程及与之紧密相关的生态和环境效应。全球大湖大河流域极端气候水文事件呈频发态势,水资源时空不均,水旱灾害时有发生,水质恶化、生态退化等现象有加剧的趋势。维持人类生存和社会可持续发展及与水资源的协调关系是全球面临的重大问题。然而,我们对河湖系统水文过程和水资源、水环境演变规律的认识和变化趋势的预测能力仍极为有限。因此,应注重建立长期野外观测,原位观测数据是反映河湖系统变化的最基本信息源,也是发展定量模拟模型的基础;应加强模型研究,优化模型参数,提升模拟能力,以适用于快速变化环境下河湖复合系统响应的模拟分析。未来尚需重视以下几方面的研究工作:

(1) 研究流域生态模型—水文模型—社会经济模型的耦合机理,发展新的大湖流域综合模拟系统,评估流域水资源时空演变及其影响,支撑流域生态文明建设和可持续发展。

植被的变化直接影响水分在地表、土壤和地下介质中的分配。在干旱或半干旱气候区,植被的恢复可能加大降水的损耗和增加土壤及地下水的蒸散发而加重区域的水分亏缺,引发土壤干旱(Tong et al., 2020)。在水分充足的湿润地区,增温效应可能显著增大地上生物量而改变降雨的下渗过程和地表汇流而最终影响洪水过程,包括洪峰流量和洪峰出现时间。由于湖泊水量的变化很大程度上与流域径流有关,所以,有必要就植被地上、地下生物量变化对流域水循环和湖泊水平衡的影响机理开展深入的研究,全面阐释流域植被变化对湖泊—流域系统水文过程的影响。研究流域社会经济发展与水资源量的关系,预测人口和 GDP 增长对水资源量的需求和利用模式。发展流域尺度生态、水文和社会经济的耦合模型,预估未来气候变化情景下水资源演变趋势,支撑流域社会经济可持续发展和维护流域生态安全。

(2) 研究湖泊流域极端水文事件的演变规律与生态环境效应,构建集成化调控技术,减缓洪旱和重大生态环境灾害的影响。

近 20 多年来,极端气候水文事件在全球频发,全球范围的湖泊流域洪水和干旱呈频发和加剧趋势,导致严重经济损失,引起了学术界对水文极值演变及发生机制研究的关注和兴趣。针对长江中下游大型湖泊流域,研究发现,鄱阳湖流域洪峰流量呈现显著的区域差异,而枯水流量自 20 世纪 50 年代以来呈现明显的上升趋势,且鄱阳湖及流域发生洪旱灾害与江湖作用关系明显。气候变化导致流域降水季节性分布不均,引发流域洪水和干旱并存,并呈周期性频发或引发特大洪水。人类活动耗水和对河湖水文循环及水量平衡的影响方式主要包括:工农业用水、跨流域调水、改变河湖水系结构。自 80 年代后期以来,人类活动对水文干旱的影响显著增大。未来气候变化可能导致长江中下游区域降雨年内季节性分异更为明显,导致该区域汛期洪水和枯水期干旱风险进一步加剧,促发一系列生态和环境问题。应加强研究极端水文事件演变规律和成因,研究其从流域到湖泊的传输及湖泊的响应机制。从全流域出发,研发集成化的调控技术,充分发挥水利工程的调蓄功能和湖泊自身的蓄洪功能,强化河湖水系连通,维持湖泊正常的水文条件和优良的水动力状况,减缓由极端气候水文事件造成的湖泊生态和环境灾害,保障湖泊水安全。

(3)研究湖泊污染来源及其时空异质性,识别氮磷在地表和地下水中的迁移转化机理,科学指导流域污染防治,减少入湖污染负荷,保障湖泊水质安全。

长江中下游湖泊水质持续恶化,富营养化严重,蓝藻水华爆发频繁,严重制约了我国的社会经济发展。其根本性问题是流域输入的污染物负荷居高不下。同时,人们对污染物在河湖水系中的降解滞留机理认识不足,模型计算误差偏大,实际入湖污染负荷可能远高于估算数值,低估了流域污染的输入。应加强相关的过程和机理研究,获取合理的河网水系模型参数,提高模型的计算精度。应加强农业耕作对水体污染的研究,精准识别农业面源污染来源和输移路径,科学指导农业肥水管理。加强大气沉降和地下水输入对湖泊水体的污染,全面揭示湖泊的污染来源和份额,支撑从流域到湖泊的全过程污染管控,遏制湖泊水体水质恶化和富营养化。

【参考文献】

[1] HADDELAND I, HEINKE J, BIEMANS H, et al, 2014. Global water resources affected by human interventions and climate change[J]. Pnas, 111(9): 3251 - 3256.

[2] TONG X, BRANDT M, YUE Y, et al, 2020. Forest management in southern China generates short term extensive carbon sequestration[J]. Nature communications, 11: 129.